エネルギー	E	ジュール	J	
		電子ボルト	eV	
仕事率，電力	P	ワット	W	
絶対温度	T	ケルビン	K	
熱容量	C	ジュール毎ケルビン	J/K	$= m \cdot kg \cdot s^{-2} \cdot K^{-1}$
物質量	n	モル	mol	(SI基本単位)
電流	I	アンペア	A	(SI基本単位)
電気量	Q, q	クーロン	C	$= s \cdot A$
電位，電圧	V	ボルト	V	$= W/A = m^2 \cdot kg \cdot s^{-3} \cdot A^{-1}$
電場の強さ	E	ボルト毎メートル	V/m	$= N/C = m \cdot kg \cdot s^{-3} \cdot A^{-1}$
電気容量	C	ファラド	F	$= C/V = m^{-2} \cdot kg^{-1} \cdot s^4 \cdot A^2$
電気抵抗	R	オーム	Ω	$= V/A = m^2 \cdot kg \cdot s^{-3} \cdot A^{-2}$
磁束	Φ	ウェーバー	Wb	$= V \cdot s = m^2 \cdot kg \cdot s^{-2} \cdot A^{-1}$
磁束密度	B	テスラ	T	$= Wb/m^2 = kg \cdot s^{-2} \cdot A^{-1}$
磁場の強さ	H	アンペア毎メートル	A/m	
インダクタンス	L	ヘンリー	H	$= Wb/A = m^2 \cdot kg \cdot s^{-2} \cdot A^{-2}$

主な物理定数

名称	記号と数値	単位
真空中の光速	$c = 2.99792458 \times 10^8$	m/s
真空中の透磁率	$\mu_0 = 4\pi \times 10^{-7} = 1.256637\cdots \times 10^{-6}$	N/A^2
真空中の誘電率	$\varepsilon_0 = 1/c^2\mu_0 = 8.8541878\cdots \times 10^{-12}$	F/m
万有引力定数	$G = 6.67428(67) \times 10^{-11}$	$N \cdot m^2/kg^2$
標準重力加速度	$g = 9.80665$	m/s^2
熱の仕事当量（≒1gの水の熱容量）	4.18605	J
乾燥空気中の音速（0℃，1atm）	331.45	m/s
1molの理想気体の体積（0℃，1atm）	$2.2413996(39) \times 10^{-2}$	m^3
絶対零度	-273.15	℃
アボガドロ定数	$N_A = 6.02214179(30) \times 10^{23}$	1/mol
ボルツマン定数	$k_B = 1.3806504(24) \times 10^{-23}$	J/K
気体定数	$R = 8.314472(15)$	J/(mol·K)
プランク定数	$h = 6.62606896(33) \times 10^{-34}$	J·s
電子の電荷の絶対値（電気素量）	$e = 1.602176487(40) \times 10^{-19}$	C
電子の質量	$m_e = 9.10938215(45) \times 10^{-31}$	kg
陽子の質量	$m_p = 1.672621637(83) \times 10^{-27}$	kg
中性子の質量	$m_n = 1.674927211(84) \times 10^{-27}$	kg
リュードベリ定数	$R = 1.0973731568527(73) \times 10^7$	m^{-1}
電子の比電荷	$e/m_e = 1.758820150(44) \times 10^{11}$	C/kg
原子質量単位	$1u = 1.660538782(83) \times 10^{-27}$	kg
ボーア半径	$a_0 = 5.2917720859(36) \times 10^{-11}$	m
電子の磁気モーメント	$\mu_e = 9.28476377(23) \times 10^{-24}$	J/T
陽子の磁気モーメント	$\mu_p = 1.410606662(37) \times 10^{-26}$	J/T

＊（ ）内の2桁の数字は，最後の2桁に誤差（標準偏差）があることを表す．

講談社基礎物理学シリーズ 7

二宮正夫・北原和夫・並木雅俊・杉山忠男 編

二宮正夫
杉野文彦 著
杉山忠男

量子力学 II

講談社

推薦のことば

　講談社から創業100周年を記念して基礎物理学シリーズが企画されている。著者等企画内容を見ると面白いものが期待される。

　20世紀は物理の世紀と言われたが，現在では，必ずしも人気の高い科目ではないようだ。しかし，今日の物質文化・社会活動を支えているものの中で物理学は大きな部分を占めている。そこへの入口として本書の役割に期待している。

益川敏英
2008年度ノーベル物理学賞受賞
京都産業大学教授

本シリーズの読者のみなさまへ

「講談社基礎物理学シリーズ」は，物理学のテキストに，新風を吹き込むことを目的として世に送り出すものである．

本シリーズは，新たに大学で物理学を学ぶにあたり，高校の教科書の知識からスムーズに入っていけるように十分な配慮をした．内容が難しいと思えることは平易に，つまずきやすいと思われるところは丁寧に，そして重要なことがらは的を絞ってきっちりと解説する，という編集方針を徹底した．

特長は，次のとおりである．

- 例題・問題には，物理的本質をつき，しかも良問を厳選して，できる限り多く取り入れた．章末問題の解答も略解ではなく，詳しく書き，導出方法もしっかりと身に付くようにした．
- 半期の講義におよそ対応させ，各巻を基本的に12の章で構成し，読者が使いやすいようにした．1章はおよそ90分授業1回分に対応する．また，本文ではないが，是非伝えたいことを「10分補講」としてコラム欄に記すことにした．
- 執筆陣には，教育・研究において活躍している物理学者を起用した．

理科離れ，とくに物理アレルギーが流布している昨今ではあるが，私は，元来，日本人は物理学に適性を持っていると考えている．それは、我が国の誇るべき先達である長岡半太郎，仁科芳雄，湯川秀樹，朝永振一郎，江崎玲於奈，小柴昌俊，直近では，南部陽一郎，益川敏英，小林誠の各博士の世界的偉業が示している．読者も「基礎物理学シリーズ」でしっかりと物理学を学び，この学問を基礎・基盤として，大いに飛躍してほしい．

二宮正夫
前日本物理学会会長
京都大学名誉教授

まえがき

本書はその名前の示すとおり，基礎物理学シリーズ『量子力学 I』の続編として書かれたものである。

『量子力学 I』では，ド・ブロイ波，波動関数，不確定性原理などの基本的概念を紹介するとともに，シュレーディンガー方程式を 1 次元のさまざまな系や 3 次元の中心力場の系の場合に解き，トンネル効果や水素原子のエネルギー準位などのミクロな世界の現象を調べた。また，電磁場中の荷電粒子の系に見られる量子力学的現象である，ランダウ準位やアハロノフ・ボーム効果，正常ゼーマン効果などの内容にも触れている。

本書の内容は，まず第 1 章で『量子力学 I』であまり目を向けなかった量子力学の構成（ヒルベルト空間やブラ，ケット，ハイゼンベルグ描像やシュレーディンガー描像）について触れ，第 2 章では運動量や角運動量の演算子を並進や回転の変換を生成する演算子としてとらえ直し，スピン角運動量を導入する。さらに，角運動量演算子の成す代数（交換関係）の行列表現と角運動量の合成則，同種粒子とスピンの関係について議論を行う（第 3 章）。第 4 章，第 5 章では，厳密にシュレーディンガー方程式が解けない場合の近似法として，摂動論の手法を時間によらない場合と時間に依存する場合について紹介し，第 6 章では摂動論とは別の近似法である，準古典近似（WKB 近似）について解説する。そして，量子力学における粒子の衝突，散乱の問題の扱い方の形式的な側面を第 7 章で，摂動論による解析や共鳴散乱などの現象を第 8 章で議論する。最後の 2 章（第 9 章，第 10 章）では，これまで紹介してきたハミルトニアンや演算子を用いる方法とは異なる量子力学の定式化である，経路積分法を紹介し，そこでの摂動論や準古典近似（WKB 近似）について解説を行う。

本書で扱っている内容は『量子力学 I』の内容と比べると高度になり，細かな計算が必要なものも多いが，できるだけわかりやすく重複を厭わず説明を行ったつもりである。特に，『量子力学 I』の内容の習熟を前提として，スムーズに本書の内容に入れるよう努力した。本文中の例題は自分で解きながら読み進むことで，内容の理解が効率よく進むように配置してある。また，各章の終わりの章末問題の中にはややハイレベルのものもい

くつかあるが，すべてに詳しい解答を巻末に載せてあるので，是非挑戦してほしい．

さらに先進的な内容である，原子・分子の理論や原子核の構造，相対論的量子力学，場の量子化などについては，ページ数の関係でとりあげることができなかった．読者には本書で学ぶことにより，それらのトピックスを研究する基礎を十分に固め，飛躍されることを切に願っている．

最後に，本書の出版にあたり，笠原良一氏，学生である田中良樹くん，谷崎佑弥くんからは，読者としての貴重なご意見をいただきました．また，大塚記央氏をはじめとする講談社サイエンティフィクの編集部の方々には一方ならぬお世話になりました．ここに厚く御礼申し上げます．

　　　　　　　　　　　　　　　　　　2010年3月
　　　　　　　　　　　　　　　　　　二宮正夫，杉野文彦，杉山忠男

講談社基礎物理学シリーズ
量子力学II 目次

推薦のことば　iii
本シリーズの読者のみなさまへ　iv
まえがき　v

第1章　量子力学の構成　1

1.1　古典力学と物理量　1
1.2　量子力学と物理量　2
1.3　ベクトルとしての波動関数　5
1.4　ブラ・ベクトルとケット・ベクトル　7
1.5　座標表示と運動量表示　10
1.6　シュレーディンガー描像とハイゼンベルク描像　13

第2章　角運動量I　18

2.1　空間における変位と運動量　18
2.2　時間についての変位とエネルギー　19
2.3　対称性と保存量　21
2.4　空間回転と角運動量　23
2.5　スピン角運動量　27

第3章　角運動量II　33

3.1　交換関係の一般化　33
3.2　角運動量 $\hat{J}$　34
3.3　角運動量演算子の行列による表示　39
3.4　スピン $\frac{1}{2}$ の場合　42
3.5　2つの角運動量の合成　46
3.6　粒子の同一性と対称化，反対称化　49
3.7　ボソンとフェルミオン　52

第4章 時間によらない摂動 55

4.1 縮退のない場合　55
4.2 縮退のある場合　60

第5章 時間に依存する摂動 73

5.1 時間に依存する摂動の扱い方　73
5.2 有限時間だけ働く摂動　78
5.3 $t \to \infty$ で一定値になる摂動　79
5.4 周期的な摂動　82
5.5 $\hat{H}_0$ が連続スペクトルを含む場合　85
5.6 周期的摂動による離散的状態から連続的状態への遷移　86
5.7 断熱的な摂動による連続スペクトル間の遷移　91

第6章 準古典近似(WKB近似) 93

6.1 シュレーディンガー方程式の古典極限　93
6.2 準古典近似(WKB近似)　94
6.3 接続の規則　97
6.4 ボーア‐ゾンマーフェルトの量子化条件　103
6.5 ポテンシャル障壁の透過　105

第7章 散乱問題 I 113

7.1 2粒子系のシュレーディンガー方程式の変数分離　113
7.2 中心対称場の中の運動　116
7.3 球面波　120
7.4 弾性散乱の問題　125

第8章 散乱問題 II 132

8.1 ボルン近似　132
8.2 低速粒子の散乱　145
8.3 共鳴散乱　150

第9章 経路積分法　156

9.1　経路積分のイメージ　156
9.2　シュレーディンガー方程式から経路積分表示へ　157
9.3　古典力学への移行　163
9.4　ファインマン核の計算　165
9.5　波動関数とエネルギー準位　169
9.6　3次元系　172

第10章 経路積分法における近似法　176

10.1　摂動論　176
10.2　準古典近似(WKB近似)　183

章末問題解答　192

第 1 章

量子力学 I では，ミクロの世界がシュレーディンガー方程式によって記述されることを述べた。量子力学 II を始めるに際し，量子力学 I で学習したことを復習し，量子力学の形式的な面に目を向けよう。

量子力学の構成

1.1　古典力学と物理量

古典力学では，質点にはたらく力がわかると，ニュートンの運動方程式を立てることができる。さらに，ある時刻 t_0 での質点の位置 $\boldsymbol{r}(t_0)$ と速度 $\boldsymbol{v}(t_0)$ が与えられると，運動方程式を解くことにより，任意の時刻 t での質点の位置 $\boldsymbol{r}(t)$ と速度 $\boldsymbol{v}(t)$ がわかる。こうして質点の物理量 $A(\boldsymbol{r}(t), \boldsymbol{v}(t))$ が求められる。

例題1.1　調和振動子の運動量とエネルギー

質量 m の質点の運動方程式が，k を復元力の定数として，
$$m\ddot{x} = -k(x - x_0) \tag{1.1}$$
で与えられるとき，初期条件「$t=0$ のとき，$x = v = 0$」を用いて，質点の運動量と力学的エネルギー（運動エネルギーと位置エネルギーの和）を求めよ。

解　運動方程式 (1.1) の一般解は，$\omega = \sqrt{\dfrac{k}{m}}$，$A, B$ を任意定数として，
$$x = x_0 + A\cos\omega t + B\sin\omega t$$
$$v = -A\omega\sin\omega t + B\omega\cos\omega t$$

1

と書ける．ここで初期条件を用いると，$\omega \neq 0$ より，
$$A = -x_0, \ B = 0$$
となり，
$$x = x_0(1 - \cos \omega t), \ v = x_0 \omega \sin \omega t$$
を得る．こうして，質点の運動量は，
$$p = mv = x_0 \sqrt{km} \sin \omega t$$
力学的エネルギーは，
$$E = \frac{1}{2} mv^2 + \frac{1}{2} k(x - x_0)^2 = \frac{1}{2} k x_0^2$$
と求められる． ∎

1.2　量子力学と物理量

　量子力学にしたがう粒子の状態は，波動関数 $\psi(r, t)$ で表される．粒子の状態の時間的，空間的変化はシュレーディンガー方程式で与えられ，これを適当な初期条件および境界条件の下に解くことによって粒子の状態が与えられる．

　以下，簡単化のために，時間に依存しない定常状態の波動関数を考える．時間依存性の議論は，1.6 節で詳しく行う．

　ある波動関数 $\varphi(r)$ とその定数倍 $c\varphi(r)$（c は任意の複素数）は同じ状態を表すので，波動関数は，
$$\int \varphi^*(r) \varphi(r) \mathrm{d}^3 r = 1 \tag{1.2}$$
によって規格化しておくと便利である．ここで，$\mathrm{d}^3 r$ は体積素であり，x-y-z 直交座標系では $\mathrm{d}x\mathrm{d}y\mathrm{d}z$ で与えられる．規格化された波動関数 $\varphi(r)$ で表される状態において，時刻 t に位置 $r = (x, y, z)$ の近傍，すなわち，位置 r を 1 つの頂点に各稜の長さ $\mathrm{d}x, \mathrm{d}y, \mathrm{d}z$ の微小直方体領域内に粒子が見出される確率は，$\varphi^*(r)\varphi(r)\mathrm{d}^3 r = |\varphi(r)|^2 \mathrm{d}x\mathrm{d}y\mathrm{d}z$ で与えられる．このとき，
$$\rho(x, y, z) = |\varphi(r)|^2 \tag{1.3}$$
は，位置 r での粒子の存在確率を表し，確率密度関数と呼ばれる．

物理量の期待値

質点の位置 r と運動量 p の関数で与えられる，ある物理量 $A(r, p)$ を多数回観測したときの平均値 $\langle A \rangle$ は，観測値 A_i を得る確率を P_i とすると，

$$\langle A \rangle = \sum_i A_i P_i$$

となる。そこで量子力学では，規格化された波動関数 $\varphi(r)$ で与えられる状態における物理量 $A(r, p)$ の期待値 $\langle A \rangle$ を，

$$\langle A \rangle = \int \varphi^*(r) \hat{A} \varphi(r) dr \tag{1.4}$$

で定義する。ここで，演算子 $\hat{A}$ は物理量 $A(r, p)$ に対応するもので，r を位置の演算子 $\hat{r}$ に，p を運動量演算子 $\hat{p} = -i\hbar\nabla$ に置き換えることで与えられる。

演算子 $\hat{A}$ の固有値 A_i に対応する固有関数を φ_i とすると，固有値方程式は，

$$\hat{A}\varphi_i(r) = A_i \varphi_i(r) \tag{1.5}$$

となる。ここで，$\varphi_i(r)$ は，正規直交完全系をなすように選ぶことができるので，任意の波動関数 $\varphi(r)$ は適当な定数 c_i を用いて，

$$\varphi(r) = \sum_i c_i \varphi_i(r) \tag{1.6}$$

と展開できる。

例題1.2　観測される確率

演算子 $\hat{A}$ の固有値 A_i に対応する正規直交関数系をなす固有関数を $\varphi_i(r)$ とし，$\varphi_i(r)$ で (1.6) のように展開される波動関数 $\varphi(r)$ が与えられる系の状態を考える。

系が，固有関数 $\varphi_i(r)$ で表される状態にある確率 P_i は，

$$\hat{P}_i \varphi(r) = c_i \varphi_i(r) \tag{1.7}$$

で定義される射影演算子 $\hat{P}_i$ の，系の波動関数 $\varphi(r)$ による期待値で与えられる。これより確率 P_i を係数 c_i で表せ。

解　射影演算子 $\hat{P}_i$ の波動関数 $\varphi(r)$ での期待値は，

$$\int \varphi^*(r) \hat{P}_i \varphi(r) \mathrm{d}^3 r = P_i$$

と表される。ここで，(1.7) と $\varphi^*(\boldsymbol{r}) = \sum_i c_i^* \varphi_i^*(\boldsymbol{r})$ を用いると，

$$\int \varphi^*(\boldsymbol{r}) \hat{P}_i \varphi(\boldsymbol{r}) \mathrm{d}^3 \boldsymbol{r} = \int \left(\sum_j c_j^* \varphi_j^*(\boldsymbol{r}) \right) c_i \varphi_i(\boldsymbol{r}) \mathrm{d}^3 \boldsymbol{r}$$

$$= \sum_j c_j^* c_i \int \varphi_j^*(\boldsymbol{r}) \varphi_i(\boldsymbol{r}) \mathrm{d}^3 \boldsymbol{r}$$

となるから，$\varphi_i(\boldsymbol{r})$ の正規直交条件

$$\int \varphi_j^*(\boldsymbol{r}) \varphi_i(\boldsymbol{r}) \mathrm{d}^3 \boldsymbol{r} = \delta_{i,j} \tag{1.8}$$

より，

$$P_i = |c_i|^2 \tag{1.9}$$

となる。■

物理量を与える演算子

物理量 A の観測値は実数であるから，A の期待値は実数である。したがって，A に対応する演算子 $\hat{A}$ の任意の波動関数 $\varphi(\boldsymbol{r})$ による期待値は，

$$\int \varphi^*(\boldsymbol{r}) \hat{A} \varphi(\boldsymbol{r}) \mathrm{d}^3 \boldsymbol{r} = \left(\int \varphi^*(\boldsymbol{r}) \hat{A} \varphi(\boldsymbol{r}) \mathrm{d}^3 \boldsymbol{r} \right)^* \tag{1.10}$$

を満たさなければならない。(1.10) を満たす演算子をエルミート演算子という。また，(1.10) は，任意の 2 つの波動関数 $\varphi_1(\boldsymbol{r})$，$\varphi_2(\boldsymbol{r})$ に対する関係式

$$\int \varphi_1^*(\boldsymbol{r}) \hat{A} \varphi_2(\boldsymbol{r}) \mathrm{d}^3 \boldsymbol{r} = \left(\int \varphi_2^*(\boldsymbol{r}) \hat{A} \varphi_1(\boldsymbol{r}) \mathrm{d}^3 \boldsymbol{r} \right)^* \tag{1.11}$$

と同等である。

例題1.3　エルミート演算子の定義

エルミート演算子の定義式 (1.10) より (1.11) を導け。ここで，エルミート演算子は線形演算子であることに注意せよ (『量子力学 I』5.1 節参照)。ここで，c_1, c_2 を任意の複素定数，φ_1, φ_2 を任意関数とするとき，

$$\hat{L}(c_1 \varphi_1 + c_2 \varphi_2) = c_1 \hat{L} \varphi_1 + c_2 \hat{L} \varphi_2 \tag{1.12}$$

を満たす演算子 $\hat{L}$ を**線形演算子**という。

解　2 つの任意関数 φ_1, φ_2 を用いて，任意関数 φ を $\varphi = \varphi_1 + \varphi_2$ とおき，(1.10) へ代入すると，

$$\int(\varphi_1{}^* + \varphi_2{}^*)\hat{A}(\varphi_1 + \varphi_2)\mathrm{d}^3\boldsymbol{r} = \left(\int(\varphi_1{}^* + \varphi_2{}^*)\hat{A}(\varphi_1 + \varphi_2)\mathrm{d}^3\boldsymbol{r}\right)^*$$

となる。$\hat{A}$ に対する線形演算子の性質 (1.12) および,

$$\int\varphi_i{}^*\hat{A}\varphi_i\mathrm{d}^3\boldsymbol{r} = \left(\int\varphi_i{}^*\hat{A}\varphi_i\mathrm{d}^3\boldsymbol{r}\right)^* \quad (i = 1, 2) \tag{1.13}$$

を用いて,

$$\int\varphi_1{}^*\hat{A}\varphi_2\mathrm{d}^3\boldsymbol{r} + \int\varphi_2{}^*\hat{A}\varphi_1\mathrm{d}^3\boldsymbol{r} = \left(\int\varphi_1{}^*\hat{A}\varphi_2\mathrm{d}^3\boldsymbol{r}\right)^* + \left(\int\varphi_2{}^*\hat{A}\varphi_1\mathrm{d}^3\boldsymbol{r}\right)^* \tag{1.14}$$

を得る。また, φ を $\varphi = \varphi_1 + i\varphi_2$ とおいて (1.10) へ代入すると,

$$\int(\varphi_1{}^* - i\varphi_2{}^*)\hat{A}(\varphi_1 + i\varphi_2)\mathrm{d}^3\boldsymbol{r} = \left(\int(\varphi_1{}^* - i\varphi_2{}^*)\hat{A}(\varphi_1 + i\varphi_2)\mathrm{d}^3\boldsymbol{r}\right)^*$$

となり, (1.13) を用いて,

$$\int\varphi_1{}^*\hat{A}\varphi_2\mathrm{d}^3\boldsymbol{r} - \int\varphi_2{}^*\hat{A}\varphi_1\mathrm{d}^3\boldsymbol{r} = -\left(\int\varphi_1{}^*\hat{A}\varphi_2\mathrm{d}^3\boldsymbol{r}\right)^* + \left(\int\varphi_2{}^*\hat{A}\varphi_1\mathrm{d}^3\boldsymbol{r}\right)^* \tag{1.15}$$

を得る。最後に, (1.14), (1.15) より,

$$\int\varphi_1{}^*\hat{A}\varphi_2\mathrm{d}^3\boldsymbol{r} = \left(\int\varphi_2{}^*\hat{A}\varphi_1\mathrm{d}^3\boldsymbol{r}\right)^*, \quad \int\varphi_2{}^*\hat{A}\varphi_1\mathrm{d}^3\boldsymbol{r} = \left(\int\varphi_1{}^*\hat{A}\varphi_2\mathrm{d}^3\boldsymbol{r}\right)^*$$

となり, 一般に, (1.12) が成り立つことがわかる。 ∎

1.3 ベクトルとしての波動関数

ある正規直交完全系をなす定常状態の関数系 $\{\varphi_j(\boldsymbol{r})\}$ をとると, 任意の波動関数 $\varphi_c(\boldsymbol{r})$ は,

$$c_j = \int\varphi_j{}^*(\boldsymbol{r})\varphi_c(\boldsymbol{r})\mathrm{d}^3\boldsymbol{r} \tag{1.16}$$

で与えられる複素数の係数 $\{c_j\}$ を用いて (1.6) のように,

$$\varphi_c(\boldsymbol{r}) = \sum_j c_j\varphi_j(\boldsymbol{r}) \tag{1.17}$$

と展開できる。したがって, 波動関数 $\varphi_c(\boldsymbol{r})$ は係数 $\{c_j\}$ で表される。

例題1.4 展開係数

任意の波動関数を (1.17) のように展開するとき, その係数 c_j は (1.16)

で与えられることを示せ。

解 (1.16) の右辺に (1.17) を代入すると,
$$\int \varphi_j^*(\boldsymbol{r})\varphi_c(\boldsymbol{r})\mathrm{d}^3\boldsymbol{r} = \sum_i \int c_i \varphi_j^*(\boldsymbol{r})\varphi_i(\boldsymbol{r})\mathrm{d}^3\boldsymbol{r} = \sum_i c_i \delta_{ij} = c_j$$
となり,係数 c_j が (1.16) で与えられることがわかる。■

こうして,系の状態を表す波動関数 $\varphi_c(\boldsymbol{r})$ は複素ベクトル
$$\begin{pmatrix} c_1 \\ c_2 \\ c_3 \\ \vdots \end{pmatrix}$$
で表すことができ,**状態ベクトル**と呼ばれる。

$\varphi_c(\boldsymbol{r})$ に演算子 $\hat{A}$ を作用させた波動関数
$$\varphi_d(\boldsymbol{r}) = \hat{A}\varphi_c(\boldsymbol{r}) \tag{1.18}$$
も関数系 $\{\varphi_i(\boldsymbol{r})\}$ で展開できる。そこで,$\varphi_d(\boldsymbol{r})$ を,
$$\varphi_d(\boldsymbol{r}) = \sum_i d_i \varphi_i(\boldsymbol{r})$$
と展開すると,複素数の係数 $\{d_i\}$ は,(1.16) と同様に,
$$d_i = \int \varphi_i^*(\boldsymbol{r})\varphi_d(\boldsymbol{r})\mathrm{d}^3\boldsymbol{r} \tag{1.19}$$
で与えられる。(1.17) を (1.18) に代入し,それを (1.19) に代入すると,
$$d_i = \int \varphi_i^*(\boldsymbol{r})\hat{A}\sum_j \{c_j \varphi_j(\boldsymbol{r})\}\mathrm{d}^3\boldsymbol{r} = \sum_j \int \varphi_i^*(\boldsymbol{r})\hat{A}\varphi_j(\boldsymbol{r})\mathrm{d}^3\boldsymbol{r} \cdot c_j$$
と書けるから,$A_{ij} = \int \varphi_i^*(\boldsymbol{r})\hat{A}\varphi_j(\boldsymbol{r})\mathrm{d}^3\boldsymbol{r}$ とおくと,
$$d_i = \sum_j A_{ij} c_j \tag{1.20}$$
となる。A_{ij} は,正方行列の行列要素とみなすことができるから,$\{c_j\}$, $\{d_i\}$ を縦ベクトルで表現すると,(1.20) は,
$$\begin{pmatrix} d_1 \\ d_2 \\ d_3 \\ \vdots \end{pmatrix} = \begin{pmatrix} A_{11} & A_{12} & A_{13} & \cdots \\ A_{21} & A_{22} & A_{23} & \cdots \\ A_{31} & A_{32} & A_{33} & \cdots \\ \vdots & \vdots & \vdots & \end{pmatrix} \begin{pmatrix} c_1 \\ c_2 \\ c_3 \\ \vdots \end{pmatrix}$$
と表される。

一般に波動関数は複素成分をもつベクトルとみなすことができ，演算子は正方行列で表現される。このような関数の空間を**ヒルベルト空間**といい，波動関数はヒルベルト空間のベクトルであり，状態ベクトルともいう。また，正規直交完全系を**基底**という。波動関数の規格化条件は，

$$\sum_i |c_i|^2 = 1$$

となる。

> **例題1.5** エルミート行列

　エルミート演算子 $\hat{A}$ の基底による表現行列（上で用いた行列 $\{A_{ij}\}$）は，どのような性質をもつか，示せ。

> **解**　基底の i 成分 $\varphi_i(\boldsymbol{r})$ と j 成分 $\varphi_j(\boldsymbol{r})$ をエルミート演算子の定義式 (1.11) に用いると，左辺と右辺はそれぞれ，

$$A_{ij} = \int \varphi_i{}^*(\boldsymbol{r})\hat{A}\varphi_j(\boldsymbol{r})\mathrm{d}^3r, \quad A_{ji}{}^* = \left(\int \varphi_j{}^*(\boldsymbol{r})\hat{A}\varphi_i(\boldsymbol{r})\mathrm{d}^3r\right)^*$$

となるから，関係式

$$A_{ij} = A_{ji}{}^* \tag{1.21}$$

を得る。これは，正方行列の行と列を入れ替え（転置），各成分の複素共役をとった行列（これを**エルミート共役な行列**という）が元の行列と等しいことを示している。元の行列とエルミート共役な行列が等しい行列を**エルミート行列**という。エルミート演算子の表現行列はエルミート行列となる。　■

1.4　ブラ・ベクトルとケット・ベクトル

　量子力学は，状態ベクトルによって構成されたベクトル空間上で展開されるので，通常の線形代数の記法で表現されるが，ディラックによって導入されたブラ・ケット記号を用いると便利なことが多い。そこで，この記号を導入し，その使い方を考えていこう。

　複素縦ベクトルである状態ベクトル $\begin{pmatrix} c_1 \\ c_2 \\ c_3 \\ \vdots \end{pmatrix}$ を**ケット・ベクトル**といい，

$|\varphi_c\rangle$ で表す。また，ケット・ベクトルのエルミート共役 $|\varphi_c\rangle^{\dagger}$ の複素横ベクトル $(c_1^* \quad c_2^* \quad c_3^* \quad \cdots)$ を**ブラ・ベクトル**といい，$\langle\varphi_c|$ と表す。ブラ・ベクトルとケット・ベクトルの内積 $\langle\varphi_c|\varphi_d\rangle$ は，

$$\sum_i c_i^* d_i \quad \text{あるいは} \quad \int \varphi_c^*(\boldsymbol{r})\varphi_d(\boldsymbol{r})\mathrm{d}^3\boldsymbol{r}$$

を表し，スカラーとなる。また，演算子 $\hat{A}$ をブラとケットではさんだスカラー量 $\langle\varphi_c|\hat{A}|\varphi_d\rangle$ は，

$$\sum_{i,j} c_i^* A_{ij} d_j \quad \text{あるいは} \quad \int \varphi_c^*(\boldsymbol{r})\hat{A}\varphi_d(\boldsymbol{r})\mathrm{d}^3\boldsymbol{r}$$

を表す。ここで，A_{ij} は，正方行列 $A = \begin{pmatrix} A_{11} & A_{12} & A_{13} & \cdots \\ A_{21} & A_{22} & A_{23} & \cdots \\ A_{31} & A_{32} & A_{33} & \cdots \\ \vdots & \vdots & \vdots & \ddots \end{pmatrix}$ の (i,j) 成分である。さらに，$|\varphi_c\rangle\langle\varphi_d|$ は，

$$|\varphi_c\rangle\langle\varphi_d| = \begin{pmatrix} c_1 \\ c_2 \\ c_3 \\ \vdots \end{pmatrix} (d_1^* \quad d_2^* \quad d_3^* \quad \cdots) = \begin{pmatrix} c_1 d_1^* & c_1 d_2^* & c_1 d_3^* & \cdots \\ c_2 d_1^* & c_2 d_2^* & c_2 d_3^* & \cdots \\ c_3 d_1^* & c_3 d_2^* & c_3 d_3^* & \cdots \\ \vdots & \vdots & \vdots & \ddots \end{pmatrix}$$

を表す。

例題1.6 完全性の条件

状態ベクトル $\{|\varphi_i\rangle\} = |\varphi_1\rangle, |\varphi_2\rangle, \cdots$ を，正規直交完全系をなす基底ベクトルとする。このとき，

$$\sum_i |\varphi_i\rangle\langle\varphi_i| = 1 \tag{1.22}$$

が成り立つことを示せ。ただし，(1.22) の右辺は単位演算子で，単位行列で表される。(1.22) は『量子力学 I』の (5.18) に対応する。

解 $\{|\varphi_i\rangle\}$ は完全系をなしているから，任意の状態ベクトル $|\varphi\rangle$ は，適当な定数 $\{c_j\}$ を用いて，

$$|\varphi\rangle = \sum_j c_j |\varphi_j\rangle$$

と展開できる。そこで，$|\varphi\rangle$ を (1.22) の左辺に右から作用させると，$\{|\varphi_i\rangle\}$ の規格直交性 $\langle\varphi_i|\varphi_j\rangle = \delta_{i,j}$ を用いて，

$$\sum_i |\varphi_i\rangle\langle\varphi_i|\varphi\rangle = \sum_{i,j} c_j|\varphi_i\rangle\langle\varphi_i|\varphi_j\rangle = \sum_j c_j|\varphi_j\rangle = |\varphi\rangle \tag{1.23}$$

となる。よって，$\sum_i |\varphi_i\rangle\langle\varphi_i|$ は単位演算子である。 ∎

(1.23) は，
$$\sum_i |\varphi_i\rangle\langle\varphi_i|\varphi\rangle = \sum_i c_i|\varphi_i\rangle$$

と書けるから，展開係数 $\{c_i\}$ は，
$$c_i = \langle\varphi_i|\varphi\rangle \tag{1.24}$$

と表される。(1.24) は，波動関数を用いた (1.16) に対応する。

連続スペクトルをもつ演算子

連続固有値 a をもつ演算子 $\hat{A}$ を考える。
$$\hat{A}|\varphi_a\rangle = a|\varphi_a\rangle$$

を満たす固有ベクトル $|\varphi_a\rangle$ の規格直交条件は，クロネッカーのデルタをデルタ関数に変えて，
$$\langle\varphi_a|\varphi_{a'}\rangle = \delta(a-a') \tag{1.25}$$

と表される。

例題1.7 固有関数の表現

(1) 連続スペクトルをもつ固有ベクトル系 $\{|\varphi_a\rangle\}$ が規格直交完全系をなすとき，
$$\int da|\varphi_a\rangle\langle\varphi_a| = 1 \tag{1.26}$$

が成り立つことを示せ。

(2) 連続変数 a の関数 $\varphi(a)$ からなるヒルベルト空間において，基底ベクトル $|\varphi_a\rangle$（正規直交完全系をなす）としてデルタ関数 $\delta(a-a')$ を用いることができることを示せ。

解

(1) 任意の状態ベクトル $|\varphi\rangle$ は，完全系をなすベクトル $\{|\varphi_a\rangle\}$ で，適当な定数 c_a を用いて，
$$|\varphi\rangle = \int c_a|\varphi_a\rangle da \tag{1.27}$$

と展開される。状態ベクトル (1.27) を (1.26) の左辺に右から作用させ，

直交条件 (1.25) を用いると,
$$\int \mathrm{d}a |\varphi_a\rangle\langle\varphi_a|\varphi\rangle = \iint c_{a'}|\varphi_a\rangle\langle\varphi_a|\varphi_{a'}\rangle \mathrm{d}a\mathrm{d}a' = \int c_a|\varphi_a\rangle\mathrm{d}a = |\varphi\rangle$$
となるから，(1.26) が成り立つことがわかる．

(2) $|\varphi_{a'}\rangle$ に $\delta(a-a')$ を用いると，
$$\langle\varphi_{a'}|\varphi_{a''}\rangle = \int \delta(a-a')^*\delta(a-a'')\mathrm{d}a = \delta(a'-a'')$$
となり，規格直交条件を満たす．また，a の任意関数 $\varphi(a)$ に対して，
$$\varphi(a) = \int \varphi(a')\delta(a-a')\mathrm{d}a'$$
が成り立つから，$\delta(a-a') \to |\varphi_{a'}\rangle$ とすると，$\{|\varphi_{a'}\rangle\}$ は完全系をなす．こうして，基底ベクトル $|\varphi_{a'}\rangle$ として $\delta(a-a')$ を用いることができることがわかる． ■

1.5 座標表示と運動量表示

1次元運動をしている粒子の座標演算子を $\hat{x}$，固有値を x，固有状態を $|x\rangle$ とすると，固有方程式は，
$$\hat{x}|x\rangle = x|x\rangle \tag{1.28}$$
と表される．ここで，固有状態 $|x\rangle$ はベクトル空間 V の基底であり，正規直交条件
$$\langle x'|x''\rangle = \delta(x'-x'') \tag{1.29}$$
および，完全性条件
$$\int |x\rangle\langle x|\mathrm{d}x = 1 \tag{1.30}$$
を満たす．基底 $|x\rangle$ による状態の表示を**座標表示**あるいは ***x* 表示**という．

例題1.8　基底の変換

ベクトル空間 V の状態ベクトル $|p\rangle$ を，
$$|p\rangle = \left(\int |x\rangle\langle x|\mathrm{d}x\right)|p\rangle = \int \langle x|p\rangle|x\rangle\mathrm{d}x \tag{1.31}$$
と展開して，

$$\langle x|p\rangle = \frac{1}{\sqrt{2\pi\hbar}}\exp\left(\frac{i}{\hbar}px\right) \tag{1.32}$$

とおくと (章末問題 1.2 参照)，$|p\rangle$ はベクトル空間 V のもう 1 つの基底になる，すなわち，$|p\rangle$ が正規直交完全系をなすことを示せ．

解 (1.31)，(1.32) より，
$$\langle p'|p''\rangle = \frac{1}{2\pi\hbar}\left[\int\exp\left(-\frac{i}{\hbar}p'x'\right)\langle x'|\mathrm{d}x'\right]\left[\int\exp\left(\frac{i}{\hbar}p''x''\right)|x''\rangle\mathrm{d}x''\right]$$
$$= \frac{1}{2\pi\hbar}\int\mathrm{d}x'\int\mathrm{d}x''\exp\left[-\frac{i}{\hbar}(p'x'-p''x'')\right]\langle x'|x''\rangle$$

となる．ここで (1.29) を用いると，
$$\langle p'|p''\rangle = \frac{1}{2\pi\hbar}\int\exp\left[-\frac{i}{\hbar}(p'-p'')x'\right]\mathrm{d}x'$$
$$= \delta(p'-p'')$$

となり，$|p\rangle$ は正規直交条件を満たすことがわかる．また，
$$\int|p\rangle\langle p|\mathrm{d}p = \frac{1}{2\pi\hbar}\int\mathrm{d}p\int\mathrm{d}x'\int\mathrm{d}x''\exp\left[\frac{i}{\hbar}p(x'-x'')\right]|x'\rangle\langle x''|$$
$$= \int\mathrm{d}x'\int\mathrm{d}x''\delta(x'-x'')|x'\rangle\langle x''| = \int|x'\rangle\langle x'|\mathrm{d}x' = 1$$

となり，完全性の条件も満たす． ∎

運動量演算子の座標表示

座標演算子 $\hat{x}$ と運動量演算子 $\hat{p}$ の交換関係
$$[\hat{x},\hat{p}] = \hat{x}\hat{p} - \hat{p}\hat{x} = i\hbar \tag{1.33}$$
を用いて，$\hat{p}$ の座標表示を導いてみよう．

まず，(1.28) より，
$$\langle x|\hat{x} = x\langle x| \tag{1.34}$$
が成り立つことに注意しよう．この式は，あらわに次のように導くことができる．
$$\langle x|\hat{x} = \int\langle x|\hat{x}|x'\rangle\langle x'|\mathrm{d}x' = \int x'\langle x|x'\rangle\langle x'|\mathrm{d}x'$$
$$= \int x'\delta(x-x')\langle x'|\mathrm{d}x' = x\langle x|$$

(1.28) および (1.34) を用いると，交換関係 (1.33) の座標表示の行列要

素は,
$$\langle x'|[\hat{x},\hat{p}]|x''\rangle = \langle x'|\hat{x}\hat{p}|x''\rangle - \langle x'|\hat{p}\hat{x}|x''\rangle$$
$$= (x'-x'')\langle x'|\hat{p}|x''\rangle$$
となる。一方,
$$\langle x'|[\hat{x},\hat{p}]|x''\rangle = i\hbar\langle x'|x''\rangle = i\hbar\delta(x'-x'')$$
となるから,
$$(x'-x'')\langle x'|\hat{p}|x''\rangle = i\hbar\delta(x'-x'')$$
が成り立つ。

いま,デルタ関数の性質[1]
$$\delta(x) = -x\frac{\mathrm{d}}{\mathrm{d}x}\delta(x) \tag{1.35}$$
を用いると,
$$(x'-x'')\langle x'|\hat{p}|x''\rangle = -i\hbar(x'-x'')\frac{\partial}{\partial x'}\delta(x'-x'')$$
$$\therefore \quad \langle x'|\hat{p}|x''\rangle = -i\hbar\frac{\partial}{\partial x'}\delta(x'-x'') \tag{1.36}$$
を得る。

次に,粒子の運動量演算子を $\hat{p}$,固有値を p,固有状態を $|p\rangle$ とすると,固有方程式は,
$$\hat{p}|p\rangle = p|p\rangle \tag{1.37}$$
と表される。状態ベクトル $|p\rangle$ は,正規直交条件
$$\langle p'|p''\rangle = \delta(p'-p'') \tag{1.38}$$
および,完全性条件
$$\int |p\rangle\langle p|\mathrm{d}p = 1 \tag{1.39}$$
を満たす。

ベクトル $|p\rangle$ を用いて状態を示す表示を**運動量表示**あるいは **p 表示**という。このとき,座標演算子の運動量表示
$$\langle p'|\hat{x}|p''\rangle = i\hbar\frac{\partial}{\partial p'}\delta(p'-p'') \tag{1.40}$$
が成り立つ(章末問題 1.1 参照)。

---
[1] 基礎物理学シリーズ『物理のための数学入門』 12.1 節参照。

1.6　シュレーディンガー描像とハイゼンベルク描像

これまで，物理系の時間変化を考える際，物理量を表す演算子は時間に依存せず，状態ベクトルあるいは波動関数が時間とともに変化すると考えてきた。このような記述方法を**シュレーディンガー描像**あるいは**シュレーディンガー表示**という。

時刻 t における系の状態ベクトルを $|\psi(t)\rangle_\mathrm{S}$ とすると，シュレーディンガー方程式は，

$$i\hbar \frac{\mathrm{d}}{\mathrm{d}t}|\psi(t)\rangle_\mathrm{S} = \hat{H}|\psi(t)\rangle_\mathrm{S} \tag{1.41}$$

で表される。ここで，ハミルトニアン $\hat{H}$ は時間をあらわに含まないとする。時刻 $t = t_0$ での状態ベクトルを $|\psi(t_0)\rangle_\mathrm{S}$ として，(1.41) を t で積分すると，

$$|\psi(t)\rangle_\mathrm{S} = \exp\left[\frac{1}{i\hbar}\hat{H}(t-t_0)\right]|\psi(t_0)\rangle_\mathrm{S} \tag{1.42}$$

となる。ここで，演算子 $\hat{O}$ の指数関数は，

$$e^{\hat{O}} = 1 + \hat{O} + \frac{1}{2!}\hat{O}^2 + \cdots + \frac{1}{n!}\hat{O}^n + \cdots$$

で定義される。

物理量 A を表す演算子 $\hat{A}_\mathrm{S}$，(1.42) および，

$$_\mathrm{S}\langle\psi(t)| = {}_\mathrm{S}\langle\psi(t_0)|\exp\left[-\frac{1}{i\hbar}\hat{H}(t-t_0)\right]$$

を用いて，時刻 t での期待値 $\langle A(t)\rangle$ は，

$$\langle A(t)\rangle = {}_\mathrm{S}\langle\psi(t)|\hat{A}_\mathrm{S}|\psi(t)\rangle_\mathrm{S}$$
$$= {}_\mathrm{S}\langle\psi(t_0)|\exp\left[-\frac{1}{i\hbar}\hat{H}(t-t_0)\right]\hat{A}_\mathrm{S}\exp\left[\frac{1}{i\hbar}\hat{H}(t-t_0)\right]|\psi(t_0)\rangle_\mathrm{S}$$

となる。いま，

$$|\psi(t_0)\rangle_\mathrm{S} = |\psi\rangle_\mathrm{H}, \quad {}_\mathrm{S}\langle\psi(t_0)| = {}_\mathrm{H}\langle\psi| \tag{1.43}$$

$$\hat{A}_\mathrm{H}(t) = \exp\left[-\frac{1}{i\hbar}\hat{H}(t-t_0)\right]\hat{A}_\mathrm{S}\exp\left[\frac{1}{i\hbar}\hat{H}(t-t_0)\right] \tag{1.44}$$

とおくと，期待値 $\langle A(t)\rangle$ は，

$$\langle A(t)\rangle = {}_\mathrm{H}\langle\psi|\hat{A}_\mathrm{H}(t)|\psi\rangle_\mathrm{H} \tag{1.45}$$

と表すことができる。このように，状態ベクトルを時間に依存させず，演算子に時間依存性をもたせる記述方法を**ハイゼンベルク描像**あるいは**ハイ**

ゼンベルク表示という．このとき，$|\psi\rangle_H$，${}_H\langle\psi|$ は，時間 t に依らない状態ベクトルであり，**ハイゼンベルク描像での状態ベクトル**と呼ばれる．また，$\hat{A}_H(t)$ は時間 t に依る演算子であり，**ハイゼンベルク描像での演算子**と呼ばれる．

例題1.9 ハイゼンベルクの運動方程式

ハイゼンベルク描像での演算子 $\hat{A}_H(t)$ の時間発展は，**ハイゼンベルクの運動方程式**

$$\frac{d}{dt}\hat{A}_H(t) = \frac{1}{i\hbar}\left[\hat{A}_H(t), \hat{H}\right] \tag{1.46}$$

で記述されることを示せ．

解 (1.44)の両辺を時間 t で微分すると，

$$\begin{aligned}
\frac{d}{dt}\hat{A}_H(t) &= \frac{d}{dt}\left(\exp\left[-\frac{1}{i\hbar}\hat{H}(t-t_0)\right]\right)\hat{A}_S\exp\left[\frac{1}{i\hbar}\hat{H}(t-t_0)\right] \\
&\quad + \exp\left[-\frac{1}{i\hbar}\hat{H}(t-t_0)\right]\hat{A}_S\frac{d}{dt}\left(\exp\left[\frac{1}{i\hbar}\hat{H}(t-t_0)\right]\right) \\
&= -\frac{1}{i\hbar}\hat{H}\exp\left[-\frac{1}{i\hbar}\hat{H}(t-t_0)\right]\hat{A}_S\exp\left[\frac{1}{i\hbar}\hat{H}(t-t_0)\right] \\
&\quad + \exp\left[-\frac{1}{i\hbar}\hat{H}(t-t_0)\right]\hat{A}_S\exp\left[\frac{1}{i\hbar}\hat{H}(t-t_0)\right]\frac{1}{i\hbar}\hat{H} \\
&= \frac{1}{i\hbar}\left[\hat{A}_H(t), \hat{H}\right]
\end{aligned}$$

となり，ハイゼンベルクの運動方程式 (1.46) が導かれる． ■

10分補講

量子力学 VS 隠れた変数の理論

これまで，量子力学をミクロ（微視的）な世界の法則として確立している理論，という立場から書いてきた．ここで，ミクロな世界とはおよそ 10^{-11}m くらいの距離よりも微小な領域である．一方，マクロな世界は，これよりずっと長い領域にある．この2つの世界はきっちりと切断しているわけではなく，境界領域として 10^{-9}m 付近を中心にしてナノの領域がある．

さて，量子力学は上に書いたように，概ねミクロの世界〜ナノの世界を正しく記述していると現在では考えられている。量子力学の計算結果は，いわゆる確率解釈にのっとって理解してきた。これまでのところ，この解釈に反するような実験結果は見出されていない。しかしながら，量子力学完成直後から，確率解釈に反対する物理学者が少なからず存在した。ニュートン力学のような，決定論的立場に固執する物理学者たちである。代表格はアインシュタインであり，1926 年に有名な言，「神はサイコロを振らない (Der Alte wurfelt nicht.)」をボルン宛の手紙に記した。

1935 年，アインシュタインはポドルスキーとローゼン (EPR) と共同で，量子力学の確率解釈はアインシュタインのいう局所原理 (ある系の状態は，その系から空間的に離れた系の状態に依らない) に矛盾する，という内容の論文を発表した。これは「EPR のパラドックス」として広く知られることになる。論文のタイトルは "Can quantum-mechanical description of physical reality be considered complete?" というものである (Physical Review **47**, 777–780, (1935))。タイトルが示すように，量子力学に矛盾があると指摘する内容である。以下に彼らのいう矛盾点をあえて短くまとめてみよう。

『2 個の電子からなる系の一重項状態 (各電子のスピン s の z 成分 s_z が上向き $\left(\frac{1}{2}\right)$ と下向き $\left(-\frac{1}{2}\right)$ で，系の波動関数は反対称。第 3 章を参照) を考える。いま，2 人の実験者，たとえば田中君と鈴木君がいて，田中君は 1 番目の電子の s_z を観測し，一方，鈴木君は 2 番目の電子の s_z を観測するとする。しかし，田中君が電子 1 の s_z を観測して $s_z = \frac{1}{2}$ を得たならば，鈴木君が電子 2 の s_z を観測しなくても，$-\frac{1}{2}$ であることは 100 ％確実である。鈴木君が観測を実行しても，単に $s_z = -\frac{1}{2}$ を確認するに過ぎない。』

くり返して注意するが，以上は事実を単純化して記した。実際は量子力学的計算を実行する必要があるが，複雑で本書の枠を超えてしまうので省略する。しかしながら，上記の説明で肝心な点は浮き

彫りにされている。

　上記の2電子系の各電子を長距離に引き離しても，この説明は成立するのである。このような2電子の相関といわれる関係は局所的でなく，非局所的なのである。

　このような思考実験を，ベルは1964年にEPRの考えを取り入れた局所的なモデルに対して行った。このモデルはまた，隠れた変数を含むものであった。この研究から，ベルは有名な**ベルの不等式**を見出した。この不等式は，隠れた変数を有する理論が必ず満足すべきものである。

　ベルの不等式は，実際にアスペと共同研究者が1982年に精密な測定を行って，満足されていないことを示した。このことによって，量子力学には隠れた変数は存在しないこと，さらにはEPRが強調した局所性は存在しないことが結論付けられた。

　局所性の否定から，極めて重要かつ興味深い新しい研究領域が開かれた。つまり，それは量子もつれ，あるいはエンタングルメントとよばれる量子力学特有の非局所的相関の研究である。この研究は非常なスピードで進歩・展開している。EPRの指摘は，皮肉にも科学における重大な貢献を行ったことになる。量子暗号や量子テレポーテーションという，先端科学技術の理論的基礎の端緒をつくったのである。

章末問題

1.1　座標演算子の運動量表示 (1.40) を導け。

1.2　座標表示のブラ・ベクトル $\langle x|$ と運動量表示のケット・ベクトル $|p\rangle$ の内積 $\langle x|p\rangle$ に対し，微分方程式

$$-i\hbar \frac{\partial}{\partial x}\langle x|p\rangle = p\langle x|p\rangle \tag{1.47}$$

が成り立つことを導き，$\langle x|p\rangle$ が (1.32) で与えられることを示せ。

1.3　ハミルトニアンが $\hat{H}_0 = \dfrac{\hat{p}^2}{2m}$（$\hat{p}$ は運動量演算子）で与えられる質量

m の自由粒子の時間発展を考えよう。

(1) 時刻 t に位置 x にいた粒子が，時刻 $t'(>t)$ に位置 x' にくる確率振幅すなわち行列要素は，

$$G(x', t'|x, t) = \langle x'| \exp\left(-\frac{i}{\hbar}\hat{H}_0(t'-t)\right)|x\rangle \qquad (1.48)$$

と書けることを示せ。このとき $G(x', t'|x, t)$ は，自由粒子の**グリーン関数**と呼ばれている。

(2) a を 0 でない実数とするとき，ガウス積分の公式（解答の後に示す解説参照）

$$\int_0^\infty e^{-iax^2}\,\mathrm{d}x = \frac{1}{2}\sqrt{\frac{\pi}{ia}} \qquad (1.49)$$

が成り立つことを用いて，グリーン関数 $G(x', t'|x, t)$ を計算せよ。

17

第 2 章

量子力学において現れる時間・空間における対称性から，エネルギー，運動量，ついで角運動量の演算子を定義し，それらが保存することを示す．

角運動量 I

2.1　空間における変位と運動量

ここで考える空間は一様で等方とする．この空間に 3 次元直交座標系を張り，1 つの点はベクトル $\bm{x} = (x, y, z)$ で表す．いま，この空間にある 1 個の粒子に着目し，その状態は波動関数 $\psi_\alpha(\bm{x}, t)$ で記されるとしよう．α はこの粒子の状態を示す添え字である．この状態は第 1 章で導入した状態ケットを用いて $|\alpha\rangle$ と記すこともできる．

この 1 個の粒子を，空間的にベクトル $\bm{a}$ で与えられる変位をほどこすことを考えよう．ここで，$\bm{a} = (a_x, a_y, a_z)$ を意味することはいうまでもない．この結果として，ケット $|\alpha'\rangle$ に変化するから，同様に波動関数は $\psi_\alpha(\bm{x}, t)$ が $\psi_{\alpha'}(\bm{x}, t)$ に変化している．ここで単純なことだが

$$\psi_{\alpha'}(\bm{x} + \bm{a}, t) = \psi_\alpha(\bm{x}, t) \tag{2.1}$$

であることに注意しよう．

次に調べたいことは，状態ケット $|\alpha\rangle$ を $|\alpha'\rangle$ に変換する演算子 $\hat{U}_r(\bm{a})$

$$\hat{U}_r(\bm{a})|\alpha\rangle = |\alpha'\rangle \tag{2.2}$$

あるいは，同じことだが

$$\hat{U}_r(\bm{a})\psi_\alpha(\bm{x}, t) = \psi_{\alpha'}(\bm{x}, t) \tag{2.3}$$

を求めることである．この (2.3) と (2.1) を組み合わせれば

$$\psi_\alpha(\boldsymbol{x}-\boldsymbol{a},t)=\hat{U}_r(\boldsymbol{a})\psi_\alpha(\boldsymbol{x},t) \tag{2.4}$$

が得られる。

例題2.1 空間的変位の演算子

(2.4)において空間変位ベクトル $\boldsymbol{a}$ が微小として，演算子 $\hat{U}_r(\boldsymbol{a})$ の具体形を求めよ。

解 簡単のため，$\boldsymbol{a}=(a,0,0)$ としよう。すると，(2.4)の左辺は，$\psi_\alpha(x-a,y,z,t)$ となる。a は微小量だから，a に関して級数展開を行うと

$$\psi_\alpha(\boldsymbol{x},t)-a\frac{\partial}{\partial x}\psi_\alpha(\boldsymbol{x},t)+\frac{a^2}{2!}\frac{\partial^2}{\partial x^2}\psi_\alpha(\boldsymbol{x},t)-\cdots \tag{2.5}$$

(2.5)は，$e^{-a\frac{\partial}{\partial x}}\psi(\boldsymbol{x},t)$ の形にまとまるから，(2.4)と比較して

$$\hat{U}_r(\boldsymbol{a})=e^{-a\frac{\partial}{\partial x}} \tag{2.6}$$

と求まる。

いまの場合，座標系を $\boldsymbol{a}$ の方向が x 軸になるように選んだが，この座標系の選択を一般化すれば，$a\frac{\partial}{\partial x}$ は $\boldsymbol{a}\cdot\nabla$ となる。ここで導入した記号 $\nabla=\left(\frac{\partial}{\partial x},\frac{\partial}{\partial y},\frac{\partial}{\partial z}\right)$ はナブラという。結局

$$\hat{U}_r(\boldsymbol{a})=e^{-\boldsymbol{a}\cdot\nabla} \tag{2.7}$$

となる。さらに運動量演算子 $\hat{\boldsymbol{p}}$ は

$$\hat{\boldsymbol{p}}=-i\hbar\nabla \tag{2.8}$$

であるから

$$\hat{U}_r(\boldsymbol{a})=e^{-\frac{i}{\hbar}\boldsymbol{a}\cdot\hat{\boldsymbol{p}}} \tag{2.9}$$

とも書くことができる。■

ここに得られた空間的変位の演算子 $\hat{U}_r(\boldsymbol{a})$ がユニタリー演算子であることは，$\boldsymbol{a}$ が実の量で，演算子 $\hat{\boldsymbol{p}}$ がエルミートであることから明らかである。

2.2　時間についての変位とエネルギー

次に，状態ケットベクトル $|\alpha(t)\rangle$ あるいは波動関数 $\psi_\alpha(\boldsymbol{x},t)$ を，時間

方向に無限小の量 ε_t だけずらす場合を調べよう．この場合，(2.1) と同じく

$$|\alpha'(t+\varepsilon_t)\rangle = |\alpha(t)\rangle \tag{2.10}$$

同様に

$$\psi_{\alpha'}(\boldsymbol{x}, t+\varepsilon_t) = \psi_\alpha(\boldsymbol{x}, t) \tag{2.11}$$

である．

時間を ε_t だけずらす演算子 $\hat{U}_t(\varepsilon_t)$ の作用は

$$\hat{U}_t(\varepsilon_t)|\alpha(t)\rangle = |\alpha'(t)\rangle \tag{2.12}$$

あるいは

$$\hat{U}_t(\varepsilon_t)\psi_\alpha(\boldsymbol{x}, t) = \psi_{\alpha'}(\boldsymbol{x}, t) \tag{2.13}$$

である．

(2.13) と (2.11) を組み合わせると

$$\hat{U}_t(\varepsilon_t)\psi_\alpha(\boldsymbol{x}, t) = \psi_\alpha(\boldsymbol{x}, t-\varepsilon_t) \tag{2.14}$$

例題2.2 時間変位の演算子

(2.14) における時間変位の演算子 $\hat{U}_t(\varepsilon_t)$ を求めよ（ハミルトニアン $\hat{H}$ は時間に依存しないと仮定してよい）．

解 (2.14) の右辺において，ε_t は無限小の量だから，級数展開ができる．

$$\psi_\alpha(\boldsymbol{x}, t-\varepsilon_t) = \psi_\alpha(\boldsymbol{x}, t) - \varepsilon_t \frac{\partial}{\partial t}\psi_\alpha(\boldsymbol{x}, t) + \frac{\varepsilon_t^2}{2!}\frac{\partial^2}{\partial t^2}\psi_\alpha(\boldsymbol{x}, t) - \cdots \tag{2.15}$$

この右辺は，次のようにまとまる．

$$e^{-\varepsilon_t \frac{\partial}{\partial t}} \psi_\alpha(\boldsymbol{x}, t) \tag{2.16}$$

したがって，(2.14) の左辺と比較して

$$\hat{U}_t(\varepsilon_t) = e^{-\varepsilon_t \frac{\partial}{\partial t}} \tag{2.17}$$

一方，時間微分の演算子は系のハミルトニアンと

$$\frac{\partial}{\partial t} = \frac{1}{i\hbar}\hat{H} \tag{2.18}$$

と関係づけられている．そこで，(2.15) の右辺において，第 2 項，つまり ε_t の 1 次の項は

$$-\varepsilon_t \frac{\partial}{\partial t}\psi_\alpha(\boldsymbol{x},t) = \frac{i}{\hbar}\varepsilon_t \hat{H}\psi_\alpha(\boldsymbol{x},t)$$

となる。

第3項，つまり ε_t の2次の項は

$$\frac{\varepsilon_t^2}{2!}\frac{\partial^2}{\partial t^2}\psi_\alpha(\boldsymbol{x},t) = \frac{\varepsilon_t^2}{2!}\frac{\partial}{\partial t}\left\{-\frac{i}{\hbar}\hat{H}\psi_\alpha(\boldsymbol{x},t)\right\} \tag{2.19}$$

である。いま仮に，$\hat{H}$ が時間 t に依存しない量であるとしよう。このとき，(2.19) は

$$\frac{1}{2!}\left(\frac{i}{\hbar}\varepsilon_t \hat{H}\right)^2 \psi_\alpha(\boldsymbol{x},t) \tag{2.20}$$

となる。同様に ε_t の n 次の項も

$$\frac{1}{n!}\left(\frac{i}{\hbar}\varepsilon_t \hat{H}\right)^n \psi_\alpha(\boldsymbol{x},t)$$

とまとまる。したがって，(2.17) はまた

$$\hat{U}_t(\varepsilon_t) = e^{\frac{i}{\hbar}\varepsilon_t \hat{H}} \tag{2.21}$$

と表すことができる。　■

ただし，このように簡単な形に書けるのは，$\hat{H}$ が時間 t に依存しない場合である。もしも $\hat{H}$ が t に依存するならば，(2.15) の形の展開式において (2.18) の置き換えをほどこしても，結果は (2.21) の形にまとまらず，複雑な式になってしまう。本書では，$\hat{H}$ が t に依存する場合は考察しない。

2.3　対称性と保存量

前2節において，空間および時間における変位の演算子を求めた。では，このような変位によって得られた状態ケットベクトル $|\alpha'\rangle$ あるいは波動関数 $\psi_\alpha'(\boldsymbol{x},t)$ は，変位前のそれらと同様にシュレーディンガーの運動方程式を満足する量になっているであろうか。言いかえると，変位後の状態は，運動方程式にしたがう実際に実現する状態になっているであろうか。このことを調べるためには，変位後の状態がシュレーディンガーの運動方程式を満足しているかを確かめればよい。

例題2.3　**空間的変位**

空間的な変位を行った後の状態が，シュレーディンガーの運動方程式を

満足するための条件を求めよ．

解 空間的な変位を行った後の状態ケットベクトルである $|\alpha'(t)\rangle = \hat{U}_r(\boldsymbol{a})|\alpha(t)\rangle$ が，シュレーディンガー方程式を満たすとすると

$$i\hbar\frac{\partial}{\partial t}|\alpha'(t)\rangle = i\hbar\frac{\partial}{\partial t}\{\hat{U}_r(\boldsymbol{a})|\alpha(t)\rangle\}$$

$$= \hat{U}_r(\boldsymbol{a})i\hbar\frac{\partial}{\partial t}|\alpha(t)\rangle$$

$$= \hat{U}_r(\boldsymbol{a})\hat{H}|\alpha(t)\rangle \tag{2.22}$$

ここで，$\hat{U}_r(\boldsymbol{a})$ がユニタリーであること，つまり

$$\hat{U}_r^\dagger(\boldsymbol{a})\hat{U}_r(\boldsymbol{a}) = 1$$

を用いると，(2.22) は

$$\hat{U}_r(\boldsymbol{a})\hat{H}\hat{U}_r^\dagger(\boldsymbol{a})\hat{U}_r(\boldsymbol{a})|\alpha(t)\rangle = \hat{U}_r(\boldsymbol{a})\hat{H}\hat{U}_r^\dagger(\boldsymbol{a})|\alpha'(t)\rangle \tag{2.23}$$

となる．この式がシュレーディンガー方程式と一致するためには

$$\hat{U}_r(\boldsymbol{a})\hat{H}\hat{U}_r^\dagger(\boldsymbol{a}) = \hat{H} \tag{2.24}$$

を満たさねばならない．■

この条件はまた，$\hat{U}_r^\dagger(\boldsymbol{a})^{-1} = \hat{U}_r(\boldsymbol{a})$ を用いて

$$[\hat{U}_r(\boldsymbol{a}), \hat{H}] = 0 \tag{2.25}$$

と，$\hat{U}_r(\boldsymbol{a})$ はハミルトニアンと可換でなければならない，という形に書ける．

一方，$\hat{U}_r(\boldsymbol{a})$ は (2.9) によって与えられるから，結局，運動量 $\boldsymbol{p}$ の各成分がハミルトニアン $\hat{H}$ と可換でなければならない，という結論になる．このとき，$\boldsymbol{p}$ と $\hat{H}$ は同時対角化が可能である．したがって，空間的に変位した状態は，運動量とエネルギーがはっきりした固有値を有する．

次に，時間的な変位を行った場合に，状態が，やはりシュレーディンガー方程式を満足する条件を導こう．

例題2.4 時間的変位

時間的な変位を行った状態がシュレーディンガー方程式を満たす条件を導け（この場合，$\hat{H}$ が時間 t に依存しないと仮定していることを思い出そう）．

解 時間的な変位を行った状態ケットベクトル $\hat{U}_t(\varepsilon_t)|\alpha(t)\rangle$ が，シュレーディンガー方程式を満足すると

$$i\hbar\frac{\partial}{\partial t}\{\hat{U}_t(\varepsilon_t)|\alpha(t)\rangle\} = \hat{U}_t(\varepsilon_t)i\hbar\frac{\partial}{\partial t}|\alpha(t)\rangle$$
$$= \hat{U}_t(\varepsilon_t)\hat{H}|\alpha(t)\rangle \quad (2.26)$$

例題 5.3 の解答と同様にして，この式は

$$\hat{U}_t(\varepsilon_t)\hat{H}\hat{U}_t^\dagger(\varepsilon_t)\hat{U}_t(\varepsilon_t)|\alpha(t)\rangle = \hat{U}_t(\varepsilon_t)\hat{H}\hat{U}_t^\dagger(\varepsilon_t)|\alpha'(t)\rangle \quad (2.27)$$

したがって，この場合も

$$[\hat{U}_t(\varepsilon_t), \hat{H}] = 0 \quad (2.28)$$

が条件となる。■

ここで，$\hat{U}_t(\varepsilon_t)$ は (2.21) の $e^{\frac{i}{\hbar}\varepsilon_t\hat{H}}$ の形に $\hat{H}$ によって表されるから，(2.28) は常に満足される。ただし，$\hat{H}$ は t に依存しないと仮定している。

この節において判明したことは，ある物理系を空間的に変位しても再びもとと同じシュレーディンガー方程式を満たす物理系になっている場合には，運動量 $\boldsymbol{p}$ が固有値をもっているときである。また，時間的に変位しても再び同一のシュレーディンガー方程式をみたす物理系になるのは，ハミルトニアンが時間に依存しない量で，固有値を有する場合である。これら $\boldsymbol{p}$ と $\hat{H}$ が，時間に依存しない量で固有値を有する場合，系は空間的な変位に関して，不変性または対称性を有するという。

2.4 空間回転と角運動量

軌道角運動量は，すでに『量子力学 I』の第 10 章 3 節 144 ページにおいて，3 次元球対称ポテンシャル中の粒子を，球座標表示を用いて記述するときに自然に導入された。この節においては，回転対称性に関連して定義される演算子という，一般的な立場から角運動量を考察することにする。

空間回転と軌道角運動量

まず最初に，3 次元空間の 1 点にある 1 個の粒子がある軸のまわりに無限小の角度だけ回転する場合を考えよう。さらに，この粒子の波動関数は，1 つの成分 $\psi_a(\boldsymbol{x})$ とする。

さて，この粒子の回転は $\boldsymbol{x}$ が

$$\boldsymbol{x}_R = R\boldsymbol{x} \quad (2.29)$$

に変位すると表される。ただしここで、R は 3×3 行列で変換を具体的に書くと

$$\begin{pmatrix} x_R \\ y_R \\ z_R \end{pmatrix} = \begin{pmatrix} R_{xx} & R_{xy} & R_{xz} \\ R_{yx} & R_{yy} & R_{yz} \\ R_{zx} & R_{zy} & R_{zz} \end{pmatrix} \begin{pmatrix} x \\ y \\ z \end{pmatrix} \tag{2.30}$$

である。

さて、次に回転を無限小のものに制限して考えよう。

すると、(2.29) は無限小の回転パラメーターを ε として

$$\boldsymbol{x}_R = \boldsymbol{x} + \boldsymbol{\varepsilon} \times \boldsymbol{x} \tag{2.31}$$

と書ける。ここで、$\boldsymbol{\varepsilon} \times \boldsymbol{x}$ は2つのベクトルの外積を表す、つまり

$$\boldsymbol{\varepsilon} \times \boldsymbol{x} = \begin{pmatrix} \varepsilon_y z - \varepsilon_z y \\ \varepsilon_z x - \varepsilon_x z \\ \varepsilon_x y - \varepsilon_y x \end{pmatrix} \tag{2.32}$$

である。(2.31), (2.32) と (2.30) を比較すれば、R 行列は

$$R = \begin{pmatrix} 1 & -\varepsilon_z & \varepsilon_y \\ \varepsilon_z & 1 & -\varepsilon_x \\ -\varepsilon_y & \varepsilon_x & 1 \end{pmatrix} \tag{2.33}$$

と書ける。

我々が求める量は、波動関数 $\psi_\alpha(\boldsymbol{x})$ を $\psi_\alpha{'}(\boldsymbol{x})$ に、あるいは状態ケットベクトル $|\alpha\rangle$ を $|\alpha'\rangle$ に変換する無限小回転の演算子 $\hat{U}_R(\boldsymbol{\varepsilon})$

$$\psi_\alpha{'}(\boldsymbol{x}) = \hat{U}_R(\boldsymbol{\varepsilon})\psi_\alpha(\boldsymbol{x}) \tag{2.34}$$

である。自明な式

$$\psi_\alpha{'}(R\boldsymbol{x}) = \psi_\alpha(\boldsymbol{x}) \tag{2.35}$$

と (2.34) を組み合わせ、空間的変位の演算子 (2.9) と時間的演算子 (2.21) を導き出した際に用いた方法とほぼ同様のことを行うと

$$\hat{U}_R(\boldsymbol{\varepsilon})\psi_\alpha(\boldsymbol{x}) = \psi_\alpha(R^{-1}\boldsymbol{x}) \tag{2.36}$$

ここで、R^{-1} は行列 R の逆行列で

$$R^{-1}R = 1 \quad \text{(単位行列)}$$

と定義される。いまの無限小変換の場合は

$$R^{-1}\boldsymbol{x} = \boldsymbol{x} - \boldsymbol{\varepsilon} \times \boldsymbol{x} \tag{2.37}$$

である。したがって、(2.36) の右辺は

$$\psi_\alpha(\boldsymbol{x} - \boldsymbol{\varepsilon} \times \boldsymbol{x}) \tag{2.38}$$

となり，無限小の量 $\boldsymbol{\varepsilon}$ について級数展開を行い，1 次の項までを残すと

$$\psi_\alpha(\boldsymbol{x}) - (\boldsymbol{\varepsilon} \times \boldsymbol{x}) \cdot \nabla \psi_\alpha(\boldsymbol{x}) \tag{2.39}$$

となる（記号「・」は 2 個のベクトルの内積を表す）。あるいは，運動量演算子 $\hat{\boldsymbol{p}} = -i\hbar \nabla$ を用いると

$$\psi_\alpha(\boldsymbol{x}) - \frac{i}{\hbar}(\boldsymbol{\varepsilon} \times \boldsymbol{x}) \cdot \hat{\boldsymbol{p}} \psi_\alpha(\boldsymbol{x}) \tag{2.40}$$

である。(2.41) と (2.34) を比較して

$$\hat{U}_R(\boldsymbol{\varepsilon}) = 1 - \frac{i}{\hbar}\boldsymbol{\varepsilon} \cdot \hat{\boldsymbol{L}} \tag{2.41}$$

ここに，$\hat{\boldsymbol{L}} = \boldsymbol{x} \times \hat{\boldsymbol{p}}$ は，粒子の軌道角運動量演算子である（『量子力学 I』第 10 章 144 ページを参照のこと）。

ここで，この節で行ったことを簡潔にまとめておこう。

まず，我々は空間の 1 点 $\boldsymbol{x}$ にある 1 個の粒子に着目した。この粒子の波動関数が 1 成分と仮定して $\psi_\alpha(\boldsymbol{x})$ と表されるとした。ついでこの粒子に 3 次元空間において無限小の回転をほどこした。波動関数に対する演算子は (2.41) の形に自然に角運動量演算子 $\hat{\boldsymbol{L}}$ を用いて表すことができた。

この $\hat{\boldsymbol{L}}$ を無限小回転の生成元，または生成演算子 (generator) という。同様に，$\hat{\boldsymbol{p}}$ を空間座標に関する無限小変位の生成元，または生成演算子と名づけるのが慣例である。ここで重要な注意事項を記しておこう。$\hat{\boldsymbol{p}}$ の 3 成分は，お互いに交換する，つまり可換である。時間に関する無限小変位の生成演算子の $\hat{H}$ もそれ自身と交換するのは明らかである。これを，空間および時間の変位の演算子は，それぞれ可換であるという。一方，角運動量 $\hat{\boldsymbol{L}}$ の各成分は交換しないことは，すでに『量子力学 I』の 145 ページ例題 3.7 で見たとおりである。つまり，$\hat{\boldsymbol{L}}$ の各成分の間の交換関係は

$$[\hat{L}_x, \hat{L}_y] = i\hbar \hat{L}_z, \quad [\hat{L}_y, \hat{L}_z] = i\hbar \hat{L}_x, \quad [\hat{L}_z, \hat{L}_x] = i\hbar \hat{L}_y \tag{2.42}$$

と与えられる。このため，回転の演算子は非可換である。

ベクトル粒子の角運動量

これまで考察してきた粒子は，波動関数が 1 成分 $\psi_\alpha(\boldsymbol{x})$ で記述されるスカラー粒子であった。この節では，波動関数として 3 成分のベクトル場

第2章　角運動量 I

$$\psi_\alpha(x) = \begin{pmatrix} \psi_{\alpha 1}(x) \\ \psi_{\alpha 2}(x) \\ \psi_{\alpha 3}(x) \end{pmatrix}$$

を有するベクトル粒子の空間回転を考えよう。

さて，1個のベクトル粒子が，波動関数 $\psi_\alpha(x)$ で与えられる状態にあるとき，それが $x \to Rx$ に付随する回転を受ける場合を調べる。このとき，波動関数も

$$\psi_\alpha(x) \to \psi_\alpha{'}(x) = R\psi_\alpha(R^{-1}x) \tag{2.43}$$

と変化を受けるとする。この式は，また回転の演算子を $\hat{U}_R(\varepsilon)$ として

$$\hat{U}_R(\varepsilon)\psi_\alpha(x) = \psi_\alpha{'}(x) \tag{2.44}$$

と書ける。

例題2.5　**ベクトル粒子の無限小回転の演算子**

(2.43) と (2.44) を用いて，無限小回転 ε の1次までを考え，$\hat{U}_R(\varepsilon)\psi_\alpha(x)$ の結果を，軌道角運動量演算子 $\hat{L} = x \times \hat{p}$ を用いて表せ。

解

$$\hat{U}_R(\varepsilon)\psi_\alpha(x) = R\psi_\alpha(R^{-1}x) \tag{2.45}$$

以下では，ε の1次までを残して計算を行うこととする。ここで，行列 R の表式 (2.33) を用いると

$$\text{右辺} = \psi_\alpha(R^{-1}x) + \varepsilon \times \psi_\alpha(x) \tag{2.46}$$

となる。ここで，逆行列 R^{-1} は，$R^{-1}R = 1$（単位行列）を満たすもので，その具体形は

$$R^{-1} = \begin{pmatrix} 1 & \varepsilon_z & -\varepsilon_y \\ -\varepsilon_z & 1 & \varepsilon_x \\ \varepsilon_y & -\varepsilon_x & 1 \end{pmatrix} \tag{2.47}$$

である。したがって，(2.46) は

$$\psi_\alpha(x - \varepsilon \times x) + \varepsilon \times \psi_\alpha(x) \tag{2.48}$$

(2.48) の第1項において，ε の1次までの展開を行うと

$$\psi_\alpha(x) - \frac{i}{\hbar}(\varepsilon \cdot \hat{L})\psi_\alpha(x) + \varepsilon \times \psi_\alpha(x) \tag{2.49} \blacksquare$$

このベクトル粒子に回転演算子 $\hat{U}_R(\varepsilon)$ を作用させた式 (2.49) と，スカラー粒子の場合の式

$$\psi_\alpha{}'(\boldsymbol{x}) = \psi_\alpha(\boldsymbol{x}) - \frac{i}{\hbar}(\boldsymbol{\varepsilon}\cdot\hat{\boldsymbol{L}})\psi_\alpha(\boldsymbol{x})$$

を比較してみよう．ベクトル粒子の場合は，(2.49) の第 3 項がこのスカラー粒子の結果に比べて余分に加わっている．この項を

$$\boldsymbol{\varepsilon}\times\boldsymbol{\psi}_\alpha(\boldsymbol{x}) = -\frac{i}{\hbar}(\boldsymbol{\varepsilon}\cdot\hat{\boldsymbol{S}})\boldsymbol{\psi}_\alpha(\boldsymbol{x}) \tag{2.50}$$

と書くと，ベクトル粒子の無限小回転の演算子は，(2.49) と (2.50) から

$$\hat{U}_R(\boldsymbol{\varepsilon}) = 1 - \frac{i}{\hbar}\boldsymbol{\varepsilon}\cdot(\hat{\boldsymbol{L}}+\hat{\boldsymbol{S}}) \tag{2.51}$$

とまとまる．したがって，回転の生成元あるいは生成演算子 $\hat{\boldsymbol{J}}$ は

$$\hat{\boldsymbol{J}} = \hat{\boldsymbol{L}} + \hat{\boldsymbol{S}} \tag{2.52}$$

によって与えられる．ここで，$\hat{\boldsymbol{S}}$ を**スピン角運動量演算子**という[1]．

こうしてベクトル粒子に空間回転をほどこすことによって，スカラー粒子にはなかった新しい量 $\hat{\boldsymbol{S}}$ が存在することが明らかになった．

このスピン角運動量演算子 $\hat{\boldsymbol{S}}$ は，粒子の座標や運動量に作用せず，ベクトル波動関数 $\boldsymbol{\psi}(\boldsymbol{x})$ の 3 つの成分を入れ替えるはたらきを行う．一方，軌道角運動量演算子 $\hat{\boldsymbol{L}} = \boldsymbol{x}\times\hat{\boldsymbol{p}} = -i\hbar\boldsymbol{x}\times\nabla$ はベクトル波動関数 $\boldsymbol{\psi}(\boldsymbol{x})$ の 3 つの成分に何の影響を与えることなく，座標 $\boldsymbol{x}$ に作用する．このように，$\hat{\boldsymbol{S}}$ と $\hat{\boldsymbol{L}}$ は全く異なる作用を有する演算子であるから，互いに可換である．つまり

$$[\hat{L}_i, \hat{S}_j] = 0 \quad (i, j = x, y, z) \tag{2.53}$$

が成立する．

2.5　スピン角運動量

前節において 3 成分の波動関数 $\boldsymbol{\psi}(\boldsymbol{x})$ を有するベクトル粒子の無限小の空間回転の生成演算子 $\hat{\boldsymbol{J}}$ は，2 個の独立した（あるいは互いに可換な）軌道角運動量演算子 $\hat{\boldsymbol{L}}$ とスピン角運動量演算子 $\hat{\boldsymbol{S}}$ の和

---

[1]　(2.50) で定義されるスピン演算子 $\hat{\boldsymbol{S}}$ は $\boldsymbol{\varepsilon}\cdot\hat{\boldsymbol{S}} = \frac{\hbar}{i}(1-R)$ で与えられ，その行列表現は，後に述べる (2.60) と異なる．

$$\hat{J} = \hat{L} + \hat{S} \tag{2.54}$$

によって表されることがわかった。

軌道角運動量演算子

軌道角運動量演算子は，すでに『量子力学 I 』の第 10 章 3 節（144 ページ）において説明が行われている。改めてその主な性質をここにまとめておく。この演算子 $\hat{L}$ は，3 次元直交座標系を用いると

$$\begin{aligned}\hat{L} &= (\hat{L}_x, \hat{L}_y, \hat{L}_z) \\ &= \boldsymbol{x} \times \hat{\boldsymbol{p}} \\ &= (y\hat{p}_z - z\hat{p}_y,\ z\hat{p}_x - x\hat{p}_z,\ x\hat{p}_y - y\hat{p}_x) \\ &= -i\hbar\left(y\frac{\partial}{\partial z} - z\frac{\partial}{\partial y},\ z\frac{\partial}{\partial x} - x\frac{\partial}{\partial z},\ x\frac{\partial}{\partial y} - y\frac{\partial}{\partial x}\right)\end{aligned} \tag{2.55}$$

と表される。これらの 3 つの成分から作られる 2 つの演算子 $\hat{L}^2$ と $\hat{L}_z$ が同時に対角可能である。つまり $\hat{L}^2$ と $\hat{L}_z$ が交換する。

$$[\hat{L}^2, \hat{L}_z] = 0 \tag{2.56}$$

実際，2 つの固有値方程式は

$$\hat{L}^2 Y_l^m(\theta, \phi) = l(l+1)\hbar^2 Y_l^m(\theta, \phi)$$
$$(l = 0, 1, 2, \cdots) \tag{2.57}$$

および

$$\hat{L}_z Y_l^m(\theta, \phi) = m\hbar Y_l^m(\theta, \phi)$$
$$(m = -l, -l+1, \cdots, l-1, l) \tag{2.58}$$

となる。θ, ϕ は，球座標を用いたときの天頂角および方位角である。ここで，固有関数 $Y_l^m(\theta, \phi)$ は球面調和関数であり，ルジャンドルの陪多項式 $P_l^m(\cos\theta)$ を用いて

$$Y_l^m(\theta, \phi) = (-1)^{\frac{m+|m|}{2}} \sqrt{\frac{(2l+1)(l-|m|)!}{4\pi(l+|m|)!}} \cdot P_l^m(\cos\theta)e^{im\phi} \tag{2.59}$$

と表される。

ここに得られた固有値 l, m を，それぞれ**軌道量子数**（または**方位量子数**）および**磁気量子数**という。

スピン角運動量

スピン角運動量演算子 $\hat{\boldsymbol{S}}$ は，空間座標 $\boldsymbol{x}$ と時間 t の依存性はもたないが，軌道角運動量 $\hat{\boldsymbol{L}}$ と同じ交換関係を満たすとする．そうすると，第3章で見るように，一般的な角運動量演算子に対する行列表現を得ることができ，ベクトル粒子に対する $\hat{\boldsymbol{S}}$ の行列表現は，

$$\hat{\boldsymbol{S}} = (\hat{S}_x, \hat{S}_y, \hat{S}_z)$$

$$\hat{S}_x = \frac{\hbar}{\sqrt{2}}\begin{pmatrix} 0 & 1 & 0 \\ 1 & 0 & 1 \\ 0 & 1 & 0 \end{pmatrix}, \ \hat{S}_y = \frac{\hbar}{\sqrt{2}}\begin{pmatrix} 0 & -i & 0 \\ i & 0 & -i \\ 0 & i & 0 \end{pmatrix}, \ \hat{S}_z = \hbar\begin{pmatrix} 1 & 0 & 0 \\ 0 & 0 & 0 \\ 0 & 0 & -1 \end{pmatrix}$$
(2.60)

と表される．

例題2.6　スピン角運動量の固有値

行列表現 (2.60) を用いて，$\hat{\boldsymbol{S}}^2 = \hat{S}_x^2 + \hat{S}_y^2 + \hat{S}_z^2$, $\hat{S}_z$ の固有値と固有ベクトルを求めよ．

解　$\hat{\boldsymbol{S}}^2 = \hat{S}_x^2 + \hat{S}_y^2 + \hat{S}_z^2$
$= 2\hbar^2 \cdot 1$　（1は 3×3 の単位行列）

である．$\hat{S}_z$ との同時固有ベクトルを $\begin{pmatrix} a \\ b \\ c \end{pmatrix}$ とし，$\hat{\boldsymbol{S}}^2$ の固有値を $\hat{\boldsymbol{L}}^2$ の場合にならって $\hbar^2 s(s+1)$ と書き，$\hat{S}_z$ の固有値を $\hbar m$ と書くと，同時固有値方程式は

$$\hat{\boldsymbol{S}}^2 \begin{pmatrix} a \\ b \\ c \end{pmatrix} = \hbar^2 s(s+1) \begin{pmatrix} a \\ b \\ c \end{pmatrix}$$
(2.61)

および

$$\hat{S}_z \begin{pmatrix} a \\ b \\ c \end{pmatrix} = \hbar m \begin{pmatrix} a \\ b \\ c \end{pmatrix}$$
(2.62)

（ただし，$m = -s, -s+1, \cdots, s-1, s$）

の2つの式となる．(2.61) の右辺はいまの場合，$s(s+1) = 2$ だから，$s > 0$ として $s = 1$ を得る．(2.62) はしたがって，$m = 1, 0, -1$ の3つ

の場合があり，それぞれの固有ベクトルは

$$\begin{pmatrix} a \\ 0 \\ 0 \end{pmatrix}, \begin{pmatrix} 0 \\ b \\ 0 \end{pmatrix}, \begin{pmatrix} 0 \\ 0 \\ c \end{pmatrix} \tag{2.63}$$

と得られる。規格化条件より

$$\begin{pmatrix} 1 \\ 0 \\ 0 \end{pmatrix}, \begin{pmatrix} 0 \\ 1 \\ 0 \end{pmatrix}, \begin{pmatrix} 0 \\ 0 \\ 1 \end{pmatrix} \tag{2.64}$$

と決まる。■

　以上のように，ベクトル粒子の空間における無限小回転の解析から，自然に回転の生成演算子は $\hat{\boldsymbol{J}} = \hat{\boldsymbol{L}} + \hat{\boldsymbol{S}}$ で与えられる。$\hat{\boldsymbol{L}}$ は軌道角運動量演算子で，すでに『量子力学I』の第10章3節で詳細に固有値ならびに固有関数を調べた。我々は，新しくスピン角運動量演算子 $\hat{\boldsymbol{S}}$ がベクトル粒子の無限小回転演算子に含まれることを知った。このスピン角運動量演算子は，座標や時間に依存しない形を有し，その波動関数への作用は，ベクトル波動関数の3成分を入れ替えるものである。ベクトル粒子の場合は，スピン角運動量固有値は $s = 1$ である。固有関数は3種類あって，それぞれ $m = 1, 0, -1$ に対応して，(2.64) の形で与えられる。

　ここまでの例として考察したスカラー粒子とベクトル粒子は，空間の無限小回転を考えることによって，それぞれスピンがゼロ，1をもつことがわかった。このようにして見出したスピンは，粒子の固有スピンであって，空間回転の性質から決定されるもので，いわば粒子の内部自由度と名づけてよいものである。実際，本書ではこれ以上深く立ち入らないが，空間座標と時間に無関係なスピン自由度が量子力学においては粒子固有の性質，つまり，スカラー粒子はスピン0，ベクトル粒子はスピン1，というように付与されるのである。ここに見出したスピン自由度は，実際に実験において確証されている。

　次節においては，これらの例をもっと一般的な立場に引き上げて，さまざまなタイプの粒子を統一的に調べることにする。

10分補講 量子力学と群論

第2章で解説した内容は，高等数学において必須の群論を応用すれば容易に導出でき，さらに深い理解に達することができる。この補講では，群論の初等的な解説をしておこう。群論のなかでも本章に関連の深い，パラメーターが連続的な連続群を考える。例として，空間回転の演算子 (2.45) を採用する。

ここにあらわれる演算子 $\hat{U}_R(\varepsilon)$ を回転群の元という。ここで群の定義を述べておこう：

回転の元の積の演算に関して次の4つの条件をみたすとき，この演算の集合は群を構成するという。

1. 単位元 E が存在する：$\hat{U}_R(\varepsilon)E = E\hat{U}_R(\varepsilon) = \hat{U}_R(\varepsilon)$
2. 任意の2つの回転演算子の積は回転演算子である：
$$\hat{U}_R(\varepsilon_1)\hat{U}_R(\varepsilon_2) = \hat{U}_R(\varepsilon_1 + \varepsilon_2)$$
3. 結合則が成立する：
$$\hat{U}_R(\varepsilon_1)\{\hat{U}_R(\varepsilon_2)\hat{U}_R(\varepsilon_3)\} = \{\hat{U}_R(\varepsilon_1)\hat{U}_R(\varepsilon_2)\}\hat{U}_R(\varepsilon_3)$$
4. 逆元が存在する：$\hat{U}_R(\varepsilon)\hat{U}_R^{-1}(\varepsilon) = \hat{U}_R^{-1}(\varepsilon)\hat{U}_R(\varepsilon) = E$

以上の条件を満足する場合，$\hat{U}_R(\varepsilon)$ の集合は回転群を構成するといい，$O(3)$ という表式であらわす。ここで O は直交 (Orthogonal) であることをあらわす。この章では3次元空間のスカラー粒子とベクトル粒子の変換を考察したが，ひとたび変換の元の集合が群を構成することが明らかとなれば，群の性質だけを応用して，一般論として分析することができるのである。

これ以上の分析は省略して，読者には上級のテキスト，例えば猪木・川合著『量子力学I』(講談社)の第7章を学ぶようすすめる。

現代の物理学の研究のもっとも重要な手段の1つは，系の対称性を群論によって研究することであることを強調しておこう(次の第3章参照)。

章末問題

2.1 (2.9) で与えられる空間的変位の演算子 $\hat{U}_r(\boldsymbol{a})$ がユニタリー演算子であることを証明せよ。

2.2 (2.31) によって定義される無限小回転の場合，(2.33) で与えられる 3×3 行列 R の逆行列 R^{-1} の具体形を，無限小の回転パラメーターの 1 次までの近似で求めよ。

第3章

第 2 章でベクトル粒子の空間回転の生成演算子として導入した軌道およびスピン角運動量と、それらの成分の間の交換関係を任意の粒子の場合に一般化する。とくに一般的な角運動量が自然に現れることを示す。

角運動量 II

3.1　交換関係の一般化

前章において、ベクトル粒子は軌道角運動量のみならず、新しい量としてスピン角運動量を有することを見た。

まず、軌道角運動量 $\hat{\boldsymbol{L}}$ の 3 つの成分の間には次の交換関係が成立することを思い出そう。『量子力学 I』の第 10.3 節例題 10.7 に示されるように

$$[\hat{L}_x, \hat{L}_y] = i\hbar \hat{L}_z$$
$$[\hat{L}_y, \hat{L}_z] = i\hbar \hat{L}_x$$
$$[\hat{L}_z, \hat{L}_x] = i\hbar \hat{L}_y \tag{3.1}$$

を満たす。ここで、交換関係の定義は

$$[\hat{L}_x, \hat{L}_y] = \hat{L}_x \hat{L}_y - \hat{L}_y \hat{L}_x \tag{3.2}$$

である。(3.1) はまた、まとめて

$$[\hat{L}_i, \hat{L}_j] = i\hbar \epsilon_{ijk} \hat{L}_k \quad (i, j = x, y, z) \tag{3.3}$$

とも書くことができる。右辺で繰り返し現れる添え字 k は、k についての和をとること、つまり右辺は

$$i\hbar \sum_{k=x,y,z} \epsilon_{ijk} \hat{L}_k \tag{3.4}$$

の形の省略形である。また、ϵ_{ijk} は $\epsilon_{xyz} = 1$ で、これから添え字を偶数回

置換したものは1のまま，奇数回置換したら-1，と定義される量である。例えば

$$\epsilon_{xzy} = -1, \quad \epsilon_{yzx} = 1 \tag{3.5}$$

となる。

次に，ベクトル粒子のスピン角運動量$\hat{S}$の交換関係を求めよう。

例題3.1 **ベクトル粒子のスピン角運動量の交換関係**

ベクトル粒子のスピン角運動量演算子$\hat{S}$の行列表現 (2.60) を用いて，$\hat{S} = (\hat{S}_x, \hat{S}_y, \hat{S}_z)$の成分の間に成立する交換関係を求めよ。

解

$$\hat{S}_x \hat{S}_y - \hat{S}_y \hat{S}_x = i\hbar^2 \begin{pmatrix} 1 & 0 & 0 \\ 0 & 0 & 0 \\ 0 & 0 & -1 \end{pmatrix} = i\hbar \hat{S}_z \tag{3.6}$$

同様にして，(3.3) と同じ形の交換関係

$$[\hat{S}_i, \hat{S}_j] = i\hbar \epsilon_{ijk} \hat{S}_k \tag{3.7}$$

を得ることができる。∎

軌道か，スピンかの違いを問わず，角運動量はスカラー，ベクトルなど考察する粒子の性質にかかわらず，(3.3) の形の交換関係を満足する。このことは，数学的に深い理由を有する事実であるが，ここではこのことに立ち入らずに，交換関係 (3.3) を一般化することにして先に進むことにしよう。

任意のタイプの粒子の軌道あるいはスピン角運動量を，$\hat{J}$と記すことにする。つまり，角運動量$\hat{J} = (\hat{J}_x, \hat{J}_y, \hat{J}_z)$は

$$[\hat{J}_i, \hat{J}_j] = i\hbar \epsilon_{ijk} \hat{J}_k \quad (i, j, k = x, y, z) \tag{3.8}$$

を満足する演算子とする。

3.2　角運動量 $\hat{J}$

この節では，交換関係 (3.8) の知識だけを用いて，一般的な$\hat{J}$の性質を求めよう。これを実行するために調和振動子のエネルギー固有値を求めた方法との類推を用いる（『量子力学Ⅰ』第9章を参照のこと）。

昇降演算子の導入

まず，(3.8)で表される演算子の系において，同時対角化可能な演算子，つまり，交換可能な2個の演算子は

$$\hat{\boldsymbol{J}}^2 = \hat{J}_x^2 + \hat{J}_y^2 + \hat{J}_z^2 \tag{3.9}$$

および

$$\hat{J}_i \tag{3.10}$$

である。

例題3.2 同時対角化可能な演算子

(3.9) および (3.10) が，交換することを証明せよ。

解 $i = z$ の場合を考えよう。このとき

$$\begin{aligned}[\hat{J}_x^2 + \hat{J}_y^2 + \hat{J}_z^2, \hat{J}_z] &= \hat{J}_x[\hat{J}_x, \hat{J}_z] + [\hat{J}_x, \hat{J}_z]\hat{J}_x + \hat{J}_y[\hat{J}_y, \hat{J}_z] + [\hat{J}_y, \hat{J}_z]\hat{J}_y \\ &= \hat{J}_x(-i\hbar\hat{J}_y) + (-i\hbar\hat{J}_y)\hat{J}_x + \hat{J}_y(i\hbar\hat{J}_x) + (i\hbar\hat{J}_x)\hat{J}_y \\ &= 0 \end{aligned} \tag{3.11}$$

$i = x$ および y の場合も同様に証明できる。このとき，添え字を $x \to y \to z$ と巡回置換すれば簡単になる。　■

こうして，$\hat{\boldsymbol{J}}^2$ と $\hat{J}_z$ は同時に対角化できることがわかった。当然 $\hat{J}_z$ の代わりに $\hat{J}_x$ あるいは $\hat{J}_y$ を選んでもよいが，長年の慣習上，$\hat{J}_z$ を選ぶのが一般的である。

次に，$\hat{\boldsymbol{J}}^2$ と $\hat{J}_z$ に対して同時に固有ベクトルとなるようなケットベクトル $|\alpha, \beta\rangle$ を求めよう。方程式は

$$\hat{\boldsymbol{J}}^2|\alpha, \beta\rangle = \alpha|\alpha, \beta\rangle \tag{3.12}$$

$$\hat{J}_z|\alpha, \beta\rangle = \beta|\alpha, \beta\rangle \tag{3.13}$$

である。これらを解く，つまり固有値 α と β を求めるために調和振動子の場合を参考にして，$\hat{J}_x$ と $\hat{J}_y$ の代わりに新しく次の演算子を導入するのが便利である。

$$\hat{J}_+ = \hat{J}_x + i\hat{J}_y \tag{3.14}$$

$$\hat{J}_- = \hat{J}_x - i\hat{J}_y \tag{3.15}$$

これらは，**昇降演算子**と呼ばれる。

例題3.3 昇降演算子の交換関係

(3.14) と (3.15) によって定義される演算子 $\hat{J}_\pm$ は，次の2つの交換関係

$$[\hat{J}_+, \hat{J}_-] = 2\hbar\hat{J}_z \tag{3.16}$$

および
$$[\hat{J}_z, \hat{J}_\pm] = \pm\hbar\hat{J}_\pm \tag{3.17}$$
を満たすことを証明せよ.

解 (3.8) を用いて
$$\hat{J}_+\hat{J}_- = \hat{J}_x^2 - i[\hat{J}_x, \hat{J}_y] + \hat{J}_y^2$$
$$= \hat{J}_x^2 + \hat{J}_y^2 + \hbar\hat{J}_z$$
$$\hat{J}_-\hat{J}_+ = \hat{J}_x^2 + \hat{J}_y^2 - \hbar\hat{J}_z$$

よって
$$[\hat{J}_+, \hat{J}_-] = 2\hbar\hat{J}_z$$

(3.17) も同様に証明できる. ∎

さらに $\hat{\boldsymbol{J}}^2$ は, $\hat{J}_x$ と $\hat{J}_y$ の線型結合 (3.14), (3.15) で与えられる $\hat{J}_\pm$ と可換である.
$$[\hat{\boldsymbol{J}}^2, \hat{J}_\pm] = 0 \tag{3.18}$$

さて, $\hat{J}_\pm$ を昇降演算子と名づける理由を知るために, $\hat{J}_\pm|\alpha, \beta\rangle$ の $\hat{J}_z$ の固有値を求めてみよう.
$$\hat{J}_z(\hat{J}_\pm|\alpha, \beta\rangle) = ([\hat{J}_z, \hat{J}_\pm] + \hat{J}_\pm\hat{J}_z)|\alpha, \beta\rangle$$
$$= (\pm\hbar\hat{J}_\pm + \beta\hat{J}_\pm)|\alpha, \beta\rangle$$
$$= (\beta \pm \hbar)(\hat{J}_\pm|\alpha, \beta\rangle) \tag{3.19}$$

つまり, 状態ケット $\hat{J}_\pm|\alpha, \beta\rangle$ は $\hat{J}_z$ の固有ケットであるが, 固有値が $\hbar$ だけ増加ないしは減少する. この意味で $\hat{J}_\pm$ は, (固有値の) 昇降演算子と名づけられているのである.

次に, $\hat{J}_\pm|\alpha, \beta\rangle$ に $\hat{\boldsymbol{J}}^2$ を作用させれば, 何が得られるのであろうか.
$$\hat{\boldsymbol{J}}^2(\hat{J}_\pm|\alpha, \beta\rangle) = \hat{J}_\pm(\hat{\boldsymbol{J}}^2|\alpha, \beta\rangle)$$
$$= \alpha(\hat{J}_\pm|\alpha, \beta\rangle) \tag{3.20}$$

したがって, 状態ケット $\hat{J}_\pm|\alpha, \beta\rangle$ は, 依然として $\hat{\boldsymbol{J}}^2$ の固有値が α の固有ケットである.

結局, ここでわかったことをまとめると, $\hat{J}_\pm|\alpha, \beta\rangle$ は $\hat{\boldsymbol{J}}^2$ と $\hat{J}_z$ の同時固有ケットであり, 各々の固有値は α と $\beta \pm \hbar$ である. そこで
$$\hat{J}_\pm|\alpha, \beta\rangle = A_\pm|\alpha, \beta \pm \hbar\rangle \tag{3.21}$$
と置くことができる. ここで $A_\pm$ は定数であって, この固有ケットの規格化条件から決まる.

$\hat{J}^2$ と $\hat{J}_z$ の固有値

さて，$\hat{J}^2$ は $\hat{J}_i$ と可換であるから，$\hat{J}^2$ はまた，(3.16) と (3.17) によって導入された $\hat{J}_\pm$ と可換であった。ここで，$\hat{J}^2$ を $\hat{J}_\pm$ と $\hat{J}_z$ を用いて，次の形に書き改めよう。

$$\hat{J}^2 = \frac{1}{2}(\hat{J}_+\hat{J}_- + \hat{J}_-\hat{J}_+) + \hat{J}_z^2 \tag{3.22}$$

右辺の第 1 項は $\hat{J}_x^2 + \hat{J}_y^2$ に他ならないから，その期待値は常に正またはゼロである。したがって，$\hat{J}^2$ の固有値 α は，右辺第 3 項の $\hat{J}_z^2$ の固有値 β^2 よりも常に等しいか大きい。つまり

$$\alpha \geq \beta^2 \tag{3.23}$$

である。結局，$\hat{J}^2$ の固有値 α が与えられるとき，$\hat{J}_z$ の固有値は

$$\sqrt{\alpha} \geq \beta \geq -\sqrt{\alpha} \tag{3.24}$$

と，そのとり得る値に上限と下限が存在することがわかる。以下では，α はある与えられた値に固定することとする。(3.24) にしたがって，β のとり得る最大値を $\beta_{\max}$，最小値を $\beta_{\min}$ と書くことにしよう。これらの値に対応する状態ケットを各々

$$|\alpha, \beta_{\max}\rangle \tag{3.25}$$

および

$$|\alpha, \beta_{\min}\rangle \tag{3.26}$$

と記す。(3.25) に $\hat{J}_z$ の固有値を $\hbar$ だけ増加させる演算子 $\hat{J}_+$ を作用させると，固有値が $\beta_{\max} + \hbar$ となって，$\hat{J}_z$ の最大固有値が $\beta_{\max}$ であるという，最初の仮定に反してしまう。したがって

$$\hat{J}_+|\alpha, \beta_{\max}\rangle = 0 \tag{3.27}$$

でなければならない。同様に，最小の固有値 $\beta_{\min}$ の状態ケットに対しては

$$\hat{J}_-|\alpha, \beta_{\min}\rangle = 0 \tag{3.28}$$

でなければならない。

例題3.4 $\hat{J}_z$ のとり得る固有値

(3.27) および (3.28) に，$\hat{J}_-$ と $\hat{J}_+$ を作用させることによって，$\hat{J}_z$ の固有値がとることのできる値を求めよ。

解 まず，(3.27) に $\hat{J}_-$ を作用させよう。すると

$$\hat{J}_-\hat{J}_+|\alpha,\beta_{\max}\rangle = 0 \tag{3.29}$$

となる。ここで，$\hat{J}_-\hat{J}_+$ は (3.14)，(3.15) によって

$$\begin{aligned}\hat{J}_-\hat{J}_+ &= \hat{J}_x^2 + \hat{J}_y^2 - i(\hat{J}_y\hat{J}_x - \hat{J}_x\hat{J}_y) \\ &= \hat{\boldsymbol{J}}^2 - \hat{J}_z^2 - i(-i\hbar\hat{J}_z) \\ &= \hat{\boldsymbol{J}}^2 - \hat{J}_z^2 - \hbar\hat{J}_z\end{aligned}$$

これを (3.29) に用いると

$$\alpha - \beta_{\max}^2 - \hbar\beta_{\max} = 0$$
$$\therefore\ \alpha = \beta_{\max}(\beta_{\max} + \hbar) \tag{3.30}$$

同様に (3.28) から

$$\begin{aligned}\alpha &= \beta_{\min}^2 - \hbar\beta_{\min} \\ &= \beta_{\min}(\beta_{\min} - \hbar)\end{aligned} \tag{3.31}$$

(3.30) と (3.31) とから

$$\beta_{\max} = -\beta_{\min} \tag{3.32}$$

したがって，与えられた $\hat{\boldsymbol{J}}^2$ の固有値 α に対して，$\hat{J}_z$ の固有値の許される値の範囲 (3.24) は

$$\beta_{\max} \geq \beta \geq -\beta_{\max} \tag{3.33}$$

となる。　■

この結果から，$\hat{J}_z$ の最も小さな固有値 $-\beta_{\max}$ の固有ケット $|\alpha, -\beta_{\max}\rangle$ から出発して，$\hat{J}_+$ を有限回，例えば n 回作用させれば，もっとも大きな固有値 $\beta_{\max}$ の固有ケット $|\alpha, \beta_{\max}\rangle$ に達することができると推論できる。つまり

$$(\hat{J}_+)^n|\alpha, -\beta_{\max}\rangle \propto |\alpha, \beta_{\max}\rangle \tag{3.34}$$

このことから

$$\beta_{\max} = -\beta_{\max} + n\hbar \tag{3.35}$$

となるはずである。ここで n は，(3.34) において $\hat{J}_+$ を作用させる回数であるから，$n = 0, 1, 2, \cdots$ である。結局

$$\beta_{\max} = \frac{n}{2}\hbar \tag{3.36}$$

習慣上，我々は

$$\frac{\beta_{\max}}{\hbar} = j \tag{3.37}$$

という表記 j を用いる。これらより

$$j = \frac{n}{2} \quad (n = 0, 1, 2, 3, \cdots) \tag{3.38}$$

となる。このように，$\hat{J}_z$ の固有値の最大値である $\beta_{\max}$ は $\hbar j$ である。ここで，j は (3.38) のように整数または半整数の値をとる。このとき，$\hat{\bm{J}}^2$ の固有値は (3.30) から

$$\alpha = \hbar^2 j(j+1) \tag{3.39}$$

と書ける。次に，$\hat{J}_z$ の固有値を習慣にしたがって

$$\beta = m\hbar \tag{3.40}$$

と表そう。そうすると，(3.36)〜(3.38) から，m は与えられた j が整数のとき整数であり，j が半整数のとき半整数となる。

j が与えられたならば，それに対応して m がとることのできる値は

$$m = -j, -j+1, \cdots, j-1, j \tag{3.41}$$

の $2j+1$ 個である。これにしたがって，$\hat{\bm{J}}^2$ と $\hat{J}_z$ の同時固有ケットも $2j+1$ 個ある。この同時固有ケットは，通常は $|j, m\rangle$ と記される。このとき，固有値方程式は

$$\hat{\bm{J}}^2 |j, m\rangle = j(j+1)\hbar^2 |j, m\rangle \tag{3.42}$$

および

$$\hat{J}_z |j, m\rangle = m\hbar |j, m\rangle \tag{3.43}$$

となる。繰り返すが，j は整数または半整数，対応する m の値は (3.41) によって与えられる。以上の結果は，$\hat{\bm{J}}$ の成分の間の交換関係 (3.8) だけを用いて得られたものである。ひるがえってみると，この量は，空間回転の生成演算子から来た量である。

3.3　角運動量演算子の行列による表示

前節においては角運動量演算子がみたす交換関係 (3.3) あるいは (3.8) だけを用いて，2 個の同時対角化可能な演算子 $\hat{\bm{J}}^2$ と $\hat{J}_z$ のとることのできる値を求めた。本節においては，そこで用いた角運動量演算子

$$\hat{\bm{J}}^2, \hat{J}_z, \hat{J}_+, \hat{J}_- \tag{3.44}$$

の行列要素を求めておこう。

この節では,行列の行を m で,列を m' という固有値で表示することとする。ただし,$\hat{\boldsymbol{J}}^2$ は,(3.42) のように $\hbar^2$ に比例する量であり,また,$\hat{J}_z$ は,(3.43) から読めるように,$\hbar$ に比例する量であることに注意しておく。同時対角化可能な演算子 $\hat{\boldsymbol{J}}^2$ および $\hat{J}_z$ を考えよう。これらを2個の固有状態 $\langle j, m|$ および $|j', m'\rangle$ ではさんで行列要素を求める。これを実行する際,1つ注意を要する点がある。それは前節の (3.34) と (3.35) において,与えられた j の値に対して固有状態ケットと固有値を求める際,$\hat{J}_z$ の最小値の $-\beta_{\max}$ に対応する状態ケット $|\alpha, -\beta_{\max}\rangle$ に $\hat{J}_+$ を n 回作用させて最大値に対応する $|\alpha, \beta_{\max}\rangle$ に達するとして,$\beta_{\max}$ つまり $j = \beta_{\max}/\hbar$ のとり得る値を決定したのであった。

その際,$\hat{J}_-$ の作用を用いて,$|\alpha, \beta_{\max}\rangle$ から $\hat{J}_-$ を n 回作用させて $|\alpha, -\beta_{\max}\rangle$ に至ることをチェックしていなかった。それをここで行っておこう。$\hat{J}_-$ を $|j, m\rangle$ に作用させたとき,

$$\hat{J}_-|j, m\rangle = c_m |j, m-1\rangle \tag{3.45}$$

と書こう。ここで $\hat{J}_-$ の作用はたしかに m が $m-1$ に降りた状態ケット $|j, m-1\rangle$ になるが,その m に依存する定数係数 c_m は未定である。この c_m を決めるために,(3.45) と $\langle j, m|\hat{J}_+$ との内積をとろう。

$$\langle j, m|\hat{J}_+\hat{J}_-|j, m\rangle = c_m{}^2 \langle j, m-1|j, m-1\rangle$$
$$= c_m{}^2 \tag{3.46}$$

左辺を計算するために,(3.29) と同様にして導ける表式

$$\hat{J}_+\hat{J}_- = \hat{\boldsymbol{J}}^2 - \hat{J}_z(\hat{J}_z - \hbar) \tag{3.47}$$

を用いると

$$\langle j, m|\{\hat{\boldsymbol{J}}^2 - \hat{J}_z(\hat{J}_z - \hbar)\}|j, m\rangle = \{j(j+1) - m(m-1)\}\hbar^2 \tag{3.48}$$

となる。したがって

$$c_m = \hbar\sqrt{j(j+1) - m(m-1)} \tag{3.49}$$

と定まる。結局 (3.45) から

$$\hat{J}_-|j, m\rangle = \hbar\sqrt{j(j+1) - m(m-1)}\,|j, m-1\rangle \tag{3.50}$$

と,$\hat{J}_-$ の作用が確定する。

以上から,4個の演算子の m と m' を行と列の表示に用いた行列要素は

$$\langle j, m|\hat{J}_z|j, m'\rangle = m\hbar\delta_{m, m'} \tag{3.51}$$

3.3 角運動量演算子の行列による表示

$$\langle j, m | \hat{J}_\pm | j, m' \rangle = \hbar \sqrt{j(j+1) - m(m \mp 1)}\, \delta_{m', m \mp 1} \quad (3.52)$$

および

$$\langle j, m | \hat{\boldsymbol{J}}^2 | j, m' \rangle = j(j+1)\hbar^2 \delta_{m, m'} \quad (3.53)$$

と決まる。(3.51), (3.52) および (3.53) を用いて, $\hat{J}_x, \hat{J}_y, \hat{J}_z$, および $\hat{\boldsymbol{J}}^2$ の, $j = 0, \frac{1}{2}, 1, \frac{2}{3}$ の場合の行列表現の具体形を以下に記しておこう。

$j = 0$:

$$\hat{J}_x = \hat{J}_y = \hat{J}_z = 0$$
$$\hat{\boldsymbol{J}}^2 = 0 \quad (3.54)$$

$j = \frac{1}{2}$:

$$\hat{J}_x = \frac{1}{2}\hbar \begin{pmatrix} 0 & 1 \\ 1 & 0 \end{pmatrix}, \quad \hat{J}_y = \frac{1}{2}\hbar \begin{pmatrix} 0 & -i \\ i & 0 \end{pmatrix}$$
$$\hat{J}_z = \frac{1}{2}\hbar \begin{pmatrix} 1 & 0 \\ 0 & -1 \end{pmatrix}, \quad \hat{\boldsymbol{J}}^2 = \frac{3}{4}\hbar^2 \begin{pmatrix} 1 & 0 \\ 0 & 1 \end{pmatrix} \quad (3.55)$$

$j = 1$:

$$\hat{J}_x = \frac{\hbar}{\sqrt{2}} \begin{bmatrix} 0 & 1 & 0 \\ 1 & 0 & 1 \\ 0 & 1 & 0 \end{bmatrix}, \quad \hat{J}_y = \frac{\hbar}{\sqrt{2}} \begin{bmatrix} 0 & -i & 0 \\ i & 0 & -i \\ 0 & i & 0 \end{bmatrix}$$
$$\hat{J}_z = \hbar \begin{bmatrix} 1 & 0 & 0 \\ 0 & 0 & 0 \\ 0 & 0 & -1 \end{bmatrix}, \quad \hat{\boldsymbol{J}}^2 = 2\hbar^2 \begin{bmatrix} 1 & 0 & 0 \\ 0 & 1 & 0 \\ 0 & 0 & 1 \end{bmatrix} \quad (3.56)$$

$j = \frac{3}{2}$:

$$\hat{J}_x = \frac{1}{2}\hbar \begin{bmatrix} 0 & \sqrt{3} & 0 & 0 \\ \sqrt{3} & 0 & 2 & 0 \\ 0 & 2 & 0 & \sqrt{3} \\ 0 & 0 & \sqrt{3} & 0 \end{bmatrix}$$

$$\hat{J}_y = \frac{1}{2}\hbar \begin{bmatrix} 0 & -i\sqrt{3} & 0 & 0 \\ i\sqrt{3} & 0 & -2i & 0 \\ 1 & 2i & 0 & -i\sqrt{3} \\ 0 & 0 & i\sqrt{3} & 0 \end{bmatrix}$$

$$\hat{J}_z = \frac{1}{2}\hbar \begin{bmatrix} 3 & 0 & 0 & 0 \\ 0 & 1 & 0 & 0 \\ 0 & 0 & -1 & 0 \\ 0 & 0 & 0 & -3 \end{bmatrix}$$

$$\hat{\boldsymbol{J}}^2 = \frac{15}{4}\hbar^2 \begin{bmatrix} 1 & 0 & 0 & 0 \\ 0 & 1 & 0 & 0 \\ 0 & 0 & 1 & 0 \\ 0 & 0 & 0 & 1 \end{bmatrix} \tag{3.57}$$

3.4 スピン $\frac{1}{2}$ の場合

固有スピンが $\frac{1}{2}$ の粒子は，自然界で非常に多く見出される．例えば我々がよく耳にする電子や，その仲間のミュー粒子，さらには近年日本のスーパーカミオカンデにおいてそれまで質量がゼロと信じられていたが，実際にはごくわずかの質量を有していることが判明したニュートリノなどである．また，陽子や中性子などもスピン $\frac{1}{2}$ を有している．さらにミクロな素粒子であるクォークは 6 種類あることが実験的にも確認されているが，これらクォークのスピンも $\frac{1}{2}$ である．

本節では，物理学においてよく使うスピン $\frac{1}{2}$ 粒子の性質を調べよう．スピン $\frac{1}{2}$ の固有角運動量の行列表示は，前節までの一般論から，2×2 行列で表示され，固有スピンに関連する波動関数は 2 成分である．とくにいまの場合，スピン演算子を習慣に合わせて $\hat{\boldsymbol{J}} = \hbar\hat{\boldsymbol{s}}$ で定義される $\hat{\boldsymbol{s}} = (\hat{s}_x, \hat{s}_y, \hat{s}_z)$ で表す．具体形は (3.55) から

$$\hat{s}_x = \frac{1}{2}\begin{pmatrix} 0 & 1 \\ 1 & 0 \end{pmatrix},\ \hat{s}_y = \frac{1}{2}\begin{pmatrix} 0 & -i \\ i & 0 \end{pmatrix},\ \hat{s}_z = \frac{1}{2}\begin{pmatrix} 1 & 0 \\ 0 & -1 \end{pmatrix} \tag{3.58}$$

である．また波動関数を

$$u_{s,m} = \begin{pmatrix} a \\ b \end{pmatrix} \tag{3.59}$$

と記すことにする．まず，$\hat{s}_z$ の固有値は前節の一般論の結果 (3.55) から $\pm\frac{1}{2}$ である．また，$\hat{\boldsymbol{s}}^2$ の固有値は $\hat{\boldsymbol{J}}^2 = \hbar^2 \hat{\boldsymbol{s}}^2$ であるから

$$\hat{\boldsymbol{s}}^2 = s(s+1) \tag{3.60}$$

であり，$s = \frac{1}{2}$ を代入すれば，$\frac{3}{4}$ となる．$\hat{\boldsymbol{s}}$ の交換関係は $\hat{\boldsymbol{J}}$ の交換関係 (3.8) を $\hat{\boldsymbol{s}}$ で表して

$$[\hat{s}_i, \hat{s}_j] = i\epsilon_{ijk}\hat{s}_k \tag{3.61}$$

である．

これもまた古くからの習慣であるが，スピン $\frac{1}{2}$ 粒子に対しては，$\hat{\boldsymbol{s}}$ の代わりに

$$\hat{\boldsymbol{s}} = \frac{1}{2}\hat{\boldsymbol{\sigma}} \tag{3.62}$$

というパウリ行列と呼ばれる 2×2 行列 $\hat{\boldsymbol{\sigma}} = (\hat{\sigma}_x, \hat{\sigma}_y, \hat{\sigma}_z)$ を用いる場合が多い．その具体形は (2.58) から

$$\hat{\sigma}_x = \begin{pmatrix} 0 & 1 \\ 1 & 0 \end{pmatrix},\ \hat{\sigma}_y = \begin{pmatrix} 0 & -i \\ i & 0 \end{pmatrix},\ \hat{\sigma}_z = \begin{pmatrix} 1 & 0 \\ 0 & -1 \end{pmatrix} \tag{3.63}$$

で与えられる．

例題3.5　パウリ行列の性質

(3.63) で与えられるパウリ行列 $\hat{\boldsymbol{\sigma}}$ が，以下の性質を満たすことを確かめよ．

(1) $\hat{\sigma}_i^2 = 1$　（注：i で和をとらない） (3.64)
(2) $\hat{\sigma}_i\hat{\sigma}_j + \hat{\sigma}_j\hat{\sigma}_i = 2\delta_{i,j}$ (3.65)

解

(1) $\hat{\boldsymbol{\sigma}}$ の具体形を用いて $\hat{\sigma}_x^2 = \begin{pmatrix} 1 & 0 \\ 0 & 1 \end{pmatrix}$ など．

(2) $\hat{\sigma}_x\hat{\sigma}_y = \begin{pmatrix} i & 0 \\ 0 & -i \end{pmatrix} = i\begin{pmatrix} 1 & 0 \\ 0 & -1 \end{pmatrix}$

第 3 章　角運動量 II

$$\hat{\sigma}_y\hat{\sigma}_x = \begin{pmatrix} -i & 0 \\ 0 & i \end{pmatrix} = -i\begin{pmatrix} 1 & 0 \\ 0 & -1 \end{pmatrix}$$

したがって,

$$\hat{\sigma}_x\hat{\sigma}_y + \hat{\sigma}_y\hat{\sigma}_x = 0$$

∎

ここに示された (3.65) は反交換関係と呼ばれ, 通常

$$\{\hat{\sigma}_i, \hat{\sigma}_j\} = 2\delta_{ij} \tag{3.66}$$

と表され, 交換関係の記号 [,] と区別される。

最後に 2 成分の波動関数 (3.59) について記しておこう。ここでは, スピンのみの自由度を考え, 座標や運動量などの自由度は考えない。

我々が採用している $\hat{\mathbf{s}}^2$ と $\hat{s}_z$ を対角化する表示において, $s = \dfrac{1}{2}$, $m = \pm\dfrac{1}{2}$ であるから, 可能な場合として

$$u_{\frac{1}{2},\frac{1}{2}}, \quad u_{\frac{1}{2},-\frac{1}{2}} \tag{3.67}$$

がある。

例題3.6　**スピンの固有関数**

スピン $s = \dfrac{1}{2}$ の場合, 波動関数 (3.67) の具体形を求めよ。

解
$$u_{\frac{1}{2},\frac{1}{2}} = \begin{pmatrix} a_+ \\ b_+ \end{pmatrix} \tag{3.68}$$

と記すと, この波動関数が満たすべき式は

$$\begin{aligned}\hat{\mathbf{s}}^2 u_{\frac{1}{2},\frac{1}{2}} &= s(s+1) u_{\frac{1}{2},\frac{1}{2}} \\ &= \frac{3}{4} u_{\frac{1}{2},\frac{1}{2}}\end{aligned} \tag{3.69}$$

および

$$\hat{s}_z u_{\frac{1}{2},\frac{1}{2}} = \frac{1}{2} u_{\frac{1}{2},\frac{1}{2}} \tag{3.70}$$

(3.70) に, (3.68) および $\hat{s}_z$ の表式を代入すると

$$\frac{1}{2}\begin{pmatrix} 1 & 0 \\ 0 & -1 \end{pmatrix}\begin{pmatrix} a_+ \\ b_+ \end{pmatrix} = \frac{1}{2}\begin{pmatrix} a_+ \\ b_+ \end{pmatrix} \tag{3.71}$$

となる。よって, $b_+ = 0$ である。a_+ は, 波動関数の規格化条件から決定する。次に

$$u_{\frac{1}{2},-\frac{1}{2}} = \begin{pmatrix} a_- \\ b_- \end{pmatrix} \tag{3.72}$$

において，(3.68) と同様の手順を行うと，$a_- = 0$ である。b_- は規格化条件から決める。

規格化の条件は（ここで T は転置を意味する），

$$(u_{\frac{1}{2},\frac{1}{2}})^{\mathrm{T}} u_{\frac{1}{2},\frac{1}{2}} = 1 \tag{3.73}$$

したがって

$$u_{\frac{1}{2},\frac{1}{2}} = \begin{pmatrix} 1 \\ 0 \end{pmatrix} \tag{3.74}$$

同様に

$$u_{\frac{1}{2},-\frac{1}{2}} = \begin{pmatrix} 0 \\ 1 \end{pmatrix} \tag{3.75}$$

と求まる。∎

ここに求めたスピン $\frac{1}{2}$ の固有状態を，2 成分スピノルと呼ぶ場合がある。例えば，電子の波動関数がスピン $\frac{1}{2}$ の自由度を考えないで，$\psi(\boldsymbol{x}, t)$ と与えられている場合は，電子全体の 2 成分波動関数は

$$\boldsymbol{\psi}(\boldsymbol{x}, t) = \psi(\boldsymbol{x}, t) u_{s,m} \tag{3.76}$$

と書かれる。ここで行ったのは，全体の波動関数が空間および時間の関数とスピンに関係した関数に分離している，という特殊な場合であることを注意しておく。

3.5　2 つの角運動量の合成

以下，$\hat{\boldsymbol{J}} = \hbar \hat{\boldsymbol{j}}$ とおいて，因子化した $\hat{\boldsymbol{j}}$ を用いることにしよう。

ある系において，2 個の角運動量演算子 $\hat{\boldsymbol{j}}_1$ と $\hat{\boldsymbol{j}}_2$ が与えられたとき，系全体の角運動量を求める方法を調べることにしよう。ここで，$\hat{\boldsymbol{j}}_1$ と $\hat{\boldsymbol{j}}_2$ のすべての成分は互いに交換するとする。つまり

$$[\hat{j}_{1i}, \hat{j}_{1j}] = i\epsilon_{ijk}\hat{j}_{1k}$$
$$[\hat{j}_{2i}, \hat{j}_{2j}] = i\epsilon_{ijk}\hat{j}_{2k}$$

およひ
$$[\hat{j}_{1i}, \hat{j}_{2j}] = 0 \quad (i, j, k = x, y, z) \tag{3.77}$$
である。このとき，2個の角運動量演算子を合成した量を $\hat{\boldsymbol{j}}$ と表すと
$$\hat{\boldsymbol{j}} = \hat{\boldsymbol{j}}_1 + \hat{\boldsymbol{j}}_2 \tag{3.78}$$
と書ける。ただし，(3.78)の意味することを理解しておく必要がある。$\hat{\boldsymbol{j}}_1$ は，ある状態の張る空間に作用する演算子で，その空間は $\hat{\boldsymbol{j}}_2$ の作用する状態の張る空間とは全く無関係なものである。$\hat{\boldsymbol{j}}_2$ についても同様のことがいえる。したがって，正確には (3.78) は
$$\hat{\boldsymbol{j}} = \hat{\boldsymbol{j}}_1 \times 1 + 1 \times \hat{\boldsymbol{j}}_2 \tag{3.79}$$
と書くべきである。(3.79) の右辺において，第1項の1は $\hat{\boldsymbol{j}}_2$ の作用する空間への演算子，つまり恒等演算子であること，また第2項の1は，$\hat{\boldsymbol{j}}_1$ の作用する空間への演算は1であることを表す。しかし，これらの了解のもとで，簡単に (3.78) と書くのである。

簡単な例として，スピン $\frac{1}{2}$ をもつ2個の電子のスピン角運動量演算子をそれぞれ $\hat{\boldsymbol{s}}_1$, $\hat{\boldsymbol{s}}_2$ と表し，この系全体のスピン演算子を $\hat{\boldsymbol{s}}$ と書こう。すると
$$\hat{\boldsymbol{s}} = \hat{\boldsymbol{s}}_1 + \hat{\boldsymbol{s}}_2 \tag{3.80}$$
である。以下でこの場合を例にとって，2個の角運動量演算子 $\hat{\boldsymbol{s}}_1$ と $\hat{\boldsymbol{s}}_2$ から $\hat{\boldsymbol{s}}$ を構成する方法を，詳しく調べていく。

これらの間には，(3.77) と同様に
$$[\hat{s}_{1i}, \hat{s}_{2j}] = 0$$
が成り立つ。また，$\hat{\boldsymbol{s}}_1$ と $\hat{\boldsymbol{s}}_2$ は通常の交換関係
$$\begin{aligned} [\hat{s}_{1i}, \hat{s}_{1j}] &= i\epsilon_{ijk}\hat{s}_{1k} \\ [\hat{s}_{2i}, \hat{s}_{2j}] &= i\epsilon_{ijk}\hat{s}_{2k} \end{aligned} \tag{3.81}$$
を満たす。この結果として，(3.80) で与えられる全系の角運動量演算子 $\hat{\boldsymbol{s}}$ は
$$[\hat{s}_i, \hat{s}_j] = i\epsilon_{ijk}\hat{s}_k \tag{3.82}$$
を満たす。

さて，全系のスピン角運動量演算子 $\hat{\boldsymbol{s}}$ の2乗
$$\hat{\boldsymbol{s}}^2 = (\hat{\boldsymbol{s}}_1 + \hat{\boldsymbol{s}}_2)^2 \tag{3.83}$$

および
$$\hat{s}_z = \hat{s}_{1z} + \hat{s}_{2z} \tag{3.84}$$
の固有値を求めよう。これらは
$$\hat{\mathbf{s}}^2 : s(s+1) \tag{3.85}$$
$$\hat{s}_z : m = m_1 + m_2 \tag{3.86}$$
となる固有値を有する。ここで，(3.86) における m_1 と m_2 のとり得る値はそれぞれ $\pm\frac{1}{2}$ であるから，次のような m_1 と m_2 の値に対応して m，さらには s の値が決まる。

$$\begin{array}{cccc} m & m_1 & m_2 & s \\ 1 & \frac{1}{2} & \frac{1}{2} & 1 \\ 0 & \frac{1}{2} & -\frac{1}{2} & 0 \quad \text{あるいは } 1 \\ 0 & -\frac{1}{2} & \frac{1}{2} & 0 \quad \text{あるいは } 1 \\ -1 & -\frac{1}{2} & -\frac{1}{2} & 1 \end{array} \tag{3.87}$$

これら $\hat{s}_z = \hat{s}_{1z} + \hat{s}_{2z}$ の固有状態ケットを
$$|m_1, m_2\rangle \tag{3.88}$$
で表すことにすると，(3.87) に現れる 4 つの場合は，上から順に
$$\left|\frac{1}{2}, \frac{1}{2}\right\rangle, \left|\frac{1}{2}, -\frac{1}{2}\right\rangle, \left|-\frac{1}{2}, \frac{1}{2}\right\rangle, \left|-\frac{1}{2}, -\frac{1}{2}\right\rangle \tag{3.89}$$
と書ける。

しかしながら，(3.87) と (3.89) はまた，s, m によっても記すことができるはずである。実際，これらの量を用いてそれらの固有ケット状態を $|s, m\rangle$ によって記すと
$$|1, 1\rangle, |1, 0\rangle, |1, -1\rangle, |0, 0\rangle \tag{3.90}$$
と表される。この記述法では，(3.90) の最初の 3 つは 3 重項を，最後の 1 つは 1 重項をつくっていることがわかる。

上に 2 つの記述法を説明したが，その間には次のような関係がある。
$$|s=1, m=1\rangle = \left|m_1 = \frac{1}{2}, m_2 = \frac{1}{2}\right\rangle$$

$$|s=1, m=0\rangle$$
$$= \frac{1}{\sqrt{2}}\left(\left|m_1=\frac{1}{2}, m_2=-\frac{1}{2}\right\rangle + \left|m_1=-\frac{1}{2}, m_2=\frac{1}{2}\right\rangle\right)$$
$$|s=1, m=-1\rangle = \left|m_1=-\frac{1}{2}, m_2=-\frac{1}{2}\right\rangle$$

および

$$|s=0, m=0\rangle$$
$$= \frac{1}{\sqrt{2}}\left(\left|m_1=\frac{1}{2}, m_2=-\frac{1}{2}\right\rangle - \left|m_1=-\frac{1}{2}, m_2=\frac{1}{2}\right\rangle\right)$$
(3.91)

例題3.7

(3.91) に記される固有状態ケットを,$|s=1, m=1\rangle$ から出発して下降演算子を作用することによって,第2,第3の状態が得られることを証明せよ.

解

$$\hat{s}_- = \hat{s}_{1-} + \hat{s}_{2-}$$
$$= (\hat{s}_{1x} - i\hat{s}_{1y}) + (\hat{s}_{2x} - i\hat{s}_{2y})$$

を,$|s=1, m=1\rangle$ に作用させると

$$\hat{s}_-|s=1, m=1\rangle = (\hat{s}_{1-} + \hat{s}_{2-})\left|m_1=\frac{1}{2}, m_2=\frac{1}{2}\right\rangle \quad (3.92)$$

となる.ここで,$\hat{s}_-$ は (3.50) と同様の作用であるから,左辺は

$$\hat{s}_-|s=1, m=1\rangle = \sqrt{s(s+1) - m(m-1)}\,|s=1, m=0\rangle$$
$$= \sqrt{2}\,|s=1, m=0\rangle \quad (3.93)$$

となる.右辺は同様に

$$\left|-\frac{1}{2}, \frac{1}{2}\right\rangle + \left|\frac{1}{2}, -\frac{1}{2}\right\rangle \quad (3.94)$$

したがって,(3.93) と (3.94) とから

$$|s=1, m=0\rangle = \frac{1}{\sqrt{2}}\left(\left|-\frac{1}{2}, \frac{1}{2}\right\rangle + \left|\frac{1}{2}, -\frac{1}{2}\right\rangle\right)$$

と,たしかに (3.91) の第2式が得られる.第3式も同様に,さらに $\hat{s}_-$ を作用させれば得られる.∎

なお, (3.91) の右辺に現れる係数を, **クレブシューゴルダン係数**という。この係数は, $|m_1, m_2\rangle$ 表示を $|s, m\rangle$ 表示に変換する変換行列に他ならない。

以上では, スピンが $\frac{1}{2}$ の場合を調べた。一般の j に対する場合も同様に行えるが, いささか複雑になるので, 上級の教科書, 例えば猪木・川合著『量子力学Ⅰ, Ⅱ』(講談社) を読むことをおすすめして, 本書では, 2個の角運動量演算子の合成はここまでとする。

3.6　粒子の同一性と対称化, 反対称化

ここからは, 量子力学的に全く同一の粒子からなる系の扱い方を学ぶ。また, 粒子のスピンの偶または奇であることと, 2種類の統計性との関係を明らかにする。

全く同一の種類の粒子が2個ある場合を考えよう。古典論においては, いうまでもなく2個の粒子が全く同一の種類であるとは, 例えば形状, 色, 電荷などがすべて同一であることを意味する。それにもかかわらず, これら2個の粒子の空間の軌跡を追いかけることによって時刻ごとの位置を決めることができ, それによって, これら2粒子を明確に区別することができるのである。

一方, 量子力学においては, 2個の同種粒子の系全体の状態は状態ベクトルによって記述されている。このため, 例えば2個の同種粒子を入れ替えたとしても, 状態としては入れ替え前と全く同一なのである。

同種粒子系を量子力学的に扱う際には, このような新しい条件の下に状態ケットベクトルあるいは波動関数を構成しなければならない。

例として, 2個の同種粒子からなる系を具体的に調べてみよう。第1の粒子は状態 α にあるとして, 状態ケットベクトル $|\alpha\rangle$ で, 第2の粒子は状態 β にあるとして $|\beta\rangle$ で表す。この2粒子系の状態を

$$|\alpha\rangle |\beta\rangle \tag{3.95}$$

と記す。記法として, 最初の状態ケットは第1の粒子, 2つめは第2の粒子とする。ただし, こうすると, $|\alpha\rangle |\beta\rangle$ と

$$|\beta\rangle|\alpha\rangle \tag{3.96}$$

は，系の異なる状態を表すことに注意しよう．理由は，(3.96) においては，第 1 の粒子は状態 β に，また第 2 の粒子は状態 α にあることを意味するので，(3.95) と異なるためである．

では，実際にこの系に関し，例えば，エネルギーレベル，あるいは全スピンなどの測定を行うとしよう．結果は (3.95) と (3.96) の状態に対して同一の測定結果，つまり同一固有値を得るのは明らかである．つまり，測定によって状態 (3.95) と (3.96) は区別できない．このように 2 個の状態 (3.95)，(3.96) が同一の固有値を有することを**交換縮退**と呼んでいる．この交換縮退が存在すると，系の観測量の測定値を求めても状態ケットがただ 1 個決まるということにならない，というやっかいな問題が生じるように一見思えるかもしれない．

しかしながら，以下のように上手くこの問題は解決できるのである．結論から書くと，自然界において，2 個の同種粒子からなる系の状態として存在するのは，(3.95) あるいは (3.96) の形の状態ではなく，2 個の粒子を交換したとき対称であるか，または反対称であるかの場合だけなのである．この事実は，測定にもとづくいわば経験上確かめられた規則といえる．この対称性を満たす状態ケットベクトルをつくってみよう．このために，置換演算子と呼ばれる $\hat{P}_{ij}$ $(i, j = 1, 2)$ を導入する．この演算子は

$$\hat{P}_{12}|\alpha\rangle|\beta\rangle = |\beta\rangle|\alpha\rangle \tag{3.97}$$

と定義される．つまり $\hat{P}_{12}$ は，粒子 1 と 2 の状態ケットベクトルの入れ替え (置換) を行う作用をする．このため

$$\hat{P}_{12} = \hat{P}_{21} \tag{3.98}$$

であり，また，2 回置換をほどこすと元に戻るから

$$\hat{P}_{12}{}^2 = 1 \tag{3.99}$$

が成立する．

例題3.8 $\hat{P}_{12}$ の固有ケット

(3.95) と (3.96) からつくられる，対称および反対称な 2 つの状態ケットを具体的に構成せよ．

解

$$|\alpha, \beta\rangle_\mathrm{S} = \frac{1}{\sqrt{2}} \left(|\alpha\rangle |\beta\rangle + |\beta\rangle |\alpha\rangle \right) \tag{3.100}$$

および

$$|\alpha, \beta\rangle_\mathrm{A} = \frac{1}{\sqrt{2}} \left(|\alpha\rangle |\beta\rangle - |\beta\rangle |\alpha\rangle \right) \tag{3.101}$$

を考えると

$$\begin{aligned}\hat{P}_{12}|\alpha, \beta\rangle_\mathrm{S} &= \frac{1}{\sqrt{2}} \left(|\beta\rangle |\alpha\rangle + |\alpha\rangle |\beta\rangle \right) \\ &= |\alpha, \beta\rangle_\mathrm{S} \end{aligned} \tag{3.102}$$

$$\begin{aligned}\hat{P}_{12}|\alpha, \beta\rangle_\mathrm{A} &= \frac{1}{\sqrt{2}} \left(|\beta\rangle |\alpha\rangle - |\alpha\rangle |\beta\rangle \right) \\ &= -|\alpha, \beta\rangle_\mathrm{A} \end{aligned} \tag{3.103}$$

と，確かに 2 粒子の置換に対して，対称および反対称である。■

ここに構成した対称および反対称な状態は，対称化演算子 $\hat{S}_{12}$ と反対称化演算子 $\hat{A}_{12}$ を導入すると，簡単につくれる。

$$\hat{S}_{12} = \frac{1}{\sqrt{2}} \left(1 + \hat{P}_{12} \right) \tag{3.104}$$

$$\hat{A}_{12} = \frac{1}{\sqrt{2}} \left(1 - \hat{P}_{12} \right) \tag{3.105}$$

これらを用いると

$$\begin{aligned}\hat{S}_{12}|\alpha\rangle |\beta\rangle &= \frac{1}{\sqrt{2}} |\alpha\rangle |\beta\rangle + \frac{1}{\sqrt{2}} |\beta\rangle |\alpha\rangle \\ &= |\alpha, \beta\rangle_\mathrm{S} \end{aligned} \tag{3.106}$$

および

$$\begin{aligned}\hat{A}_{12}|\alpha\rangle |\beta\rangle &= \frac{1}{\sqrt{2}} |\alpha\rangle |\beta\rangle - \frac{1}{\sqrt{2}} |\beta\rangle |\alpha\rangle \\ &= |\alpha, \beta\rangle_\mathrm{A} \end{aligned} \tag{3.107}$$

と，確かに対称および反対称状態が構成される。

なお，上では例として 2 個の粒子の系を考察したが，この方法は，自然に 3 個以上の粒子の系の場合にも拡張できる。

3.7　ボソンとフェルミオン

　前節の最初に記したように，自然界においては対称あるいは反対称の状態だけが存在していることが，測定の経験上判明している。これ以外の状態，例えば $|\alpha\rangle|\beta\rangle$ といった対称でない，または反対称でないような状態は存在しないのである。

　対称である状態の粒子は**ボソン（ボース粒子）**という。反対称である粒子は**フェルミオン（フェルミ粒子）**という。

　さて，本書のレベルを越えた場の量子論（相対論的量子論）において明らかになっていることを証明なしに引用しよう。スピンとボソン，およびフェルミオンの間には次の関係がある：

　　　　　整数スピンの粒子はボソン
　　　　　半整数スピンの粒子はフェルミオン

　さらに，場の量子論における証明から

　　　　　ボソンはボース・アインシュタイン統計にしたがう
　　　　　フェルミオンはフェルミ・ディラック統計にしたがう

ことがわかっている（基礎物理学シリーズ第 8 巻『統計力学』を参照）。

　現実に存在している粒子では，電子，ミューオン，ニュートリノ，クォークなどはスピン $\frac{1}{2}$ を有するフェルミオンである。また，光子，パイ中間子，ロー中間子，Ｗ ボソン，Ｚ ボソンなどはボソンである。理論的には存在が確かではあるが，未発見のヒッグス粒子はスピン 0 のボソン，重力を媒介する重力子（グラビトン）はスピン 2 のボソンと予想される。

　さて，ここでスピンが $\frac{1}{2}$ の電子はフェルミオンであるが，この種類の粒子は，非常に特徴的な性質を有することを強調しておこう。それは，2 個の電子は同一の状態を占有できないことである。その理由は，$|\alpha\rangle|\alpha\rangle$ という状態は，フェルミオンの状態ケットベクトルは反対称でなければならないという要求に反するからである。この事実は，パウリの排他原理という。

10分補講　ハイゼンベルク模型と相転移

量子力学の祖と言われるハイゼンベルクは，場の量子論や原子核の研究だけでなく，多体問題の研究から強磁性体の性質を考察し，現在，ハイゼンベルク模型と呼ばれている模型を提案している。

スピンに由来する磁気モーメントをもつ磁性イオンからなる絶縁体 (これを**磁性体**という) は，スピン間にはたらく**交換相互作用**により結合している。このような磁性体を記述する**ハイゼンベルク模型**のハミルトニアンは，各格子点に局在したスピン関数 $S_i = (S_{ix}, S_{iy}, S_{iz})$ を用いて，

$$H = -\sum_{(i,j)} [J_z S_{iz} S_{jz} + J_\perp (S_{ix} S_{jx} + S_{iy} S_{jy})]$$

と表される。これは 2 次相転移を表す模型として，重要なものになっている[1]。

本来，スピンは量子力学的演算子であり，交換関係を満たし，ハイゼンベルク模型は，微視的には不確定性関係に基づいた特異な振る舞いをすると考えられる。しかし，相転移は，巨視的なスケールで起きる現象であるから，微視的な量子効果はあまり効かないであろう。そこで多くの場合，スピン関数は古典的なベクトルで置き換えられ，古典統計力学で扱われる。

$J_\perp = 0$ の模型は**イジング模型**と呼ばれ，空間次元が 1 次元，2 次元の場合は厳密に解くことができ，1 次元では有限温度で相転移は起きないが，2 次元では相転移が起きることが知られている。また，$J_z = 0$ の模型は **XY 模型**と呼ばれる。スピン変数が連続的な値をとることができる古典 XY 模型では，1 次元，2 次元で相転移は起きないが，2 次元系では，有限温度で**コスタリッツ-サウレス相 (KT 相)** と呼ばれる準長距離秩序が形成される。

このように，ハイゼンベルク模型を用いた多彩な相転移は詳しく

---

[1] 基礎物理学シリーズ『統計力学』第 9～11 章参照。

章末問題

3.1 (3.18) を証明せよ。

3.2 $j = \frac{1}{2}$ の場合に $\hat{J}$ と $\hat{J}^2$ の行列表現 (3.55) を導け。

3.3 3個の粒子からなる系を考えて,各粒子の状態ケットベクトルを $|\alpha\rangle$, $|\beta\rangle$, $|\gamma\rangle$ とする。いまこれら3個の状態がすべて異なるとして以下の問題に答えよ。

(1) この系の交換縮退は何個であるか。

(2) 問 (1) の交換縮退している状態をすべて記せ。

(3) 系の状態が完全対称または完全反対称であるとしてそれらの状態ケットベクトルを構成せよ。

3.4 2個の粒子からなる系を考える。状態ケットベクトルを各 $|\alpha\rangle$, $|\beta\rangle$ とする。このとき2個の粒子すべてが

(1) フェルミオンの場合

(2) ボソンの場合

に系の可能なすべての状態ケットベクトルを求めよ。

第4章

現実の系でシュレーディンガー方程式の解が正確に求まることはまれであるが，正確に解が得られる場合のポテンシャルからわずかにずれている場合は，そのずれを小さな摂動として扱う近似法が有効である。

時間によらない摂動

4.1 縮退のない場合

まず，時間をあらわに含まないハミルトニアン

$$\hat{H}_0 = \frac{1}{2m}\hat{\boldsymbol{p}}^2 + \hat{V}_0 \tag{4.1}$$

について，定常状態のシュレーディンガー方程式

$$\hat{H}_0|n\rangle = \varepsilon_n|n\rangle \tag{4.2}$$

が正確に解けて，エネルギー固有値 $\varepsilon_n (n = 0, 1, 2, \cdots)$ と対応する状態ベクトル $|n\rangle$ がわかっているとしよう。ポテンシャル $\hat{V}_0$ は演算子であり，位置 $\hat{\boldsymbol{r}}$ の関数である場合を考えることが多いが，運動量や角運動量（スピン）の演算子を含むこともある。**この節では，ε_n に縮退のない場合を扱う**ので，$n = 0, 1, 2, \cdots$ それぞれが基底状態，第1励起状態，第2励起状態，…に1対1に対応する。状態ベクトルは規格化されていて，正規直交関係と**完全性関係**

$$\langle n|m\rangle = \delta_{n,m}, \quad \sum_{n=0}^{\infty} |n\rangle\langle n| = 1 \tag{4.3}$$

を満たすとする。任意の状態ベクトルが $|n\rangle$ $(n = 0, 1, \cdots)$ の重ね合わせ（線形結合）で書けるとき，$\{|n\rangle\} = |0\rangle, |1\rangle, \cdots$ は**完全系**をなすという。

$\{|n\rangle\} = |0\rangle, |1\rangle, \cdots$ を正規直交関係を満たすように選んだ場合は，第1章例題1.6で見たように「完全系をなす」ということは (4.3) の第2式のように表現される。

ポテンシャルが $\hat{V}_0$ から $\hat{v}$ だけわずかにずれた場合，$\hat{v}$ を小さな摂動として扱ってシュレーディンガー方程式を解くのがよい近似を与えるだろう。$\hat{v}$ も時間をあらわに含まないエルミート演算子であるとしよう。説明の便利のために実数のパラメータ λ を入れて，摂動のかかったハミルトニアン

$$\hat{H} = \hat{H}_0 + \lambda \hat{v} \tag{4.4}$$

のシュレーディンガー方程式を考える[1]。

$$(\hat{H}_0 + \lambda \hat{v})|\varphi_n\rangle = E_n|\varphi_n\rangle, \tag{4.5}$$

$\hat{v}$ は小さいので，E_n や $|\varphi_n\rangle$ は ε_n や $|n\rangle$ から少ししか違いはないだろうから，

$$E_n = \varepsilon_n + \lambda E_n^{(1)} + \lambda^2 E_n^{(2)} + \cdots \tag{4.6}$$

$$|\varphi_n\rangle = |n\rangle + \lambda|\varphi_n^{(1)}\rangle + \lambda^2|\varphi_n^{(2)}\rangle + \cdots \tag{4.7}$$

と λ についての展開の形で求めよう。(4.6)，(4.7) を (4.5) に代入して，λ のべきについて整理すると，λ によらない部分は (4.2) そのものであり，残りは

$$O(\lambda): \hat{H}_0|\varphi_n^{(1)}\rangle + \hat{v}|n\rangle = \varepsilon_n|\varphi_n^{(1)}\rangle + E_n^{(1)}|n\rangle \tag{4.8}$$

$$O(\lambda^2): \hat{H}_0|\varphi_n^{(2)}\rangle + \hat{v}|\varphi_n^{(1)}\rangle = \varepsilon_n|\varphi_n^{(2)}\rangle + E_n^{(1)}|\varphi_n^{(1)}\rangle + E_n^{(2)}|n\rangle \tag{4.9}$$

$$O(\lambda^3): \hat{H}_0|\varphi_n^{(3)}\rangle + \hat{v}|\varphi_n^{(2)}\rangle = \varepsilon_n|\varphi_n^{(3)}\rangle + E_n^{(1)}|\varphi_n^{(2)}\rangle + E_n^{(2)}|\varphi_n^{(1)}\rangle$$
$$+ E_n^{(3)}|n\rangle \tag{4.10}$$

$\vdots \quad \vdots$

となる。ここでは，$O(\lambda):, O(\lambda^2):, O(\lambda^3):, \cdots$ は λ の1次，2次，3次，$\cdots$ に比例する部分を表す。また，(4.14) 以降の式の中で用いられる $O(\lambda^n)$ では，λ^n に比例する項およびそれより寄与の小さい高次の項をまとめて表すことにする。

---

[1] λ を入れることで摂動の次数などが見やすくなる。計算を終えた後の答では，$\lambda = 1$ とおけばよい。

摂動の1次

(4.8) の両辺に左から $\langle m|$ をかけて，(4.3) の正規直交関係および $\langle m|\hat{H}_0 = \varepsilon_m\langle m|$ を使うと，

$$E_n^{(1)}\delta_{n,m} = \langle m|\hat{v}|n\rangle + (\varepsilon_m - \varepsilon_n)\langle m|\varphi_n^{(1)}\rangle \tag{4.11}$$

を得る。ここで $m = n$ とおくと，

$$E_n^{(1)} = \langle n|\hat{v}|n\rangle \tag{4.12}$$

となり，エネルギー固有値の1次の補正が求まる。1次の補正は簡単で，摂動 $\hat{v}$ を無摂動の状態ベクトル $|n\rangle$ ではさんだ期待値で与えられる。

また，$m \neq n$ のとき，(4.11) から

$$\langle m|\varphi_n^{(1)}\rangle = -\frac{\langle m|\hat{v}|n\rangle}{\varepsilon_m - \varepsilon_n} \tag{4.13}$$

なので，(4.3) の完全性関係を用いて

$$|\varphi_n\rangle = |n\rangle + \lambda|\varphi_n^{(1)}\rangle + O(\lambda^2)$$

$$= |n\rangle + \lambda\sum_{m=0}^{\infty}|m\rangle\langle m|\varphi_n^{(1)}\rangle + O(\lambda^2)$$

$$= |n\rangle(1 + \lambda\langle n|\varphi_n^{(1)}\rangle) - \lambda\sum_{m=0}^{\infty}{}'|m\rangle\frac{\langle m|\hat{v}|n\rangle}{\varepsilon_m - \varepsilon_n} + O(\lambda^2) \tag{4.14}$$

と書ける。ここで，m についての和の記号のダッシュは和のうち $m = n$ を除くことを意味する。$\langle n|\varphi_n^{(1)}\rangle$ がまだ決まっていないが，(4.14) は $O(\lambda^2)$ の誤差を無視する摂動の1次の精度では

$$|\varphi_n\rangle = (1 + \lambda\langle n|\varphi_n^{(1)}\rangle)\left[|n\rangle - \lambda\sum_{m=0}^{\infty}{}'|m\rangle\frac{\langle m|\hat{v}|n\rangle}{\varepsilon_m - \varepsilon_n} + O(\lambda^2)\right]$$

$$= e^{\lambda\langle n|\varphi_n^{(1)}\rangle}\left[|n\rangle - \lambda\sum_{m=0}^{\infty}{}'|m\rangle\frac{\langle m|\hat{v}|n\rangle}{\varepsilon_m - \varepsilon_n} + O(\lambda^2)\right] \tag{4.15}$$

とも書けることに注意しよう。(4.15) において $|n\rangle$ と $|m\rangle$ が直交していることから，内積 $\langle\varphi_n|\varphi_n\rangle$ を計算すると

$$\langle\varphi_n|\varphi_n\rangle = e^{2\lambda\,\mathrm{Re}\,\langle n|\varphi_n^{(1)}\rangle} \times [1 + O(\lambda^2)] \tag{4.16}$$

となるので，摂動の1次までの精度の規格化条件 $\langle\varphi_n|\varphi_n\rangle = 1 + O(\lambda^2)$ を課すと，$\mathrm{Re}\,\langle n|\varphi_n^{(1)}\rangle = 0$，すなわち $\langle n|\varphi_n^{(1)}\rangle$ が純虚数であることがわかる。したがって，(4.15) において $e^{\lambda\langle n|\varphi_n^{(1)}\rangle}$ は位相因子である。状態ベクトルの定義に位相因子をかける不定性があることを使うと，この位相を消すことができるから，

$$\langle n|\varphi_n^{(1)}\rangle = 0 \tag{4.17}$$

と決めることができる。

よって，摂動の 1 次までの精度で状態ベクトルは

$$|\varphi_n\rangle = |n\rangle - \lambda \sum_{m=0}^{\infty}{'} |m\rangle \frac{\langle m|\hat{v}|n\rangle}{\varepsilon_m - \varepsilon_n} + O(\lambda^2) \tag{4.18}$$

に決まる。近似がよいのは，1 次の寄与がゼロ次のものより十分小さいときなので，

$$|\langle m|\hat{v}|n\rangle| \ll |\varepsilon_m - \varepsilon_n| \quad (m \neq n) \tag{4.19}$$

のように，摂動の行列要素の大きさが，エネルギー準位の間隔よりも十分小さい場合である。

摂動の 2 次

1 次の場合と同様に，(4.9) の両辺に左から $\langle m|$ をかけて，(4.12) を使うと

$$E_n^{(2)} \delta_{n,m} = \sum_{k=0}^{\infty} \langle m|\hat{v}|k\rangle\langle k|\varphi_n^{(1)}\rangle - \langle n|\hat{v}|n\rangle\langle m|\varphi_n^{(1)}\rangle + (\varepsilon_m - \varepsilon_n)\langle m|\varphi_n^{(2)}\rangle \tag{4.20}$$

となる。$m = n$ とおき，(4.13) を使うと

$$E_n^{(2)} = \sum_{k=0}^{\infty}{'} \langle n|\hat{v}|k\rangle\langle k|\varphi_n^{(1)}\rangle = -\sum_{k=0}^{\infty}{'} \frac{|\langle k|\hat{v}|n\rangle|^2}{\varepsilon_k - \varepsilon_n} \tag{4.21}$$

とエネルギー固有値に対する 2 次の補正が求まる。和の記号のダッシュは再び $k = n$ を除くことを表す。基底状態 ($n = 0$) では分母の $\varepsilon_k - \varepsilon_n$ は常に正なので，基底状態のエネルギー固有値の 2 次補正は常に正ではない ($E_0^{(2)} \leq 0$) ことがわかる。

また，$m \neq n$ のとき，$\langle m|\varphi_n^{(2)}\rangle$ は (4.20) から

$$\begin{aligned}\langle m|\varphi_n^{(2)}\rangle &= \frac{1}{\varepsilon_m - \varepsilon_n}\left[-\sum_{k=0}^{\infty}\langle m|\hat{v}|k\rangle\langle k|\varphi_n^{(1)}\rangle + \langle n|\hat{v}|n\rangle\langle m|\varphi_n^{(1)}\rangle\right] \\ &= \frac{1}{\varepsilon_m - \varepsilon_n}\left[\sum_{k=0}^{\infty}{'} \frac{\langle m|\hat{v}|k\rangle\langle k|\hat{v}|n\rangle}{\varepsilon_k - \varepsilon_n} - \frac{\langle m|\hat{v}|n\rangle\langle n|\hat{v}|n\rangle}{\varepsilon_m - \varepsilon_n}\right]\end{aligned} \tag{4.22}$$

と決まる。再び $\langle n|\varphi_n^{(2)}\rangle$ は定まらないが，摂動の 2 次までの精度で状態ベクトルは

$$|\varphi_n\rangle = |n\rangle(1 + \lambda^2\langle n|\varphi_n^{(2)}\rangle)$$
$$+ \sum_{m=0}^{\infty}{}' |m\rangle\{\lambda\langle m|\varphi_n^{(1)}\rangle + \lambda^2\langle m|\varphi_n^{(2)}\rangle\} + O(\lambda^3)$$
$$= (1 + \lambda^2\langle n|\varphi_n^{(2)}\rangle)$$
$$\times \Big[|n\rangle + \sum_{m=0}^{\infty}{}' |m\rangle\{\lambda\langle m|\varphi_n^{(1)}\rangle + \lambda^2\langle m|\varphi_n^{(2)}\rangle\} + O(\lambda^3) \Big] \tag{4.23}$$

と書ける。2次までの精度では，$1 + \lambda^2\langle n|\varphi_n^{(2)}\rangle$ を $e^{\lambda^2\langle n|\varphi_n^{(2)}\rangle}$ と書いても誤差は高次のオーダーで無視できるので許される。したがって，状態ベクトルの定義で位相因子をかける不定性を使って $\langle n|\varphi_n^{(2)}\rangle$ の虚数部分をゼロ，すなわち $\langle n|\varphi_n^{(2)}\rangle$ を実数にとれる。

(4.23) において $|n\rangle$ と $|m\rangle$ が直交しているので，内積 $\langle\varphi_n|\varphi_n\rangle$ は

$$\langle\varphi_n|\varphi_n\rangle = (1 + 2\lambda^2\langle n|\varphi_n^{(2)}\rangle)\Big[1 + \lambda^2\sum_{m=0}^{\infty}{}'|\langle m|\varphi_n^{(1)}\rangle|^2\Big] + O(\lambda^3)$$
$$= 1 + \lambda^2\Big[2\langle n|\varphi_n^{(2)}\rangle + \sum_{m=0}^{\infty}{}'|\langle m|\varphi_n^{(1)}\rangle|^2\Big] + O(\lambda^3) \tag{4.24}$$

と計算される。よって，摂動の2次までの精度の規格化条件 $\langle\varphi_n|\varphi_n\rangle = 1 + O(\lambda^3)$ から，

$$\langle n|\varphi_n^{(2)}\rangle = -\frac{1}{2}\sum_{m=0}^{\infty}{}'|\langle m|\varphi_n^{(1)}\rangle|^2 = -\frac{1}{2}\sum_{m=0}^{\infty}{}'\frac{|\langle m|\hat{v}|n\rangle|^2}{(\varepsilon_m - \varepsilon_n)^2} \tag{4.25}$$

と決まる。

これまでの結果を合わせて，規格化された状態ベクトル $|\varphi_n\rangle$ は摂動の2次までで

$$|\varphi_n\rangle = |n\rangle\Big(1 - \frac{1}{2}\lambda^2\sum_{m=0}^{\infty}{}'\frac{|\langle m|\hat{v}|n\rangle|^2}{(\varepsilon_m - \varepsilon_n)^2}\Big)$$
$$+ \sum_{m=0}^{\infty}{}'|m\rangle\frac{1}{\varepsilon_m - \varepsilon_n}\Big[-\lambda\langle m|\hat{v}|n\rangle$$
$$+ \lambda^2\Big\{\sum_{k=0}^{\infty}{}'\frac{\langle m|\hat{v}|k\rangle\langle k|\hat{v}|n\rangle}{\varepsilon_k - \varepsilon_n} - \frac{\langle m|\hat{v}|n\rangle\langle n|\hat{v}|n\rangle}{\varepsilon_m - \varepsilon_n}\Big\}\Big]$$
$$+ O(\lambda^3) \tag{4.26}$$

と表されることがわかる。

例題4.1　エネルギー固有値に対する3次の補正

(4.10) からエネルギー固有値に対する3次の補正を求めよ。

解 (4.10) に $\langle m|$ を左からかけて，

$$E_n^{(3)}\delta_{n,m} = \langle m|\hat{v}|\varphi_n^{(2)}\rangle - E_n^{(1)}\langle m|\varphi_n^{(2)}\rangle - E_n^{(2)}\langle m|\varphi_n^{(1)}\rangle$$
$$+ (\varepsilon_m - \varepsilon_n)\langle m|\varphi_n^{(3)}\rangle \qquad (4.27)$$

を得る。$m = n$ とおくと (4.17) より

$$E_n^{(3)} = \langle n|\hat{v}|\varphi_n^{(2)}\rangle - E_n^{(1)}\langle n|\varphi_n^{(2)}\rangle \qquad (4.28)$$

である。この右辺第 1 項を完全系で展開して

$$\langle n|\hat{v}|\varphi_n^{(2)}\rangle = \sum_{m=0}^{\infty} \langle n|\hat{v}|m\rangle\langle m|\varphi_n^{(2)}\rangle \qquad (4.29)$$

と書くと，(4.12) より，

$$\begin{aligned}E_n^{(3)} &= \sum_{m=0}^{\infty}{}' \langle n|\hat{v}|m\rangle\langle m|\varphi_n^{(2)}\rangle \\ &= \sum_{m=0}^{\infty}{}' \frac{\langle n|\hat{v}|m\rangle}{\varepsilon_m - \varepsilon_n}\left[\sum_{k=0}^{\infty}{}' \frac{\langle m|\hat{v}|k\rangle\langle k|\hat{v}|n\rangle}{\varepsilon_k - \varepsilon_n} - \frac{\langle m|\hat{v}|n\rangle\langle n|\hat{v}|n\rangle}{\varepsilon_m - \varepsilon_n}\right]\end{aligned}$$
$$(4.30)$$

のように求まる。最後に (4.22) を用いた。　■

4.2　縮退のある場合

次に，$\hat{H}_0$ のスペクトル $\varepsilon_0 < \varepsilon_1 < \varepsilon_2 < \cdots$ に縮退がある場合を考える。エネルギー固有値 ε_n の固有状態として線形独立なものが d_n 個あるとき，ε_n の**縮退度**（**縮重度**）は d_n であるという。d_n 個の固有状態を 1 から d_n までの値をとる文字 α で区別することにして，$|n, \alpha\rangle$ と書こう。

無摂動ハミルトニアンのシュレーディンガー方程式は

$$\hat{H}_0|n, \alpha\rangle = \varepsilon_n|n, \alpha\rangle \quad (\alpha = 1, \cdots, d_n) \qquad (4.31)$$

であり，線形結合をうまくとると，$|n, \alpha\rangle$ たちが正規直交関係を満たすようにできる。

$$\langle n, \alpha|m, \beta\rangle = \delta_{n,m}\,\delta_{\alpha,\beta} \qquad (4.32)$$

また，$|n, \alpha\rangle$ は完全性関係

$$\sum_{n=0}^{\infty}\sum_{\alpha=1}^{d_n}|n, \alpha\rangle\langle n, \alpha| = 1 \qquad (4.33)$$

を満たすとしよう。

縮退したエネルギー準位に対応する固有空間

n を固定して考えると，$|n, \alpha\rangle$ $(\alpha = 1, \cdots, d_n)$ は，エネルギー準位 ε_n に対応する状態ベクトルの張る空間（固有空間）の正規直交基底をなすので，

$$\hat{P}_n \equiv \sum_{\alpha=1}^{d_n} |n, \alpha\rangle\langle n, \alpha| \tag{4.34}$$

は，ε_n に対応する固有空間への射影演算子となる．実際，これが射影演算子の性質 $\hat{P}_n^2 = \hat{P}_n$ を満足することは，(4.32) から明らかだろう．射影演算子の言葉では完全性関係 (4.33) は

$$\sum_{n=0}^{\infty} \hat{P}_n = 1 \tag{4.35}$$

と表される．

例題4.2 ユニタリー変換

係数 $c_{n,\alpha}{}^\beta$ を用いて $|n, \alpha\rangle$ の線形結合をとって

$$|\varphi_{n,\alpha}^{(0)}\rangle \equiv \sum_{\beta=1}^{d_n} c_{n,\alpha}{}^\beta |n, \beta\rangle \tag{4.36}$$

としても，$|\varphi_{n,\alpha}^{(0)}\rangle$ はエネルギー固有値 ε_n の固有状態である．

$$\hat{H}_0 |\varphi_{n,\alpha}^{(0)}\rangle = \varepsilon_n |\varphi_{n,\alpha}^{(0)}\rangle \quad (\alpha = 1, \cdots, d_n) \tag{4.37}$$

このとき，$c_{n,\alpha}{}^\beta$ の α, β を行，列の添え字とみなした $d_n \times d_n$ 行列がユニタリー行列ならば，$|\varphi_{n,\alpha}^{(0)}\rangle$ は再び正規直交関係および完全性関係

$$\langle \varphi_{n,\alpha}^{(0)} | \varphi_{m,\beta}^{(0)} \rangle = \delta_{n,m}\, \delta_{\alpha,\beta}, \quad \sum_{n=0}^{\infty} \sum_{\alpha=1}^{d_n} |\varphi_{n,\alpha}^{(0)}\rangle\langle \varphi_{n,\alpha}^{(0)}| = 1 \tag{4.38}$$

を満たすことを示せ．

解 まず，第1式の正規直交関係について示す．(4.32) より，$n \neq m$ のときは明らかに $\langle \varphi_{n,\alpha}^{(0)} | \varphi_{m,\beta}^{(0)} \rangle = 0$ で，(4.38) の第1式を満たしている．よって，$n = m$ の場合を調べれば十分である．

$d_n \times d_n$ ユニタリー行列 C_n の (α, β) 要素を $c_{n,\alpha}{}^\beta$ とする．

$$(C_n)_{\alpha,\beta} = c_{n,\alpha}{}^\beta \tag{4.39}$$

$(C_n{}^\dagger)_{\alpha,\beta} = (C_n)_{\beta,\alpha}^* = (c_{n,\beta}{}^\alpha)^*$ なので，ユニタリー行列の条件 $C_n C_n{}^\dagger = 1$ は成分で書くと，

$$\sum_{\gamma=1}^{d_n} c_{n,\beta}{}^\gamma (c_{n,\alpha}{}^\gamma)^* = \delta_{\beta,\alpha} \tag{4.40}$$

と表される。(4.32) と (4.40) を用いて,

$$\langle \varphi_{n,\alpha}^{(0)} | \varphi_{n,\beta}^{(0)} \rangle = \sum_{\gamma,\gamma'=1}^{d_n} (c_{n,\alpha}{}^{\gamma})^* c_{n,\beta}{}^{\gamma'} \langle n,\gamma | n,\gamma' \rangle$$

$$= \sum_{\gamma,\gamma'=1}^{d_n} (c_{n,\alpha}{}^{\gamma})^* c_{n,\beta}{}^{\gamma'} \delta_{\gamma,\gamma'}$$

$$= \sum_{\gamma=1}^{d_n} (c_{n,\alpha}{}^{\gamma})^* c_{n,\beta}{}^{\gamma} = \delta_{\alpha,\beta} \tag{4.41}$$

となるので, $n=m$ の場合に (4.38) の第1式が示された。

次に, 完全性関係についても, ユニタリー行列の条件 $C_n^\dagger C_n = 1$ を成分で書いた

$$\sum_{\alpha=1}^{d_n} (c_{n,\alpha}{}^{\beta'})^* c_{n,\alpha}{}^{\beta} = \delta_{\beta',\beta} \tag{4.42}$$

を使うと, 各 n について

$$\sum_{\alpha=1}^{d_n} |\varphi_{n,\alpha}^{(0)}\rangle\langle\varphi_{n,\alpha}^{(0)}| = \sum_{\alpha=1}^{d_n} \sum_{\beta,\beta'=1}^{d_n} c_{n,\alpha}{}^{\beta} (c_{n,\alpha}{}^{\beta'})^* |n,\beta\rangle\langle n,\beta'|$$

$$= \sum_{\beta,\beta'=1}^{d_n} \delta_{\beta,\beta'} |n,\beta\rangle\langle n,\beta'| = \sum_{\beta=1}^{d_n} |n,\beta\rangle\langle n,\beta| \tag{4.43}$$

なので,

$$\sum_{n=0}^{\infty} \sum_{\alpha=1}^{d_n} |\varphi_{n,\alpha}^{(0)}\rangle\langle\varphi_{n,\alpha}^{(0)}| = \sum_{n=0}^{\infty} \sum_{\beta=1}^{d_n} |n,\beta\rangle\langle n,\beta| = 1 \tag{4.44}$$

となる。よって, 完全性も示される。 ∎

また, (4.43) より, 射影演算子 (4.34) は

$$\hat{P}_n = \sum_{\alpha=1}^{d_n} |\varphi_{n,\alpha}^{(0)}\rangle\langle\varphi_{n,\alpha}^{(0)}| \tag{4.45}$$

とも書ける。

固有値 ε_n に対応する固有ベクトル (状態ベクトル) の張る空間は, d_n 次元のベクトル空間である。縮退のない $d_n = 1$ の場合は, ユニタリー行列は単に位相因子 (絶対値が1の複素数) なので, 位相因子の不定性を除くと, 規格化された固有ベクトルのとり方は1通りに定まる。しかし, 縮退がある $(d_n \geq 2)$ 場合は, d_n 次元空間の正規直交基底のとり方はいろいろあり, 位相因子の不定性を除いたとしても, 1通りには定まらないことに注意しよう。

摂動のかかった系

摂動のかかった系のシュレーディンガー方程式

$$(\hat{H}_0 + \lambda \hat{v})|\varphi_{n,\alpha}\rangle = E_{n,\alpha}|\varphi_{n,\alpha}\rangle \tag{4.46}$$

を 4.1 節と同様に

$$E_{n,\alpha} = \varepsilon_n + \lambda E_{n,\alpha}^{(1)} + \lambda^2 E_{n,\alpha}^{(2)} + \cdots \tag{4.47}$$

$$|\varphi_{n,\alpha}\rangle = |\varphi_{n,\alpha}^{(0)}\rangle + \lambda|\varphi_{n,\alpha}^{(1)}\rangle + \lambda^2|\varphi_{n,\alpha}^{(2)}\rangle + \cdots \tag{4.48}$$

と，λ についての展開の形で求めよう。

(4.47),(4.48) を (4.46) に代入して，λ のべきについて整理すると，λ のゼロ次からは (4.37)，そして λ の 1 次以降からは

$$O(\lambda^1): \hat{H}_0|\varphi_{n,\alpha}^{(1)}\rangle + \hat{v}|\varphi_{n,\alpha}^{(0)}\rangle = \varepsilon_n|\varphi_{n,\alpha}^{(1)}\rangle + E_{n,\alpha}^{(1)}|\varphi_{n,\alpha}^{(0)}\rangle \tag{4.49}$$

$$O(\lambda^2): \hat{H}_0|\varphi_{n,\alpha}^{(2)}\rangle + \hat{v}|\varphi_{n,\alpha}^{(1)}\rangle = \varepsilon_n|\varphi_{n,\alpha}^{(2)}\rangle + E_{n,\alpha}^{(1)}|\varphi_{n,\alpha}^{(1)}\rangle + E_{n,\alpha}^{(2)}|\varphi_{n,\alpha}^{(0)}\rangle \tag{4.50}$$

$$\vdots \qquad \vdots$$

が得られる。

これから見ていくように，摂動の効果で縮退が（一部）解ける場合は，$c_{n,\alpha}{}^{\beta}$ のとり方が（一部）定まることがわかる。

摂動の 1 次

(4.49) の両辺に左から $\langle m, \beta|$ をかけたものに，

$$\langle m, \beta|\varphi_{n,\alpha}^{(0)}\rangle = c_{n,\alpha}{}^{\beta}\delta_{n,m} \tag{4.51}$$

を使うと，

$$E_{n,\alpha}^{(1)} c_{n,\alpha}{}^{\beta} \delta_{n,m} = \sum_{\gamma=1}^{d_n} c_{n,\alpha}{}^{\gamma}\langle m, \beta|\hat{v}|n, \gamma\rangle + (\varepsilon_m - \varepsilon_n)\langle m, \beta|\varphi_{n,\alpha}^{(1)}\rangle \tag{4.52}$$

を得る。この式は $m = n$ のとき，

$$E_{n,\alpha}^{(1)} c_{n,\alpha}{}^{\beta} = \sum_{\gamma=1}^{d_n} c_{n,\alpha}{}^{\gamma}\langle n, \beta|\hat{v}|n, \gamma\rangle \tag{4.53}$$

となる。n を固定して考えよう。添字 β, γ に注目すると，$\langle n, \beta|\hat{v}|n, \gamma\rangle$ は $d_n \times d_n$ エルミート行列を表す。(4.53) から，その固有値が $E_{n,\alpha}^{(1)}$，固有ベクトルが $\boldsymbol{C}_{n,\alpha}$（その β 成分が $(\boldsymbol{C}_{n,\alpha})_\beta = c_{n,\alpha}{}^{\beta}$ である）であることが読み取れる。また，添字 α は，これら d_n 個の固有値，固有ベクトルを区別す

る役割をしている。

固有値 $E_{n,\alpha}^{(1)}$ $(\alpha = 1, \cdots, d_n)$ は**永年方程式**と呼ばれる y についての d_n 次方程式:

$$\det_{\beta,\gamma}(y\delta_{\beta,\gamma} - \langle n,\beta|\hat{v}|n,\gamma\rangle) = 0 \tag{4.54}$$

の d_n 個の解として求まる。$\det_{\beta,\gamma}$ は β, γ を行,列の添字とする $d_n \times d_n$ 行列の行列式をとることを表す。ここで,得られた解 $E_{n,\alpha}^{(1)}$ $(\alpha = 1, \cdots, d_n)$ がすべて異なる場合,それぞれの固有値に対応する固有ベクトルが定まるので,$c_{n,\alpha}{}^{\beta}$ のとり方が決まることがわかる。これは,摂動の1次で ε_n の縮退が完全に解けることに対応している。

しかし,解 $E_{n,\alpha}^{(1)}$ $(\alpha = 1, \cdots, d_n)$ のうち一致するもの(重解)があり,縮退が完全には解けずに残る場合もありうる。このときは,縮退が残っている部分についての $c_{n,\alpha}{}^{\beta}$ のとり方は,摂動の1次までの範囲では1通りには定まらない。

例題4.3 **2 準位系**

例として,2 重に縮退している $(d_n = 2)$ エネルギー準位 ε_n のみ考えよう。状態ベクトル $|n,1\rangle, |n,2\rangle$ をそれぞれ2次元単位ベクトル

$$|n,1\rangle = \begin{pmatrix} 1 \\ 0 \end{pmatrix}, \quad |n,2\rangle = \begin{pmatrix} 0 \\ 1 \end{pmatrix} \tag{4.55}$$

で表すと,

$$|\varphi_{n,1}^{(0)}\rangle = C_{n,1} = \begin{pmatrix} c_{n,1}{}^1 \\ c_{n,1}{}^2 \end{pmatrix}, \quad |\varphi_{n,2}^{(0)}\rangle = C_{n,2} = \begin{pmatrix} c_{n,2}{}^1 \\ c_{n,2}{}^2 \end{pmatrix} \tag{4.56}$$

と書ける。

摂動の行列要素 $\langle n,\beta|\hat{v}|n,\gamma\rangle$ が β, γ を行,列とする 2×2 エルミート行列

$$\begin{pmatrix} a & c \\ c^* & b \end{pmatrix} \quad (a, b \text{ は実数}) \tag{4.57}$$

で与えられるとき,エネルギー固有値の1次補正 $E_{n,\alpha}^{(1)}$ および状態ベクトル $|\varphi_{n,\alpha}^{(0)}\rangle = C_{n,\alpha}$ を調べよ。

解 この場合,(4.54) は

$$\begin{vmatrix} y-a & -c \\ -c^* & y-b \end{vmatrix} = 0, \quad \text{すなわち} \quad (y-a)(y-b) - |c|^2 = 0 \quad (4.58)$$

であり，この y についての 2 次方程式の 2 つの解としてエネルギー固有値の 1 次補正が求まる：

$$\left.\begin{array}{l} E_{n,1}^{(1)} \\ E_{n,2}^{(1)} \end{array}\right\} = \frac{1}{2}\left[a+b \pm \sqrt{(a-b)^2 + 4|c|^2}\right] \quad (4.59)$$

準位の分裂の大きさを $\Delta \equiv \sqrt{(a-b)^2 + 4|c|^2}$ と書くと，それぞれの固有値に対応する規格化された固有ベクトルは

$$C_{n,1} = \begin{pmatrix} \sqrt{\frac{1}{2}\left(1 + \frac{a-b}{\Delta}\right)} \\ \frac{c^*}{|c|}\sqrt{\frac{1}{2}\left(1 - \frac{a-b}{\Delta}\right)} \end{pmatrix}, \quad C_{n,2} = \begin{pmatrix} -\frac{c}{|c|}\sqrt{\frac{1}{2}\left(1 - \frac{a-b}{\Delta}\right)} \\ \sqrt{\frac{1}{2}\left(1 + \frac{a-b}{\Delta}\right)} \end{pmatrix}$$
(4.60)

と位相因子の不定性を除いて 1 通りに定まる。これは摂動の 1 次で縮退が完全に解け，$c_{n,\alpha}{}^\beta$ のとり方が定まることの例となっている。∎

状態ベクトルの 1 次補正 $|\varphi_{n,\alpha}^{(1)}\rangle$ については，話をわかりやすくするために，まず $E_{n,\alpha}^{(1)}$ ($\alpha = 1, \cdots, d_n$) がすべて異なり**縮退が完全に解けた場合**を考えよう。このときは，$c_{n,\alpha}{}^\beta$ のとり方が決まり，$|\varphi_{n,\alpha}^{(0)}\rangle$ も決まっている。

(4.49) にもどり，両辺に $\langle\varphi_{m,\beta}^{(0)}|$ を左からかけたものは (4.38) の正規直交関係より，

$$E_{n,\alpha}^{(1)} \delta_{n,m} \delta_{\alpha,\beta} = \langle\varphi_{m,\beta}^{(0)}|\hat{v}|\varphi_{n,\alpha}^{(0)}\rangle + (\varepsilon_m - \varepsilon_n)\langle\varphi_{m,\beta}^{(0)}|\varphi_{n,\alpha}^{(1)}\rangle$$
(4.61)

と書ける。これより，$n \neq m$ のときは

$$\langle\varphi_{m,\beta}^{(0)}|\varphi_{n,\alpha}^{(1)}\rangle = -\frac{\langle\varphi_{m,\beta}^{(0)}|\hat{v}|\varphi_{n,\alpha}^{(0)}\rangle}{\varepsilon_m - \varepsilon_n} \quad (4.62)$$

が得られる。摂動の 1 次までの精度で $|\varphi_{n,\alpha}\rangle$ は，(4.38) の完全性関係を用いて

$$\begin{aligned} |\varphi_{n,\alpha}\rangle &= |\varphi_{n,\alpha}^{(0)}\rangle + \lambda \sum_{m=0}^{\infty} \sum_{\beta=1}^{d_m} |\varphi_{m,\beta}^{(0)}\rangle\langle\varphi_{m,\beta}^{(0)}|\varphi_{n,\alpha}^{(1)}\rangle + O(\lambda^2) \\ &= |\varphi_{n,\alpha}^{(0)}\rangle + \lambda \sum_{\beta=1}^{d_n} |\varphi_{n,\beta}^{(0)}\rangle\langle\varphi_{n,\beta}^{(0)}|\varphi_{n,\alpha}^{(1)}\rangle \end{aligned}$$

第4章 時間によらない摂動

$$+ \lambda \sum_{m=0}^{\infty}{}' \sum_{\beta=1}^{d_m} |\varphi_{m,\beta}^{(0)}\rangle\langle\varphi_{m,\beta}^{(0)}|\varphi_{n,\alpha}^{(1)}\rangle + O(\lambda^2) \quad (4.63)$$

である。右辺第3項の係数 $\langle\varphi_{m,\beta}^{(0)}|\varphi_{n,\alpha}^{(1)}\rangle$ は (4.62) で求まっているが，第2項の $\langle\varphi_{n,\beta}^{(0)}|\varphi_{n,\alpha}^{(1)}\rangle$ は決まっていない。これを決めるには $O(\lambda^2)$ の方程式 (4.50) を調べる必要がある。

摂動の2次

(4.50) の両辺に左から $\langle\varphi_{m,\beta}^{(0)}|$ をかけて，

$$E_{n,\alpha}^{(2)}\, \delta_{n,m}\, \delta_{\alpha,\beta} = \langle\varphi_{m,\beta}^{(0)}|(\hat{v} - E_{n,\alpha}^{(1)})|\varphi_{n,\alpha}^{(1)}\rangle$$
$$+ (\varepsilon_m - \varepsilon_n)\langle\varphi_{m,\beta}^{(0)}|\varphi_{n,\alpha}^{(2)}\rangle \quad (4.64)$$

とまとめよう。$m = n$ とおくと，

$$E_{n,\alpha}^{(2)}\, \delta_{\alpha,\beta} = \langle\varphi_{n,\beta}^{(0)}|(\hat{v} - E_{n,\alpha}^{(1)})|\varphi_{n,\alpha}^{(1)}\rangle \quad (4.65)$$

また，(4.61) で $m = n$ とおいた

$$E_{n,\alpha}^{(1)}\, \delta_{\alpha,\beta} = \langle\varphi_{n,\beta}^{(0)}|\hat{v}|\varphi_{n,\alpha}^{(0)}\rangle \quad (4.66)$$

の両辺に $\langle\varphi_{n,\alpha}^{(0)}|$ をかけて，α について和をとると，

$$E_{n,\alpha}^{(1)}\langle\varphi_{n,\beta}^{(0)}| = \langle\varphi_{n,\beta}^{(0)}|\hat{v}\hat{P}_n \quad (4.67)$$

を得る。ここで (4.45) を使った。(4.65) の右辺を

$$\langle\varphi_{n,\beta}^{(0)}|(\hat{v}\hat{P}_n - E_{n,\alpha}^{(1)})|\varphi_{n,\alpha}^{(1)}\rangle + \langle\varphi_{n,\beta}^{(0)}|\hat{v}(1 - \hat{P}_n)|\varphi_{n,\alpha}^{(1)}\rangle \quad (4.68)$$

と分けて，(4.67) を使うと，(4.68) 第1項は

$$(E_{n,\beta}^{(1)} - E_{n,\alpha}^{(1)})\langle\varphi_{n,\beta}^{(0)}|\varphi_{n,\alpha}^{(1)}\rangle \quad (4.69)$$

また，$1 - \hat{P}_n = \sum_{m=0}^{\infty}{}' \hat{P}_m$ に注意し (4.62) を使うと，(4.68) 第2項は

$$\sum_{m=0}^{\infty}{}' \langle\varphi_{n,\beta}^{(0)}|\hat{v}\hat{P}_m|\varphi_{n,\alpha}^{(1)}\rangle = \sum_{m=0}^{\infty}{}' \sum_{\gamma=1}^{d_m} \langle\varphi_{n,\beta}^{(0)}|\hat{v}|\varphi_{m,\gamma}^{(0)}\rangle\langle\varphi_{m,\gamma}^{(0)}|\varphi_{n,\alpha}^{(1)}\rangle$$
$$= -\sum_{m=0}^{\infty}{}' \sum_{\gamma=1}^{d_m} \frac{\langle\varphi_{n,\beta}^{(0)}|\hat{v}|\varphi_{m,\gamma}^{(0)}\rangle\langle\varphi_{m,\gamma}^{(0)}|\hat{v}|\varphi_{n,\alpha}^{(0)}\rangle}{\varepsilon_m - \varepsilon_n} \quad (4.70)$$

と表される。これらを (4.65) に代入すると，

$$E_{n,\alpha}^{(2)}\, \delta_{\alpha,\beta} = (E_{n,\beta}^{(1)} - E_{n,\alpha}^{(1)})\langle\varphi_{n,\beta}^{(0)}|\varphi_{n,\alpha}^{(1)}\rangle$$
$$- \sum_{m=0}^{\infty}{}' \sum_{\gamma=1}^{d_m} \frac{\langle\varphi_{n,\beta}^{(0)}|\hat{v}|\varphi_{m,\gamma}^{(0)}\rangle\langle\varphi_{m,\gamma}^{(0)}|\hat{v}|\varphi_{n,\alpha}^{(0)}\rangle}{\varepsilon_m - \varepsilon_n} \quad (4.71)$$

よって，$\alpha \neq \beta$ に対し

$$\langle \varphi_{n,\beta}^{(0)} | \varphi_{n,\alpha}^{(1)} \rangle = \frac{1}{E_{n,\beta}^{(1)} - E_{n,\alpha}^{(1)}} \sum_{m=0}^{\infty}{}' \sum_{\gamma=1}^{d_m} \frac{\langle \varphi_{n,\beta}^{(0)} | \hat{v} | \varphi_{m,\gamma}^{(0)} \rangle \langle \varphi_{m,\gamma}^{(0)} | \hat{v} | \varphi_{n,\alpha}^{(0)} \rangle}{\varepsilon_m - \varepsilon_n}$$
(4.72)

が求まる. 摂動の 1 次で縮退が完全に解ける場合を考えているので, 任意の $\alpha \neq \beta$ に対して $E_{n,\alpha}^{(1)} \neq E_{n,\beta}^{(1)}$ であり, (4.72) 右辺の和の前の因子の分母はゼロではないことに注意しよう.

これで, 状態ベクトルの 1 次補正については, $\langle \varphi_{n,\alpha}^{(0)} | \varphi_{n,\alpha}^{(1)} \rangle$ を残してすべて決まった. 摂動の 1 次までの精度で $|\varphi_{n,\alpha}\rangle$ は

$$\begin{aligned}
|\varphi_{n,\alpha}\rangle &= |\varphi_{n,\alpha}^{(0)}\rangle (1 + \lambda \langle \varphi_{n,\alpha}^{(0)} | \varphi_{n,\alpha}^{(1)} \rangle) \\
&\quad + \lambda \sum_{\beta=1}^{d_n}{}' |\varphi_{n,\beta}^{(0)}\rangle \langle \varphi_{n,\beta}^{(0)} | \varphi_{n,\alpha}^{(1)} \rangle \\
&\quad + \lambda \sum_{m=0}^{\infty}{}' \sum_{\beta=1}^{d_m} |\varphi_{m,\beta}^{(0)}\rangle \langle \varphi_{m,\beta}^{(0)} | \varphi_{n,\alpha}^{(1)} \rangle + O(\lambda^2) \\
&= e^{\lambda \langle \varphi_{n,\alpha}^{(0)} | \varphi_{n,\alpha}^{(1)} \rangle} \Bigg\{ |\varphi_{n,\alpha}^{(0)}\rangle + \lambda \sum_{\beta=1}^{d_n}{}' |\varphi_{n,\beta}^{(0)}\rangle \langle \varphi_{n,\beta}^{(0)} | \varphi_{n,\alpha}^{(1)} \rangle \\
&\quad + \lambda \sum_{m=0}^{\infty}{}' \sum_{\beta=1}^{d_m} |\varphi_{m,\beta}^{(0)}\rangle \langle \varphi_{m,\beta}^{(0)} | \varphi_{n,\alpha}^{(1)} \rangle + O(\lambda^2) \Bigg\}
\end{aligned}$$
(4.73)

と書ける. ここで, β についての和の記号のダッシュは, 和において $\beta = \alpha$ を除くことを意味する. 前節の縮退のない場合と同様にして, 摂動の 1 次までの精度の規格化条件 $\langle \varphi_{n,\alpha} | \varphi_{n,\alpha} \rangle = 1 + O(\lambda^2)$ を課すと, $\langle \varphi_{n,\alpha}^{(0)} | \varphi_{n,\alpha}^{(1)} \rangle$ が純虚数になり, 状態ベクトル $|\varphi_{n,\alpha}\rangle$ の定義に位相因子をかける不定性を使うと

$$\langle \varphi_{n,\alpha}^{(0)} | \varphi_{n,\alpha}^{(1)} \rangle = 0$$
(4.74)

ととれることがわかる.

したがって, (4.62), (4.72), (4.74) より, 摂動の 1 次の範囲で規格化された状態ベクトルが

$$\begin{aligned}
|\varphi_{n,\alpha}\rangle &= |\varphi_{n,\alpha}^{(0)}\rangle \\
&\quad + \lambda \sum_{\beta=1}^{d_n}{}' |\varphi_{n,\beta}^{(0)}\rangle \frac{1}{E_{n,\beta}^{(1)} - E_{n,\alpha}^{(1)}} \sum_{m=0}^{\infty}{}' \sum_{\gamma=1}^{d_m} \frac{\langle \varphi_{n,\beta}^{(0)} | \hat{v} | \varphi_{m,\gamma}^{(0)} \rangle \langle \varphi_{m,\gamma}^{(0)} | \hat{v} | \varphi_{n,\alpha}^{(0)} \rangle}{\varepsilon_m - \varepsilon_n} \\
&\quad - \lambda \sum_{m=0}^{\infty}{}' \sum_{\beta=1}^{d_m} |\varphi_{m,\beta}^{(0)}\rangle \frac{\langle \varphi_{m,\beta}^{(0)} | \hat{v} | \varphi_{n,\alpha}^{(0)} \rangle}{\varepsilon_m - \varepsilon_n} + O(\lambda^2)
\end{aligned}$$
(4.75)

と定まる.

エネルギー固有値に対する 2 次の補正は, (4.71) で $\alpha = \beta$ とおくことで,

$$E_{n,\alpha}^{(2)} = -\sum_{m=0}^{\infty}{}' \sum_{\gamma=1}^{d_m} \frac{|\langle \varphi_{m,\gamma}^{(0)} | \hat{v} | \varphi_{n,\alpha}^{(0)} \rangle|^2}{\varepsilon_m - \varepsilon_n} \quad (4.76)$$

と求まる。前節の縮退のない場合と同じように, 縮退のある場合でも基底状態のエネルギー ε_0 に対する 2 次補正は正にはならず, $E_{0,\alpha}^{(2)} \leq 0$ である。

ここで, 縮退が完全には解けていない場合は $|\varphi_{n,\alpha}^{(0)}\rangle$ のとり方が未定のものもあるが, その場合でも (4.71) の式自体は正しいことに注意しよう。したがって, それから導かれるエネルギー固有値に関する 2 次補正の式 (4.76) は, 縮退が完全には解けていない場合でも使うことができる。

1 次摂動で縮退が解けない場合

まず, **摂動の 1 次補正によっても縮退がまったく解けない場合**を考えよう。すなわち, $E_{n,1}^{(1)} = E_{n,2}^{(1)} = \cdots = E_{n,d_n}^{(1)}$ で, $c_{n,\alpha}{}^\beta$ のとり方はまったく定まらず, (4.72) を使うことができない。

このとき, (4.71) は射影演算子 (4.45) を用いて

$$E_{n,\alpha}^{(2)} \delta_{\alpha,\beta} = \langle \varphi_{n,\beta}^{(0)} | \left(\sum_{m=0}^{\infty}{}' \frac{-1}{\varepsilon_m - \varepsilon_n} \hat{v} \hat{P}_m \hat{v} \right) | \varphi_{n,\alpha}^{(0)} \rangle \quad (4.77)$$

と書ける。これに $|\varphi_{n,\beta}^{(0)}\rangle$ をかけて, β について和をとると

$$E_{n,\alpha}^{(2)} |\varphi_{n,\alpha}^{(0)}\rangle = \left(\sum_{m=0}^{\infty}{}' \frac{-1}{\varepsilon_m - \varepsilon_n} \hat{P}_n \hat{v} \hat{P}_m \hat{v} \right) |\varphi_{n,\alpha}^{(0)}\rangle \quad (4.78)$$

さらに, この両辺に $\langle n, \beta|$ を左からかけて,

$$E_{n,\alpha}^{(2)} c_{n,\alpha}{}^\beta = \sum_{\gamma=1}^{d_n} c_{n,\alpha}{}^\gamma \langle n, \beta | \sum_{m=0}^{\infty}{}' \frac{-1}{\varepsilon_m - \varepsilon_n} \hat{v} \hat{P}_m \hat{v} | n, \gamma \rangle \quad (4.79)$$

を得る。最後に $\langle n, \beta | \hat{P}_n = \langle n, \beta |$ を使った。

n を固定して考えよう。添え字 β, γ に注目すると

$$\langle n, \beta | \sum_{m=0}^{\infty}{}' \frac{-1}{\varepsilon_m - \varepsilon_n} \hat{v} \hat{P}_m \hat{v} | n, \gamma \rangle \quad (4.80)$$

は $d_n \times d_n$ エルミート行列であり, (4.79) はその固有値として $E_{n,\alpha}^{(2)} (\alpha = 1, \cdots, d_n)$, 対応する固有ベクトルとして $(C_{n,\alpha})_\beta = c_{n,\alpha}{}^\beta$ が求まることを意味している。すなわち, 永年方程式 (4.54) において, $\langle n, \beta | \hat{v} | n, \gamma \rangle$ を (4.80) に置き換えたものの解として, 固有値 $E_{n,\alpha}^{(2)} (\alpha = 1, \cdots, d_n)$ が計算され, 異なる値の固有値が得られると縮退が解けることになる。このように, 1

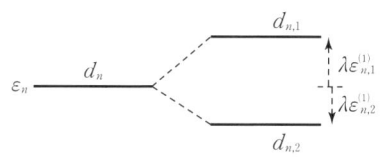

図 4.1 左側の無摂動ハミルトニアンのエネルギー準位は ε_n で縮退度 d_n である。摂動の 1 次の効果により，縮退度がそれぞれ $d_{n,1}$, $d_{n,2}$ の 2 つの準位 $\varepsilon_n + \lambda\varepsilon_{n,1}^{(1)}$, $\varepsilon_n + \lambda\varepsilon_{n,2}^{(1)}$ に分裂した様子を右側に示す。

次摂動で縮退が解けない場合でも，2 次摂動により縮退が解けることがありうる。

次に，**1 次摂動により縮退が部分的に解けている場合**を考える。たとえば，図 4.1 にあるように，d_n 重に縮退したエネルギー準位 ε_n が摂動の 1 次の効果で 2 つの準位 $\varepsilon_n + \lambda\varepsilon_{n,1}^{(1)}$, $\varepsilon_n + \lambda\varepsilon_{n,2}^{(1)}$ に分裂し，それぞれの縮退度は $d_{n,1}, d_{n,2}$ であるとしよう。もちろん $d_{n,1} + d_{n,2} = d_n$ である。

このとき，添え字 β, γ に関する行列 $\langle n, \beta|\hat{v}|n, \gamma\rangle$ は，$d_{n,1}$ 重に縮退した固有値 $\varepsilon_{n,1}^{(1)}$ と $d_{n,2}$ 重に縮退した固有値 $\varepsilon_{n,2}^{(1)}$ を持つ。それぞれの対応する固有空間を $D_{n,1}, D_{n,2}$ と呼ぼう。固有値方程式 (4.53) において

$$E_{n,1}^{(1)} = E_{n,2}^{(1)} = \cdots = E_{n,d_{n,1}}^{(1)} \tag{4.81}$$

が $\varepsilon_{n,1}^{(1)}$,

$$E_{n,d_{n,1}+1}^{(1)} = E_{n,d_{n,1}+2}^{(1)} = \cdots = E_{n,d_n}^{(1)} \tag{4.82}$$

が $\varepsilon_{n,2}^{(1)}$ に対応し，$\varepsilon_{n,1}^{(1)} \neq \varepsilon_{n,2}^{(1)}$ なので，$|\varphi_{n,\alpha}^{(0)}\rangle$ ($\alpha = 1, \cdots, d_{n,1}$) が $D_{n,1}$ に属し，$|\varphi_{n,\alpha}^{(0)}\rangle$ ($\alpha = d_{n,1}+1, \cdots, d_n$) が $D_{n,2}$ に属するように，$c_{n,\alpha}{}^\beta$ のとり方が一部決まる。$c_{n,\alpha}{}^\beta$ のうち決まらないのは，$D_{n,1}$ に属する状態ベクトルの間の線形結合のとり方，および $D_{n,2}$ に属する状態ベクトルの間の線形結合のとり方である。

$$1 \leq \alpha \leq d_{n,1}, \quad d_{n,1}+1 \leq \beta \leq d_n \tag{4.83}$$

または

$$1 \leq \beta \leq d_{n,1}, \quad d_{n,1}+1 \leq \alpha \leq d_n \tag{4.84}$$

を満たす α, β については，$E_{n,\alpha}^{(1)} \neq E_{n,\beta}^{(1)}$ なので (4.72) を使うことができ，$\langle\varphi_{n,\beta}^{(0)}|\varphi_{n,\alpha}^{(1)}\rangle$ を無摂動の状態ベクトルで表す式が得られる。一方，α, β が

$$1 \leq \alpha, \beta \leq d_{n,1}, \quad \text{または} \quad d_{n,1}+1 \leq \alpha, \beta \leq d_n \tag{4.85}$$

の場合は，(4.77) から (4.79) までの式がそのまま使えることがわかるので，2 次摂動によりさらに縮退が解ける可能性がある。

エネルギー準位が2つ以上の準位に分裂する一般的な場合にも，同様の議論ができることがわかるだろう。

10分補講

異常ゼーマン効果

z軸方向の一様な磁場Bの下での水素原子のハミルトニアンには，磁場がない場合のハミルトニアン$\hat{H}_0$に加えて，Bについて1次の項

$$\hat{H}_B = \frac{eB}{2m_e} \hat{L}_z \tag{4.86}$$

があることを『量子力学I』第12章12.6節で議論した。ここで，e, m_eは電子の電荷の大きさと質量であり，磁場は弱いとしてBの2次の項は無視した。そこでは考えなかった電子のスピンの効果を取り入れると，(4.86)は

$$\hat{H}_B = \frac{eB}{2m_e} (\hat{L}_z + 2\hat{S}_z) = \frac{eB}{2m_e} (\hat{J}_z + \hat{S}_z) \tag{4.87}$$

と変更される。$\hat{S}_z$は電子のスピン演算子$\hat{S}$のz成分，$\hat{J}_z$は電子の全角運動量$\hat{J} = \hat{L} + \hat{S}$の$z$成分である。また，この式は水素以外の一般の原子についても$\hat{S}_z$, $\hat{J}_z$を個々の電子のスピン，全角運動量演算子の和とすれば成り立つ。

$\hat{H}_0$の固有状態を指定する量子数のうち，ここで重要になるのは$\hat{J}$, $\hat{L}$, $\hat{S}$の大きさに対応する量子数j, l, sおよび$\hat{J}_z$の固有値$m_j\hbar (m_j = -j, -j+1, \cdots, j)$である。他の量子数をまとめて$\alpha$で表して，固有状態を$|\alpha j m_j l s\rangle$と書こう。

ここで，$\hat{S}$と$\hat{J}$は回転に対し同じベクトルの変換性を持つので，m_j以外のα, j, l, sが確定した状態の間の行列要素が比例することが知られている：

$$\langle \alpha j m_j l s | \hat{S} | \alpha j m_j' l s \rangle = c \langle \alpha j m_j l s | \hat{J} | \alpha j m_j' l s \rangle \tag{4.88}$$

比例係数cを求めよう。(4.88)は，m_j, m_j'を行，列とする$(2j+1) \times (2j+1)$行列として$\hat{S}$と$\hat{J}$が比例していると見ることができる。(4.88)の両辺に$\hat{J}$を表す$(2j+1) \times (2j+1)$行列をかけると，$(2j$

$+1) \times (2j+1)$ 行列として
$$\hat{\boldsymbol{J}} \cdot \hat{\boldsymbol{S}} = c\hat{\boldsymbol{J}}^2 \tag{4.89}$$
を得る。この右辺は $c\hat{\boldsymbol{J}}^2 = cj(j+1)\hbar^2$, 左辺は $\hat{\boldsymbol{L}}^2 = (\hat{\boldsymbol{J}} - \hat{\boldsymbol{S}})^2 = \hat{\boldsymbol{J}}^2 + \hat{\boldsymbol{S}}^2 - 2\hat{\boldsymbol{J}} \cdot \hat{\boldsymbol{S}}$ を使うと,
$$\hat{\boldsymbol{J}} \cdot \hat{\boldsymbol{S}} = \frac{1}{2}(\hat{\boldsymbol{J}}^2 + \hat{\boldsymbol{S}}^2 - \hat{\boldsymbol{L}}^2) = \frac{1}{2}\left[j(j+1) + s(s+1) - l(l+1)\right]\hbar^2 \tag{4.90}$$
である。よって,
$$c = \frac{j(j+1) + s(s+1) - l(l+1)}{2j(j+1)} \tag{4.91}$$
と求まる。

(4.88) より, (4.87) の $\hat{H}_B$ は $(2j+1) \times (2j+1)$ 行列として $\hat{J}_z$ に比例するので, 対角行列で表されることに注意しよう。そのため, 摂動の 1 次でのエネルギー補正を求めるための (4.53) の固有値の計算は, 単純な期待値の計算になり,
$$\begin{aligned}\Delta E &= \langle \alpha j m_j l s | \hat{H}_B | \alpha j m_j l s \rangle \\ &= \frac{eB}{2m_e}(1+c)\langle \alpha j m_j l s | \hat{J}_z | \alpha j m_j l s \rangle = \mu_B g m_j B\end{aligned} \tag{4.92}$$
が得られる。ここで, $\mu_B \equiv \dfrac{e\hbar}{2m_e}$ はボーア磁子,
$$g = 1 + c = 1 + \frac{j(j+1) + s(s+1) - l(l+1)}{2j(j+1)} \tag{4.93}$$
はランデの **g 因子**である。

『量子力学 I』第 12 章 12.6 節で議論した正常ゼーマン効果の (12.36) は, $s = 0$, $j = l$ の場合で $g = 1$ に対応している。一般には, 電子のスピンの効果により g の値は 1 からずれるので, この場合を特に**異常ゼーマン効果**と呼んでいる。

章末問題

4.1 1 次元調和振動子のハミルトニアン $\hat{H}_0 = \dfrac{1}{2m}\hat{p}^2 + \dfrac{m\omega^2}{2}\hat{x}^2$ に次の (1), (2) の摂動がかかった場合それぞれについて, エネルギー固有

値への補正を調べよ。
(1) $\hat{v} = \alpha \hat{x}^3$
(2) $\hat{v} = \beta \hat{x}^4$

4.2 1次摂動により縮退が部分的に解ける簡単な例として，4つの状態の間に作用する無摂動ハミルトニアン $\hat{H}_0$ が次のように行列で表されているとする：

$$\hat{H}_0 = \begin{pmatrix} 0 & b & & \\ b & 0 & & \\ & & b & 0 \\ & & 0 & b \end{pmatrix} \quad (b > 0) \tag{4.94}$$

この系に摂動

$$\hat{v} = \begin{pmatrix} 0 & -ic & & \\ ic & 0 & & \\ & & 0 & 0 \\ & & 0 & a \end{pmatrix} \quad (c, a \text{ は実数}) \tag{4.95}$$

がかかった場合を考えよう（$\hat{H}_0, \hat{v}$ ともに非対角ブロックはゼロである）。

(1) $\hat{H}_0$ の固有値と対応する固有ベクトルを求めよ。

(2) $\hat{H}_0$ の励起状態は3重に縮退している。摂動の1次の効果で縮退が一部解けるが，2重縮退が残ることを確認せよ。

(3) 摂動の2次の効果を含めると，縮退が完全に解けることを確認せよ。

(4) この場合，$\hat{H} = \hat{H}_0 + \lambda \hat{v}$ の固有値を厳密に求めることができる。摂動で求めた固有値を厳密な値と比較せよ。

第 5 章

この章では前章に引き続き摂動のかかった系を扱うが,摂動ポテンシャルが時間に依存する場合の状態ベクトルの時間変化の様子を主に調べよう。

時間に依存する摂動

5.1　時間に依存する摂動の扱い方

ハミルトニアン $\hat{H} = \hat{H}_0 + \hat{v}(t)$ において,摂動ポテンシャル $\hat{v}(t)$ が時間に依存する場合を考えよう。簡単のため,無摂動ハミルトニアン $\hat{H}_0$ は時間にあらわに依存せず,エネルギー固有値と対応する固有ベクトルがわかっているとする。

摂動のかかった系のシュレーディンガー方程式は

$$i\hbar \frac{d}{dt}|\psi(t)\rangle = (\hat{H}_0 + \hat{v}(t))|\psi(t)\rangle \tag{5.1}$$

である。時間発展は主に $\hat{H}_0$ により生成され,$\hat{v}(t)$ はそこからの小さな補正を与えると予想されるので,

$$|\psi(t)\rangle = e^{-\frac{i}{\hbar}\hat{H}_0 t}|\varphi(t)\rangle \tag{5.2}$$

とおいて,あらかじめ $\hat{H}_0$ による時間発展を抜き出しておくと,$\hat{v}(t)$ による補正を調べやすいだろう。(5.2) を (5.1) に代入して整理すると,$|\varphi(t)\rangle$ の時間発展の式

$$\frac{d}{dt}|\varphi(t)\rangle = -\frac{i}{\hbar}\hat{v}_I(t)|\varphi(t)\rangle \tag{5.3}$$

が得られる。ここで,

第 5 章 時間に依存する摂動

$$\hat{v}_I(t) \equiv e^{\frac{i}{\hbar}\hat{H}_0 t}\hat{v}(t)e^{-\frac{i}{\hbar}\hat{H}_0 t} \tag{5.4}$$

であり，$|\varphi(t)\rangle$ は $\hat{v}_I(t)$ によって時間発展することがわかる。(5.3) の両辺を時間について初期時刻 t_0 から t まで積分して，

$$|\varphi(t)\rangle = |\varphi(t_0)\rangle - \frac{i}{\hbar}\int_{t_0}^{t}\mathrm{d}t'\,\hat{v}_I(t')|\varphi(t')\rangle \tag{5.5}$$

と表そう。この積分方程式は $\hat{v}_I(t)$ が小さいとして，次のように**逐次近似法**で解くことができる。

第ゼロ次近似

まず第ゼロ次近似では，(5.5) の右辺において，$\hat{v}_I$ を含む第 2 項は第 1 項に比べて小さいので単に無視しよう。すると，

$$|\varphi(t)\rangle = |\varphi(t_0)\rangle \tag{5.6}$$

なので，$|\varphi(t)\rangle$ は時間によらず一定である。

第 1 次近似

次に，第ゼロ次近似の結果 (5.6) を (5.5) の右辺第 2 項の $|\varphi(t')\rangle$ に代入すると，$\hat{v}_I$ について 1 次までの近似解

$$\begin{aligned}|\varphi(t)\rangle &= |\varphi(t_0)\rangle - \frac{i}{\hbar}\int_{t_0}^{t}\mathrm{d}t'\,\hat{v}_I(t')|\varphi(t_0)\rangle \\ &= \left[1 - \frac{i}{\hbar}\int_{t_0}^{t}\mathrm{d}t'\,\hat{v}_I(t')\right]|\varphi(t_0)\rangle\end{aligned} \tag{5.7}$$

が得られる。

第 2 次近似

さらに，第 1 次近似の解 (5.7) を (5.5) の右辺第 2 項の $|\varphi(t')\rangle$ に代入して，第 2 次近似までの解

$$\begin{aligned}&|\varphi(t)\rangle \\ &= \left[1 - \frac{i}{\hbar}\int_{t_0}^{t}\mathrm{d}t'\,\hat{v}_I(t') + \left(-\frac{i}{\hbar}\right)^2\int_{t_0}^{t}\mathrm{d}t'\int_{t_0}^{t'}\mathrm{d}t''\,\hat{v}_I(t')\hat{v}_I(t'')\right]|\varphi(t_0)\rangle\end{aligned} \tag{5.8}$$

が求まる。$\hat{v}_I$ について 2 次の項にある 2 重積分は，$t' > t''$ を満たしながら行われるので，演算子 $\hat{v}_I(t')$，$\hat{v}_I(t'')$ は時間の流れる順番どおりに，は

じめに $\hat{v}_I(t'')$，次に $\hat{v}_I(t')$ の順番で $|\varphi(t_0)\rangle$ に作用していることに注意しよう．

第 k 次近似

この操作を繰り返していくと，一般に第 k 次近似で現れる $\hat{v}_I$ について，k 次の項は

$$\left(-\frac{i}{\hbar}\right)^k \int_{t_0}^{t} dt_1 \int_{t_0}^{t_1} dt_2 \int_{t_0}^{t_2} dt_3 \cdots \int_{t_0}^{t_{k-1}} dt_k$$
$$\times \hat{v}_I(t_1)\hat{v}_I(t_2)\hat{v}_I(t_3)\cdots\hat{v}_I(t_k)|\varphi(t_0)\rangle \tag{5.9}$$

であることがわかるだろう．このときも，k 重積分は $t_1 > t_2 > t_3 > \cdots > t_k$ を満たしながら行われるので，$\hat{v}_I$ たちは時間順序どおりに $|\varphi(t_0)\rangle$ に作用している．

例題5.1 **近似解の解釈**

(5.2)，(5.4) を用いて，逐次近似法で求めた解をもとの $|\psi(t)\rangle$ の時間発展で表して，その解釈を考えてみよう．

解 無摂動ハミルトニアン $\hat{H}_0$ から生成される時間発展の演算子を

$$\hat{U}_0(t) = e^{-\frac{i}{\hbar}\hat{H}_0 t} \tag{5.10}$$

と書くと，<u>第ゼロ次近似</u> (5.6) は

$$|\psi(t)\rangle = \hat{U}_0(t-t_0)|\psi(t_0)\rangle \tag{5.11}$$

となる．これは $\hat{v}$ を含まず，単に $|\psi(t)\rangle$ が摂動のない場合と同じ時間発展であることを意味している．図 5.1(a) のようなグラフで表すことができる．

<u>第1次近似</u>までの (5.7) は

$$|\psi(t)\rangle = \hat{U}_0(t-t_0)|\psi(t_0)\rangle - \frac{i}{\hbar}\int_{t_0}^{t} dt'\, \hat{U}_0(t-t')\hat{v}(t')\hat{U}_0(t'-t_0)|\psi(t_0)\rangle \tag{5.12}$$

と表される．第1項は第ゼロ次近似と同じであるが，第2項に，新たに $\hat{v}$ の1次の寄与が現れている．この項は次のように解釈できる．「時刻 t_0 から時刻 t' までは摂動のない場合の $\hat{U}_0(t'-t_0)$ で時間発展し，時刻 t' の瞬間にのみ摂動 $-\frac{i}{\hbar}\hat{v}(t')$ が加わる．その後，再び $\hat{U}_0(t-t')$ で時刻 t まで

第5章 時間に依存する摂動

時間発展する。中間の時刻 t' は t_0 から t の間のいろいろな値をとってよいので，t' の積分で足し上げられている」— この状況は，図 5.1(b) のグラフのように表すことができる。

<u>第 2 次近似までの (5.8) は</u>

$$|\psi(t)\rangle = \hat{U}_0(t-t_0)|\psi(t_0)\rangle - \frac{i}{\hbar}\int_{t_0}^{t}\mathrm{d}t'\,\hat{U}_0(t-t')\hat{v}(t')\hat{U}_0(t'-t_0)|\psi(t_0)\rangle$$
$$+\left(-\frac{i}{\hbar}\right)^2\int_{t_0}^{t}\mathrm{d}t'\int_{t_0}^{t'}\mathrm{d}t''\,\hat{U}_0(t-t')\hat{v}(t')\hat{U}_0(t'-t'')$$
$$\times \hat{v}(t'')\hat{U}_0(t''-t_0)|\psi(t_0)\rangle \quad (5.13)$$

と書ける。この第 1 項，第 2 項は第 1 次近似までのものと同じであるが，第 3 項に新たに $\hat{v}$ の 2 次の寄与が現れている。2 次の寄与の解釈は次のようになる。「時刻 t_0 から時刻 t'' まで摂動のない $\hat{U}_0(t''-t_0)$ で時間発展し，時刻 t'' の瞬間に摂動 $-\frac{i}{\hbar}\hat{v}(t'')$ が加わる。再び，時刻 t'' から時刻 t' まで $\hat{U}_0(t'-t'')$ で発展し，t' の瞬間に摂動 $-\frac{i}{\hbar}\hat{v}(t')$ が加わる。その後，t' から t まで $\hat{U}_0(t-t')$ で発展する。摂動の加わる時刻 t' と t'' は，$t > t' > t'' > t_0$ を満たす範囲でいろいろなとり方があるので，時間順序を保った t', t'' 積分で足し上げられる」— これは，図 5.1(c) のグラフのように表すことができる。

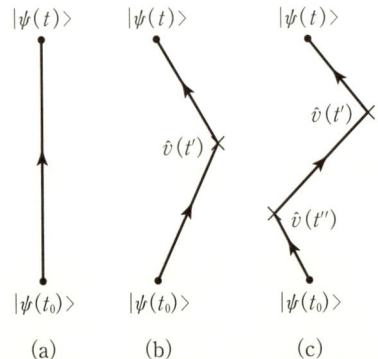

図 5.1 $|\psi(t)\rangle$ の時間発展において，(a), (b), (c) はそれぞれ時間による摂動で現れる $\hat{v}$ のゼロ次，1 次，2 次の寄与である。矢印付き直線は摂動のない場合の $\hat{U}_0$ による時間発展を表し，×印は摂動 $-\frac{i}{\hbar}\hat{v}$ の印加を表す。

第 k 次近似の $\hat{v}$ について k 次の項 (5.9) は

$$\left(-\frac{i}{\hbar}\right)^k \int_{t_0}^{t} dt_1 \int_{t_0}^{t_1} dt_2 \int_{t_0}^{t_2} dt_3 \cdots \int_{t_0}^{t_{k-1}} dt_k \, \hat{U}_0(t-t_1)\hat{v}(t_1)\hat{U}_0(t_1-t_2)$$
$$\times \hat{v}(t_2)\hat{U}_0(t_2-t_3)\hat{v}(t_3)\cdots \hat{U}_0(t_{k-1}-t_k)\hat{v}(t_k)\hat{U}_0(t_k-t_0)|\psi(t_0)\rangle$$
(5.14)

と表される。「摂動の加わる時刻は k 個あり, $t_1, t_2, \cdots, t_k$ の瞬間である。はじめの時刻 t_0 と終わりの時刻 t, および摂動のかかる時刻 $t > t_1 > t_2 > \cdots > t_k > t_0$ で区切られる各々の区間は,摂動のない $\hat{U}_0$ で時間発展する。摂動のかかる時刻のとり方は,時間順序を保った k 重積分で足し上げられている」■

ここまでは,無摂動ハミルトニアン $\hat{H}_0$ のエネルギー固有値や固有ベクトルの情報を用いずに,一般的な議論を行ってきた。具体的な計算を進めるには,それらの情報が必要になる。エネルギー固有値を ε_n, 対応する固有ベクトルを $|n\rangle$ としよう。すなわち,定常状態のシュレーディンガー方程式

$$\hat{H}_0|n\rangle = \varepsilon_n|n\rangle \quad (n=0,1,2,\cdots) \tag{5.15}$$

の解がわかっている状況である。$|n\rangle$ は正規直交完全系をなすとする。まずは,エネルギー固有値 ε_n がすべて離散的であるとして議論を進めよう。

$|n\rangle$ は完全系をなすので,時刻 t を止めて考えると $|\varphi(t)\rangle$ は $|n\rangle$ で展開できることがわかる。

$$|\varphi(t)\rangle = \sum_n a_n(t)|n\rangle \tag{5.16}$$

このとき,展開係数 $a_n(t)$ が時刻 t によることに注意しよう。第2次近似までの精度で $a_n(t)$ の時間依存性を求めてみよう。(5.8) に左から $\langle n|$ をかけて,完全性関係 $\sum_n |n\rangle\langle n| = 1$ を用いると,

$$a_n(t) = \langle n|\varphi(t)\rangle$$
$$= \langle n|\varphi(t_0)\rangle - \frac{i}{\hbar}\int_{t_0}^{t} dt' \sum_{n'} \langle n|\hat{v}_I(t')|n'\rangle\langle n'|\varphi(t_0)\rangle$$
$$+ \left(-\frac{i}{\hbar}\right)^2 \int_{t_0}^{t} dt' \int_{t_0}^{t'} dt'' \sum_{n',n''} \langle n|\hat{v}_I(t')|n'\rangle\langle n'|\hat{v}_I(t'')|n''\rangle\langle n''|\varphi(t_0)\rangle$$
$$= a_n(t_0) - \frac{i}{\hbar}\int_{t_0}^{t} dt' \sum_{n'} v_{nn'}(t') a_{n'}(t_0)$$

$$+ \left(-\frac{i}{\hbar}\right)^2 \int_{t_0}^{t} dt' \int_{t_0}^{t'} dt'' \sum_{n', n''} v_{nn'}(t') v_{n'n''}(t'') a_{n''}(t_0) \tag{5.17}$$

となる。最後に $\hat{v}_I(t)$ の行列要素を

$$v_{nn'}(t) \equiv \langle n | \hat{v}_I(t) | n' \rangle \tag{5.18}$$

とおいた。(5.4) より，これは $\hat{v}(t)$ の行列要素 $\langle n | \hat{v}(t) | n' \rangle$ とは

$$v_{nn'}(t) = \langle n | e^{\frac{i}{\hbar}\hat{H}_0 t} \hat{v}(t) e^{-\frac{i}{\hbar}\hat{H}_0 t} | n' \rangle$$
$$= e^{\frac{i}{\hbar}(\varepsilon_n - \varepsilon_{n'})t} \langle n | \hat{v}(t) | n' \rangle \tag{5.19}$$

の関係にある。

これまでに導いた結果を用いて，いくつかの具体的な場合について以下の 5.2〜5.4 節で議論を進めよう。

5.2　有限時間だけ働く摂動

ここでは，$\hat{v}(t)$ が有限時間だけ働き，$t \to \pm\infty$ で速やかにゼロになる場合を考える。

初期時刻 $t_0 = -\infty$ においては $\hat{v}(t)$ はゼロなので，始状態は無摂動ハミルトニアン $\hat{H}_0$ の下での定常状態のシュレーディンガー方程式を満たしている。初期時刻では n 番目の定常状態にあった ($|\varphi(-\infty)\rangle = |n\rangle$) としよう。すなわち，$a_k(-\infty) = \delta_{k,n}$ である。このとき，第 1 次近似までの摂動の効果を (5.17) から読み取ると，

$$a_n(t) = 1 - \frac{i}{\hbar} \int_{-\infty}^{t} dt' \, v_{nn}(t')$$
$$a_k(t) = -\frac{i}{\hbar} \int_{-\infty}^{t} dt' \, v_{kn}(t') \quad (k \neq n) \tag{5.20}$$

となる。

$t \to \infty$ では $\hat{v}(t)$ がゼロになるため，状態は再び $\hat{H}_0$ の下での定常状態のシュレーディンガー方程式を満たすが，摂動の効果のため始状態 $|n\rangle$ と同じであるとは限らない。$t = \infty$ での終状態が $|k\rangle$ ($k \neq n$) である確率，すなわち $|n\rangle$ から $|k\rangle$ への遷移確率 $W_{n \to k}$ は

$$W_{n \to k} = |\langle k | \varphi(\infty) \rangle|^2 = |a_k(\infty)|^2$$

$$= \frac{1}{\hbar^2} \left| \int_{-\infty}^{\infty} dt\, v_{kn}(t) \right|^2$$

$$= \frac{1}{\hbar^2} \left| \int_{-\infty}^{\infty} dt\, e^{\frac{i}{\hbar}(\varepsilon_k - \varepsilon_n)t} \langle k|\hat{v}(t)|n\rangle \right|^2 \quad (k \neq n) \quad (5.21)$$

で与えられる。ここで，$\langle k|\hat{v}(t)|n\rangle$ が時間間隔 $\left|\dfrac{\hbar}{\varepsilon_k - \varepsilon_n}\right|$ の間にほとんど変化しないならば，振動する項 $e^{\frac{i}{\hbar}(\varepsilon_k - \varepsilon_n)t}$ のため積分の寄与はほとんど打ち消しあい，積分の値は小さくなるので，摂動による近似がよいことに注意しよう。

5.3　$t \to \infty$ で一定値になる摂動

次に，$t \to -\infty$ では $\hat{v}(t)$ は速やかにゼロになるが，$t \to \infty$ では速やかに一定の値 $\hat{v}_0$ になる場合を考えよう。例えば，図 5.2 のようなイメージを思い浮かべるとよいだろう。以下の議論は，$t \to \pm\infty$ における収束の速さは $O\left(\dfrac{1}{|t|}\right)$ よりも速く，

$$\hat{v}(t) = \begin{cases} O\left(\dfrac{1}{|t|^\alpha}\right) & (t \to -\infty) \\ \hat{v}_0 + O\left(\dfrac{1}{t^\beta}\right) & (t \to \infty) \end{cases} \quad (5.22)$$

$(\alpha, \beta > 1)$ であれば成り立つ。

前節と同じ初期状態 $a_k(-\infty) = \delta_{k,n}$ からはじめると，(5.20) すなわち

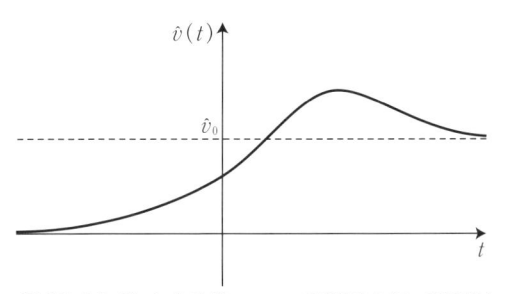

図 5.2　$t \to -\infty$ では速やかにゼロになるが，$t \to \infty$ では速やかに一定の値 $\hat{v}_0$ になる摂動 $\hat{v}(t)$ のイメージの一例

第 5 章 時間に依存する摂動

$$a_n(t) = 1 - \frac{i}{\hbar} \int_{-\infty}^{t} dt' \, \langle n|\hat{v}(t')|n\rangle \tag{5.23}$$

$$a_k(t) = -\frac{i}{\hbar} \int_{-\infty}^{t} dt' \, e^{\frac{i}{\hbar}(\varepsilon_k - \varepsilon_n)t'} \langle k|\hat{v}(t')|n\rangle \quad (k \neq n) \tag{5.24}$$

を得る。

$t \to \infty$ でのハミルトニアンは，$\hat{H}_0$ に時間によらない摂動 $\hat{v}_0$ が加わったものになっている。**無摂動のエネルギー準位 ε_n に縮退がないことを仮定すると**，そこでの定常状態のエネルギー固有値 E_m と対応する固有ベクトル $|\xi_m\rangle$ は，第 4 章で求めた結果 (4.12), (4.18) を使って，摂動の 1 次までの精度で

$$E_m = \varepsilon_m + \langle m|\hat{v}_0|m\rangle + O(\hat{v}^2)$$

$$|\xi_m\rangle = |m\rangle - \sum_{k(\neq m)} |k\rangle \frac{\langle k|\hat{v}_0|m\rangle}{\varepsilon_k - \varepsilon_m} + O(\hat{v}^2) \tag{5.25}$$

と表される。部分積分により (5.24) を

$$\begin{aligned}
a_k(t) &= -\int_{-\infty}^{t} dt' \, \frac{d}{dt'}\left(\frac{1}{\varepsilon_k - \varepsilon_n} e^{\frac{i}{\hbar}(\varepsilon_k - \varepsilon_n)t'}\right) \langle k|\hat{v}(t')|n\rangle \\
&= -\left[\frac{1}{\varepsilon_k - \varepsilon_n} e^{\frac{i}{\hbar}(\varepsilon_k - \varepsilon_n)t'} \langle k|\hat{v}(t')|n\rangle\right]_{-\infty}^{t} \\
&\quad + \int_{-\infty}^{t} dt' \, \frac{1}{\varepsilon_k - \varepsilon_n} e^{\frac{i}{\hbar}(\varepsilon_k - \varepsilon_n)t'} \langle k|\frac{d}{dt'}\hat{v}(t')|n\rangle \\
&= -\frac{1}{\varepsilon_k - \varepsilon_n} e^{\frac{i}{\hbar}(\varepsilon_k - \varepsilon_n)t} \langle k|\hat{v}(t)|n\rangle \\
&\quad + \frac{1}{\varepsilon_k - \varepsilon_n} \int_{-\infty}^{t} dt' \, e^{\frac{i}{\hbar}(\varepsilon_k - \varepsilon_n)t'} \langle k|\frac{d}{dt'}\hat{v}(t')|n\rangle
\end{aligned} \tag{5.26}$$

と書き換えると，$|\psi(t)\rangle$ の時間発展は (5.2), (5.16) より

$$\begin{aligned}
|\psi(t)\rangle &= e^{-\frac{i}{\hbar}\hat{H}_0 t} \sum_m a_m(t) |m\rangle \\
&= a_n(t) e^{-\frac{i}{\hbar}\varepsilon_n t} |n\rangle + \sum_{k(\neq n)} a_k(t) e^{-\frac{i}{\hbar}\varepsilon_k t} |k\rangle \\
&= \left(1 - \frac{i}{\hbar}\int_{-\infty}^{t} dt' \, \langle n|\hat{v}(t')|n\rangle\right) e^{-\frac{i}{\hbar}\varepsilon_n t} |n\rangle \\
&\quad - e^{-\frac{i}{\hbar}\varepsilon_n t} \sum_{k(\neq n)} |k\rangle \frac{\langle k|\hat{v}(t)|n\rangle}{\varepsilon_k - \varepsilon_n} \\
&\quad + \sum_{k(\neq n)} \frac{e^{-\frac{i}{\hbar}\varepsilon_k t}}{\varepsilon_k - \varepsilon_n} |k\rangle \int_{-\infty}^{t} dt' \, e^{\frac{i}{\hbar}(\varepsilon_k - \varepsilon_n)t'} \langle k|\frac{d}{dt'}\hat{v}(t')|n\rangle
\end{aligned}$$

$$+ O(\hat{v}^2) \tag{5.27}$$

となる。

ここで，(5.27) 右辺の第 1 項と第 2 項は $\hat{v}$ の 1 次までの精度で

$$\exp\left\{-\frac{i}{\hbar}\left(\varepsilon_n t + \int_{-\infty}^{t} dt' \langle n|\hat{v}(t')|n\rangle\right)\right\}\left[|n\rangle - \sum_{k(\neq n)} |k\rangle \frac{\langle k|\hat{v}(t)|n\rangle}{\varepsilon_k - \varepsilon_n}\right]$$
$$+ O(\hat{v}^2) \tag{5.28}$$

と書けることに注意しよう。第 2 因子 $\left[|n\rangle - \sum_{k(\neq n)} |k\rangle \frac{\langle k|\hat{v}(t)|n\rangle}{\varepsilon_k - \varepsilon_n}\right]$ は (5.25) の $|\xi_n\rangle$ に他ならない。

例題5.2 (5.28) の指数の肩の評価

(5.22) の条件の下では，(5.28) の指数の肩にある積分は t が十分大きい ($t \sim \infty$) とき，C を定数として

$$\int_{-\infty}^{t} dt' \langle n|\hat{v}(t')|n\rangle = \langle n|\hat{v}_0|n\rangle\, t + C + (t \to \infty \text{でゼロになる項}) \tag{5.29}$$

と評価できることを示せ。

解 (5.22) の条件から，積分の下端 $t' = -\infty$ 付近からの寄与はゼロに収束している。また，積分の上端 $t' = t \sim \infty$ 付近でも，t の 1 次で増大する項 $\langle n|\hat{v}_0|n\rangle\, t$ 以外の寄与は収束し，$t \to \infty$ でゼロになる項になる。積分において，t' が有限の部分からの寄与は，有限な定数を与えるので C と書こう。以上をあわせると，(5.29) が示される。∎

(5.29) から，(5.28) の指数の肩の t に比例する項は t が十分大きいとき，$-\frac{i}{\hbar} E_n t$ に等しくなることがわかる。E_n は，(5.25) で摂動計算された $t = \infty$ での定常状態のエネルギー固有値である。したがって，$t \sim \infty$ では

((5.27) 右辺の第 1 項と第 2 項) = (5.28)
$$= e^{-\frac{i}{\hbar}C} e^{-\frac{i}{\hbar}E_n t} |\xi_n\rangle + O(\hat{v}^2) \tag{5.30}$$

と書ける。ここで，重要でない定数の位相因子 $e^{-\frac{i}{\hbar}C}$ を除いた部分は，$t = -\infty$ でのハミルトニアン $\hat{H}_0$ の n 番目の準位 ε_n の定常状態 $|n\rangle$ が，そのまま $t = \infty$ でのハミルトニアン $\hat{H}_0 + \hat{v}_0$ の n 番目の準位 E_n の定常状態 $|\xi_n\rangle$ に移行したものと解釈される。

残りの (5.27) の右辺第3項は，$|k\rangle$ を $|\xi_k\rangle$ に置き換えたもの

$$\sum_{k(\neq n)} \frac{e^{-\frac{i}{\hbar}\varepsilon_k t}}{\varepsilon_k - \varepsilon_n} |\xi_k\rangle \int_{-\infty}^{t} dt'\, e^{\frac{i}{\hbar}(\varepsilon_k - \varepsilon_n)t'} \langle k| \frac{d}{dt'} \hat{v}(t') |n\rangle + O(\hat{v}^2) \quad (5.31)$$

と，1次摂動までの精度で無視できる誤差の範囲内で等しいことに注意しよう。これより，始状態の n 番目の準位 $|n\rangle$ が摂動の働きで $t = \infty$ における $k(\neq n)$ 番目の準位 $|\xi_k\rangle$ に遷移する確率は，(5.31) の $|\xi_k\rangle$ の係数の絶対値の2乗の $t \to \infty$ 極限で与えられる：

$$W_{n \to k} = \frac{1}{(\varepsilon_k - \varepsilon_n)^2} \left| \int_{-\infty}^{\infty} dt\, e^{\frac{i}{\hbar}(\varepsilon_k - \varepsilon_n)t} \langle k| \frac{d}{dt} \hat{v}(t) |n\rangle \right|^2 \quad (k \neq n) \tag{5.32}$$

ここで，$\hat{v}(t)$ がゆるやかに変動する極限を考えると，$\frac{d}{dt}\hat{v}(t) \to 0$ なので，n 以外のあらゆる k に対して $W_{n \to k} \to 0$ となる。すなわち，ゼロでないのは $W_{n \to n}$ のみで，準位の番号 n は変わることなく，$|n\rangle$ から $|\xi_n\rangle$ へと移行することになる。これは，「摂動の変化が十分ゆるやか(**断熱的**)であれば，縮退のない系の定常状態はそのまま定常状態であり続ける」という，**断熱定理**の内容を表している。

5.4　周期的な摂動

$\hat{F}$ を時間変化しない演算子とし，周期的な摂動

$$\hat{v}(t) = \hat{F} e^{-i\omega t} + \hat{F}^\dagger e^{i\omega t} \tag{5.33}$$

を考える($\hat{F}$ は座標や運動量，角運動量などによる演算子でもよい)。初期時刻 $t_0 = 0$ での定常状態 $|n\rangle$ にこの摂動がかかった場合の時間発展を調べよう。

行列要素 (5.19) は

$$v_{nn'}(t) = e^{\frac{i}{\hbar}(\varepsilon_n - \varepsilon_{n'} - \hbar\omega)t} F_{nn'} + e^{\frac{i}{\hbar}(\varepsilon_n - \varepsilon_{n'} + \hbar\omega)t} F_{n'n}{}^* \tag{5.34}$$

となる。ここで，$F_{nn'} \equiv \langle n|\hat{F}|n'\rangle$ とおいた。

(5.16) の展開係数は，初期時刻 $t_0 = 0$ では $a_k(0) = \delta_{k,n}$ である。(5.17) において，摂動の1次まで考えると，

$$a_k(t) = \delta_{k,n} - \frac{i}{\hbar}\int_0^t dt' \sum_{n'} v_{kn'}(t')\delta_{n',n}$$
$$= \delta_{k,n} - \frac{i}{\hbar}\int_0^t dt'\, v_{kn}(t')$$
$$= \delta_{k,n} - \frac{e^{\frac{i}{\hbar}(\varepsilon_k-\varepsilon_n-\hbar\omega)t}-1}{\varepsilon_k-\varepsilon_n-\hbar\omega}F_{kn} - \frac{e^{\frac{i}{\hbar}(\varepsilon_k-\varepsilon_n+\hbar\omega)t}-1}{\varepsilon_k-\varepsilon_n+\hbar\omega}F_{nk}{}^*$$
(5.35)

を得る。時刻 t において，状態が $|k\rangle$ である確率は $|a_k(t)|^2$ で与えられる。この摂動計算がよい近似なのは，(5.35) の右辺において第 2 項，第 3 項が 1 に比べて十分小さいときであるから，$\varepsilon_k - \varepsilon_n$ が $\pm\hbar\omega$ の値から幅 $|F_{kn}|$, $|F_{nk}|$ よりも大きく離れている場合である。

例題5.3 共鳴が起こる場合の時間変化

ϵ を $\frac{i}{\hbar}|F_{nk}|$ や $\frac{i}{\hbar}|F_{kn}|$ 程度の小さい量とすると，$\varepsilon_k - \varepsilon_n = \hbar(\omega+\epsilon)$ の場合は摂動計算がよくないため，(5.35) の結果を適用することができない。この場合の解析を行ってみよう。

$|n\rangle$ と $|k\rangle$ 以外の任意の状態 $|m\rangle$ について，$\varepsilon_m - \varepsilon_n$ が $\pm\hbar\omega$ に近くないと仮定しよう。このとき，$|n\rangle$ と $|k\rangle$ の 2 準位間の遷移についてのみ，摂動では扱えない大きな寄与が出てくる。ここでは，摂動で扱える $|n\rangle$ と $|m\rangle$ の間の小さな遷移を無視して，$|n\rangle$ と $|k\rangle$ のみからなる 2 準位系で近似して扱うことにする。

したがって，展開 (5.16) は $|\varphi(t)\rangle = a_n(t)|n\rangle + a_k(t)|k\rangle$ であり，(5.3) に代入して次の方程式を得る。

$$\dot{a}_n(t) = -\frac{i}{\hbar}\left(v_{nn}(t)a_n(t) + v_{nk}(t)a_k(t)\right)$$
$$\dot{a}_k(t) = -\frac{i}{\hbar}\left(v_{kn}(t)a_n(t) + v_{kk}(t)a_k(t)\right) \quad (5.36)$$

ここで，ドット(˙)は時間微分を表す。これらの方程式に基づいて $|a_n(t)|^2$, $|a_k(t)|^2$ の時間変化を調べよ。

解 $\hat{v}(t)$ の行列要素は
$$v_{nn}(t) = e^{-i\omega t}F_{nn} + e^{i\omega t}F_{nn}{}^*$$
$$v_{kk}(t) = e^{-i\omega t}F_{kk} + e^{i\omega t}F_{kk}{}^*$$
$$v_{nk}(t) = e^{-i(2\omega+\epsilon)t}F_{nk} + e^{-i\epsilon t}F_{kn}{}^*$$

$$v_{kn}(t) = e^{i\epsilon t}F_{kn} + e^{i(2\omega+\epsilon)t}F_{nk}{}^* \tag{5.37}$$

であるが，最も重要な寄与を与えるのは $e^{\pm i\epsilon t}$ に比例する項である。他の項は速く振動するため，ほとんどの寄与が打ち消しあい，$e^{\pm i\epsilon t}$ に比例する項と比べると，$O\left(\dfrac{\epsilon}{\omega}\right)$ 程度の無視できる小さな量となる。したがって，$e^{\pm i\epsilon t}$ に比例する項のみを残して，方程式

$$\dot{a}_n(t) = -\frac{i}{\hbar}e^{-i\epsilon t}F_{kn}{}^* a_k(t)$$

$$\dot{a}_k(t) = -\frac{i}{\hbar}e^{i\epsilon t}F_{kn}a_n(t) \tag{5.38}$$

を解くことにする。

$b_n(t) = e^{i\frac{\epsilon}{2}t}a_n(t),\ b_k(t) = e^{-i\frac{\epsilon}{2}t}a_k(t)$ とおくと，(5.38) は

$$\frac{\mathrm{d}}{\mathrm{d}t}\begin{pmatrix}b_n(t)\\b_k(t)\end{pmatrix} = -\frac{i}{2}\begin{pmatrix}-\epsilon & F^*\\ F & \epsilon\end{pmatrix}\begin{pmatrix}b_n(t)\\b_k(t)\end{pmatrix} \tag{5.39}$$

と書ける。ここで，$F \equiv \dfrac{2}{\hbar}F_{kn}$ とおいた。初期条件 $a_n(0) = 1,\ a_k(0) = 0$ に対応して，$b_n(0) = 1,\ b_k(0) = 0$ なので，解は

$$\begin{pmatrix}b_n(t)\\b_k(t)\end{pmatrix} = \exp\left[-\frac{i}{2}t\begin{pmatrix}-\epsilon & F^*\\ F & \epsilon\end{pmatrix}\right]\begin{pmatrix}1\\0\end{pmatrix} \tag{5.40}$$

で与えられる。exp の中の行列は

$$\begin{pmatrix}-\epsilon & F^*\\ F & \epsilon\end{pmatrix} = U\begin{pmatrix}\lambda & 0\\ 0 & -\lambda\end{pmatrix}U^\dagger \tag{5.41}$$

と対角化できる。ここで，$\lambda = \sqrt{|F|^2 + \epsilon^2}$ で U はユニタリー行列

$$U = \frac{1}{\sqrt{1+Y^2}}\begin{pmatrix}Y & -\sqrt{\dfrac{F^*}{F}}\\ \sqrt{\dfrac{F}{F^*}} & Y\end{pmatrix},\quad Y \equiv \sqrt{\dfrac{\lambda-\epsilon}{\lambda+\epsilon}} \tag{5.42}$$

である。これより，

$$\begin{pmatrix}b_n(t)\\b_k(t)\end{pmatrix} = U\begin{pmatrix}e^{-\frac{i}{2}\lambda t} & 0\\ 0 & e^{\frac{i}{2}\lambda t}\end{pmatrix}U^\dagger\begin{pmatrix}1\\0\end{pmatrix} \tag{5.43}$$

となるが，さらに具体的に表すと

$$b_n(t) = \cos\left(\frac{t}{2}\sqrt{|F|^2+\epsilon^2}\right) + i\frac{\epsilon}{\sqrt{|F|^2+\epsilon^2}}\sin\left(\frac{t}{2}\sqrt{|F|^2+\epsilon^2}\right)$$

$$b_k(t) = -i\frac{F}{\sqrt{|F|^2+\epsilon^2}}\sin\left(\frac{t}{2}\sqrt{|F|^2+\epsilon^2}\right) \tag{5.44}$$

したがって，時刻 t で状態 $|k\rangle$ にある確率は

$$|a_k(t)|^2 = |b_k(t)|^2 = \frac{|F|^2}{|F|^2+\epsilon^2}\sin^2\left(\frac{t}{2}\sqrt{|F|^2+\epsilon^2}\right) \tag{5.45}$$

状態 $|n\rangle$ にある確率は

$$\begin{aligned}|a_n(t)|^2 &= |b_n(t)|^2 \\ &= \cos^2\left(\frac{t}{2}\sqrt{|F|^2+\epsilon^2}\right) + \frac{\epsilon^2}{|F|^2+\epsilon^2}\sin^2\left(\frac{t}{2}\sqrt{|F|^2+\epsilon^2}\right)\end{aligned} \tag{5.46}$$

と求まる。これらは確率の保存 $|a_k(t)|^2 + |a_n(t)|^2 = 1$ を満たしながら，周期 $T_R \equiv \dfrac{2\pi}{\sqrt{|F|^2+\epsilon^2}}$ で振動し続ける。$|a_k(t)|^2$ はゼロからはじまって増え続け，半周期後 $t = \dfrac{T_R}{2}$ で最大値 $\dfrac{|F|^2}{|F|^2+\epsilon^2}$ に達する。その後，減少し続け，1 周期後 $t = T_R$ に再びゼロとなる。一方，$|a_n(t)|^2$ は 1 からはじまって減少し続け，半周期後にゼロでない最小値 $\dfrac{\epsilon^2}{|F|^2+\epsilon^2}$ をとる。その後，増え続け，1 周期後に再び 1 となる。

特に，$\epsilon = 0$ の純共鳴では $|a_k(t)|^2$, $|a_n(t)|^2$ はともにゼロと 1 の間を振動し続け，半奇数周期 $t = \left(n + \dfrac{1}{2}\right)T_R$ (n は整数) では完全に状態 $|k\rangle$ に遷移する。∎

5.5　$\hat{H}_0$ が連続スペクトルを含む場合

$\hat{H}_0$ が離散スペクトルのエネルギー ε_n，固有状態 $|n\rangle$ に加え，連続スペクトルを含む場合を考察しよう。

連続スペクトルは，連続的な値をとるパラメーター ν で指定されるとする（一般に，このような連続的なパラメーターは複数個ある[1]が，ここではすべてまとめて 1 つの文字 ν で表すことにする）。連続スペクトルのエ

---

[1] 例えば，3 次元の自由粒子の場合は，運動量の x, y, z 成分 p_x, p_y, p_z の 3 つの連続的パラメーターがある。

ネルギーを ε_ν, 固有状態を $|\nu\rangle$ と書こう. 連続スペクトルの状態はデルタ関数で規格化される.

$$\langle \nu|\nu'\rangle = \delta(\nu - \nu') \tag{5.47}$$

また, $|n\rangle$ と $|\nu\rangle$ は合わせて完全系をなしていて

$$\sum_n |n\rangle\langle n| + \int d\nu\, |\nu\rangle\langle \nu| = 1 \tag{5.48}$$

を満たす. したがって, ここでは $|\varphi(t)\rangle$ の展開は (5.16) に代わり,

$$|\varphi(t)\rangle = \sum_n a_n(t)|n\rangle + \int d\nu\, a_\nu(t)|\nu\rangle \tag{5.49}$$

と書かれる. このように基本的には, 連続スペクトルの部分は前節までの離散スペクトルのときの表式において, 状態についての和を積分に, クロネッカーのデルタをデルタ関数に置き換えることで表すことができる.

例えば, 有限時間だけ働く摂動による, 離散スペクトルの状態 $|n\rangle$ から連続スペクトルの状態 $|\nu\rangle \sim |\nu + d\nu\rangle$ への遷移確率は, (5.21) に代わり

$$dW_{n\to\nu} = \frac{1}{\hbar^2}\left|\int_{-\infty}^{\infty} dt\, e^{\frac{i}{\hbar}(\varepsilon_\nu - \varepsilon_n)t}\langle\nu|\hat{v}(t)|n\rangle\right|^2 d\nu \tag{5.50}$$

で与えられる. ここで, 終状態 $|\nu\rangle$ は連続的な値で指定されるので, (5.21) で単に k を ν に置き換えたもの

$$\frac{1}{\hbar^2}\left|\int_{-\infty}^{\infty} dt\, e^{\frac{i}{\hbar}(\varepsilon_\nu - \varepsilon_n)t}\langle\nu|\hat{v}(t)|n\rangle\right|^2 \tag{5.51}$$

は遷移確率密度と解釈すべきことに注意しよう.

5.6　周期的摂動による離散的状態から連続的状態への遷移

初期時刻 $t_0 = 0$ で離散スペクトルの状態 $|n\rangle$ にあった系に, 5.4 節で考えたのと同じ摂動

$$\hat{v}(t) = \hat{F}e^{-i\omega t} + \hat{F}^\dagger e^{i\omega t} \tag{5.52}$$

がかかった場合を調べよう.

図 5.3 のように, 連続スペクトルが $\varepsilon_{\min}$ からはじまるとして,

$$\hbar\omega > \varepsilon_{\min} - \varepsilon_n \tag{5.53}$$

ならば, 連続スペクトルの状態への遷移が起こりうる. この状況を考えよ

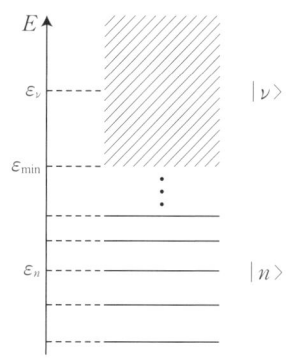

図5.3 縦軸はエネルギーを表す。エネルギーの低いところに離散スペクトルのエネルギー準位が連なっていて，$\varepsilon_{\min}$ から連続スペクトルがはじまる。斜線部分は連続スペクトルを表す。

う。

連続スペクトルの状態 $|\nu\rangle$ への遷移を調べるため，(5.49) の展開係数 $a_\nu(t)$ を摂動の 1 次まで計算する。結果は，5.4 節の (5.35) で k を ν に置き換えたものに等しく，

$$a_\nu(t) = -\frac{e^{\frac{i}{\hbar}(\varepsilon_\nu - \varepsilon_n - \hbar\omega)t} - 1}{\varepsilon_\nu - \varepsilon_n - \hbar\omega} F_{\nu n} - \frac{e^{\frac{i}{\hbar}(\varepsilon_\nu - \varepsilon_n + \hbar\omega)t} - 1}{\varepsilon_\nu - \varepsilon_n + \hbar\omega} F_{n\nu}{}^* \quad (5.54)$$

である。ここで，$F_{\nu n} \equiv \langle \nu|\hat{F}|n\rangle, F_{n\nu} \equiv \langle n|\hat{F}|\nu\rangle$ とおいた。

$\varepsilon_\nu > \varepsilon_n$ なので，$\varepsilon_\nu - \varepsilon_n \simeq \hbar\omega$ を満たす ε_ν が重要な寄与を与え，(5.54) の第 2 項は第 1 項に比べて無視できる。このとき，遷移確率密度は

$$|a_\nu(t)|^2 = 4 \frac{\sin^2\left(\frac{t}{2\hbar}(\varepsilon_\nu - \varepsilon_n - \hbar\omega)\right)}{(\varepsilon_\nu - \varepsilon_n - \hbar\omega)^2} |F_{\nu n}|^2 \quad (5.55)$$

で与えられる。

例題5.4 デルタ関数の表示 1

$$\lim_{T\to\infty} \frac{\sin^2(Tx)}{Tx^2} = \pi\,\delta(x) \quad (5.56)$$

を示せ。

解 $x \neq 0$ では明らかに $\lim_{T\to\infty} \frac{\sin^2(Tx)}{Tx^2} = 0$ である。$|x| \ll \frac{1}{T}$ のときは，$\frac{\sin^2(Tx)}{Tx^2} \simeq T$ より，$T \to \infty$ 極限で無限大になる。Tx の組み合わせは $\sin$ の引数であるので，無次元量である。(5.56) 左辺の次元は

$[x]^{-1}$ なので，これはデルタ関数 $\delta(x)$ の定数倍

$$\lim_{T\to\infty}\frac{\sin^2(Tx)}{Tx^2}=c\,\delta(x) \tag{5.57}$$

と書けることがわかる。この定数 c を決めるため，次の積分を行う。

$$\int_{-\infty}^{\infty}dx\frac{\sin^2(Tx)}{Tx^2}=\int_{-\infty}^{\infty}dy\frac{\sin^2 y}{y^2}=\int_{-\infty}^{\infty}dy\left(-\frac{1}{y}\right)'\sin^2 y$$

$$=\int_{-\infty}^{\infty}dy\frac{\sin(2y)}{y}=\int_{-\infty}^{\infty}dy\frac{\sin y}{y} \tag{5.58}$$

1行目から2行目に移る際，部分積分を行った。右辺の被積分関数 $\frac{\sin y}{y}$ は複素関数として原点付近で正則なので，積分路を図5.4(a) の L_- のように，半径 ε の小さい半円に沿って，原点を下側に避けるように変形しても積分の値は変わらない。

$$\int_{-\infty}^{\infty}dy\frac{\sin y}{y}=\int_{L_-}dy\frac{\sin y}{y}=\int_{L_-}dy\frac{e^{iy}}{2iy}-\int_{L_-}dy\frac{e^{-iy}}{2iy} \tag{5.59}$$

ここで，右辺第1項の被積分関数は上半平面上の無限遠で急速にゼロになるので，積分路に大きな半径 R の上半分の円を付け加えて，積分路を図 5.4(b) の C_+ のように閉じても $R\to\infty$ の極限で積分の値は変わらない。同様に，第2項の被積分関数は下半平面上の無限遠で急速にゼロになるので，積分路に大きな半径 R の下半分の円を付け加えて，積分路を図 5.4(c) の C_- のように閉じても，$R\to\infty$ の極限で積分の値は変わらない。よって，

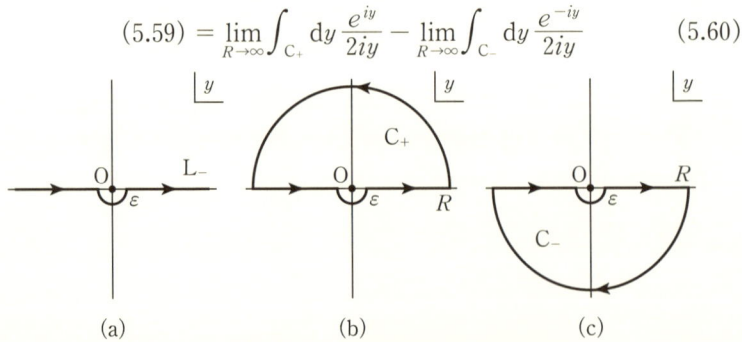

$$(5.59)=\lim_{R\to\infty}\int_{C_+}dy\frac{e^{iy}}{2iy}-\lim_{R\to\infty}\int_{C_-}dy\frac{e^{-iy}}{2iy} \tag{5.60}$$

図5.4 (a), (b), (c) それぞれの太線は，y の複素平面における積分路 L_-, C_+, C_- を示す。原点付近では半径 ε の小さい半円により，原点を下側に避ける。(b), (c) の積分路はそれぞれ，大きな半径 R の上下の半円により閉じられている。

複素積分の留数の定理から，第1項の積分は，C_+ に囲まれた領域内の 1 位の極 $y = 0$ の留数を拾い π となるが，第2項は，C_- に囲まれた領域で被積分関数が正則のため，積分はゼロになる。したがって，

$$\int_{-\infty}^{\infty} dx \frac{\sin^2(Tx)}{Tx^2} = (5.59) = \pi \tag{5.61}$$

が得られ，(5.57) の定数 c は π と決まり，(5.56) が示される。■

(5.55) において，(5.56) で $T = \frac{t}{2\hbar}$，$x = \varepsilon_\nu - \varepsilon_n - \hbar\omega$ としたものを使うと，

$$|a_\nu(t)|^2 \simeq \frac{2\pi}{\hbar} |F_{\nu n}|^2 t\, \delta(\varepsilon_\nu - \varepsilon_n - \hbar\omega) \quad (t \sim \infty) \tag{5.62}$$

なので，遷移確率密度は時間に比例して増大する。よって，$t \sim \infty$ のとき，$|n\rangle$ から連続スペクトルの状態 $|\nu\rangle \sim |\nu + d\nu\rangle$ への単位時間当たりの遷移確率を $dw_{n\to\nu}$ で表すと，摂動の 1 次までで

$$dw_{n\to\nu} = \left(\lim_{t\to\infty} \frac{1}{t} |a_\nu(t)|^2 \right) d\nu$$
$$= \frac{2\pi}{\hbar} |F_{\nu n}|^2 \delta(\varepsilon_\nu - \varepsilon_n - \hbar\omega)\, d\nu \tag{5.63}$$

と求まる。

断熱的印加

ここまでは，周期的摂動を初期時刻 $t_0 = 0$ からいきなり入れ続けた場合を調べたが，ここでは因子 $e^{\lambda t}$（λ は正の定数）を摂動ポテンシャルにつけて，摂動を無限の過去 $t_0 = -\infty$ からゆっくり成長させながらじわじわと入れていくことを考えてみよう。最後に $\lambda \to 0$ とするので，これは摂動を非常にゆっくりと（**断熱的に**）入れていく極限に対応する。

摂動ポテンシャル (5.52) は断熱因子 $e^{\lambda t}$ を導入すると

$$\hat{v}(t) = \hat{F}\, e^{-i\omega t + \lambda t} + \hat{F}^\dagger\, e^{i\omega t + \lambda t} \tag{5.64}$$

で，行列要素 $v_{\nu n}(t)$ は

$$v_{\nu n}(t) = e^{\frac{i}{\hbar}(\varepsilon_\nu - \varepsilon_n - \hbar\omega)t + \lambda t} F_{\nu n} + e^{\frac{i}{\hbar}(\varepsilon_\nu - \varepsilon_n + \hbar\omega)t + \lambda t} F_{n\nu}{}^* \tag{5.65}$$

となるので，展開係数 $a_\nu(t)$ は摂動の 1 次までで

$$a_\nu(t) = -\frac{i}{\hbar}\int_{-\infty}^{t} dt'\, v_{\nu n}(t')$$
$$= -\frac{e^{\frac{i}{\hbar}(\varepsilon_\nu - \varepsilon_n - \hbar\omega)t + \lambda t}}{\varepsilon_\nu - \varepsilon_n - \hbar\omega - i\hbar\lambda} F_{\nu n} - \frac{e^{\frac{i}{\hbar}(\varepsilon_\nu - \varepsilon_n - \hbar\omega)t + \lambda t}}{\varepsilon_\nu - \varepsilon_n + \hbar\omega - i\hbar\lambda} F_{n\nu}{}^{*} \quad (5.66)$$

となる。(5.54) において第 2 項を落としたのと同じ理由により,ここでも第 2 項を落とすと,遷移確率密度は

$$|a_\nu(t)|^2 = \frac{e^{2\lambda t}}{(\varepsilon_\nu - \varepsilon_n - \hbar\omega)^2 + (\hbar\lambda)^2} |F_{\nu n}|^2 \quad (5.67)$$

で与えられる。単位時間当たりの遷移確率密度 $\frac{d}{dt}|a_\nu(t)|^2 = 2\lambda |a_\nu(t)|^2$ において,断熱的極限 $\lambda \to 0$ をとると,

$$\lim_{\lambda \to 0}\frac{d}{dt}|a_\nu(t)|^2 = \lim_{\lambda \to 0}\frac{2\lambda}{(\varepsilon_\nu - \varepsilon_n - \hbar\omega)^2 + (\hbar\lambda)^2} |F_{\nu n}|^2 \quad (5.68)$$

と,時間によらず一定値になる。

例題5.5 デルタ関数の表示 2

$$\lim_{s \to 0}\frac{s}{x^2 + s^2} = \pi\,\delta(x) \quad (5.69)$$

を示せ。

解 (5.69) の左辺は $x \neq 0$ ではゼロで,$x = 0$ では $\lim_{s \to 0}\frac{1}{s} = \infty$ である。これは次元 $[x]^{-1}$ を持つので,デルタ関数 $\delta(x)$ の定数倍である。積分

$$\int_{-\infty}^{\infty} dx\, \frac{s}{x^2 + s^2} = \pi \quad (5.70)$$

から,定数は π と決まり,(5.69) が示される。 ∎

(5.68) において,(5.69) で $s = \hbar\lambda$, $x = \varepsilon_\nu - \varepsilon_n - \hbar\omega$ としたものを使うと,

$$\lim_{\lambda \to 0}\frac{d}{dt}|a_\nu(t)|^2 = \frac{2\pi}{\hbar}|F_{\nu n}|^2\,\delta(\varepsilon_\nu - \varepsilon_n - \hbar\omega) \quad (5.71)$$

となり,(5.63) と一致する結果が得られる。

ここで,摂動ポテンシャル (5.64) の振幅は断熱的にじわじわと大きくなるが,振動的振る舞いの振動数 ω は小さくないので,$\hat{v}(t)$ そのものの変化はゆっくりではないことに注意しよう。このため,5.3 節の断熱定理は

適用されない。

5.7　断熱的な摂動による連続スペクトル間の遷移

初期時刻 $t_0 = -\infty$ に連続スペクトルの状態 $|\mu\rangle$ にあるとき，断熱的に加えられる摂動

$$\hat{v}(t) = \hat{v}_0 \, e^{\lambda t} \quad (\lambda > 0) \tag{5.72}$$

による連続スペクトルの状態 $|\nu\rangle$ への遷移を調べよう。$\hat{v}_0$ は時間によらない演算子だが，座標や運動量，角運動量などの演算子の関数でもよい（連続スペクトル間の遷移の例としては，第 7 章，第 8 章で解説する粒子の間の衝突，散乱がある。そこでは，始状態，終状態は自由粒子の状態であり，連続スペクトルの状態である）。

行列要素

$$v_{\nu\mu}(t) = \langle \nu | \hat{v}_I(t) | \mu \rangle = e^{\frac{i}{\hbar}(\varepsilon_\nu - \varepsilon_\mu)t + \lambda t} \langle \nu | \hat{v}_0 | \mu \rangle \tag{5.73}$$

を用いて，展開係数 $a_\nu(t)$ は $\nu \neq \mu$ の場合，摂動の 1 次までで

$$a_\nu(t) = -\frac{i}{\hbar} \int_{-\infty}^{t} dt' \, v_{\nu\mu}(t) = -\frac{e^{\frac{i}{\hbar}(\varepsilon_\nu - \varepsilon_\mu)t + \lambda t}}{\varepsilon_\nu - \varepsilon_\mu - i\hbar\lambda} \langle \nu | \hat{v}_0 | \mu \rangle \tag{5.74}$$

と求まる。これより，単位時間当たりの $|\nu\rangle \sim |\nu + d\nu\rangle$ への遷移数に関係する式

$$\begin{aligned} dw_{\mu \to \nu} &= \lim_{\lambda \to 0} \frac{d}{dt} |a_\nu(t)|^2 \, d\nu = \lim_{\lambda \to 0} \frac{2\lambda}{(\varepsilon_\nu - \varepsilon_\mu)^2 + (\hbar\lambda)^2} |\langle \nu | \hat{v}_0 | \mu \rangle|^2 \, d\nu \\ &= \frac{2\pi}{\hbar} |\langle \nu | \hat{v}_0 | \mu \rangle|^2 \, \delta(\varepsilon_\nu - \varepsilon_\mu) \, d\nu \end{aligned} \tag{5.75}$$

を得る。

(5.75) は，このままでは単位時間当たりの遷移確率と解釈できないことに注意しよう。実際，(5.75) の次元は $[t]^{-1}[\nu]^{-1}$（時間とパラメーター ν の積の逆数の次元）で，単位時間当たりの遷移確率の次元 $[t]^{-1}$ とは異なる。第 7 章，第 8 章では，始状態，終状態が 3 次元自由粒子の場合の散乱を調べるが，そこではこの量を始状態の確率密度の流れで割ったものが，微分散乱断面積の摂動の 1 次までの表式と等しいことを見る（章末問題 8.1 参照）。

章末問題

5.1 無摂動ハミルトニアン $\hat{H}_0$ の下で縮退のない離散エネルギー準位を持つ系に対し,時刻 $t = t_*$ で摂動 $\hat{v}_0$ が突然に加えられ,それ以後一定に持続している場合を考える。摂動ポテンシャルは

$$\hat{v}(t) = \hat{v}_0 \theta(t - t_*) \tag{5.76}$$

と表される。ここで,$\theta(t)$ はステップ関数(階段関数)と呼ばれ,

$$\theta(t) \equiv \begin{cases} 1 & (t > 0) \\ 0 & (t < 0) \end{cases} \tag{5.77}$$

で定義される。

(1) この場合も (5.22) の条件を満たすので,(5.32) を使うことができる。(5.32) を用いて,遷移確率 $W_{n \to k}$ $(k \neq n)$ を摂動の 1 次まで計算せよ。

(2) 突然ポテンシャルが加えられる場合,それが小さくなくても遷移確率を求めることができる。(5.76) で $\hat{v}_0$ が小さくない場合,時刻 $t = t_*$ の前後におけるハミルトニアン $\hat{H}_0$, $\hat{H}_0 + \hat{v}_0$ それぞれの下での定常状態のシュレーディンガー方程式を考えることにより,遷移確率 $W_{n \to k}$ を求めよ。また,得られた結果において,$\hat{v}_0$ が小さく $k \neq n$ の場合,(1) で求めた結果に帰着することを確かめよ。

第6章

粒子のド・ブロイ波長が，考えている系の特徴的な長さに比べて十分小さいとき，その系はほぼ古典力学に従うが，トンネル効果のように量子力学的補正が重要になる場合，準古典近似(WKB 近似)が有効である。

準古典近似(WKB 近似)

6.1　シュレーディンガー方程式の古典極限

1次元のポテンシャル $V(x)$ の下でのシュレーディンガー方程式

$$i\hbar \frac{\partial}{\partial t}\psi(x,t) = \left(-\frac{\hbar^2}{2m}\frac{\partial^2}{\partial x^2} + V(x)\right)\psi(x,t) \tag{6.1}$$

から始めよう。波動関数に対し

$$\psi(x,t) = \exp\left[\frac{i}{\hbar}S(x,t)\right] \tag{6.2}$$

の置き換えをすると，$S(x,t)$ についての方程式

$$\frac{\partial S}{\partial t} + \frac{1}{2m}\left(\frac{\partial S}{\partial x}\right)^2 - \frac{i\hbar}{2m}\frac{\partial^2 S}{\partial x^2} + V = 0 \tag{6.3}$$

が得られる。古典力学に移行する $\hbar \to 0$ の極限では，左辺の第3項が無視できて

$$\frac{\partial S}{\partial t} + \frac{1}{2m}\left(\frac{\partial S}{\partial x}\right)^2 + V = 0 \tag{6.4}$$

となる。これは S を作用関数と解釈すれば，解析力学で現れるハミルトン－ヤコビ方程式に他ならないことに注意しよう[1]。

---

1) 基礎物理学シリーズ『解析力学』第12章参照。

次では，(6.3) の左辺第 3 項も取り入れて，量子力学的補正について調べよう。

6.2　準古典近似(WKB 近似)

簡単のため，時間によらない 1 次元のシュレーディンガー方程式

$$\left(-\frac{\hbar^2}{2m}\frac{\partial^2}{\partial x^2}+V(x)\right)\varphi(x)=E\varphi(x) \tag{6.5}$$

を考える。前節と同様の置き換え

$$\varphi(x)=e^{\frac{i}{\hbar}S(x)} \tag{6.6}$$

により，

$$S'(x)^2-i\hbar S''(x)=2m(E-V(x)) \tag{6.7}$$

を得る。ここで，ダッシュは x による微分を意味する。

$\hbar$ が小さいとき，関数 $S(x)$ を

$$S(x)=S_0(x)+\frac{\hbar}{i}S_1(x)+\left(\frac{\hbar}{i}\right)^2 S_2(x)+\cdots \tag{6.8}$$

と展開して解いていくことにする。(6.7) に (6.8) を代入して，$\hbar$ のべきで整理すると，各々のべきについて次の方程式が得られる。

$$O(\hbar^0):S_0'(x)^2=2m(E-V(x)) \tag{6.9}$$

$$O(\hbar^1):2S_0'(x)S_1'(x)+S_0''(x)=0 \tag{6.10}$$

$$O(\hbar^2):2S_0'(x)S_2'(x)+S_1'(x)^2+S_1''(x)=0 \tag{6.11}$$

$$\vdots \quad \vdots$$

$\hbar$ のゼロ次についての方程式 (6.9) は

$$p(x)\equiv\sqrt{2m(E-V(x))} \tag{6.12}$$

とおくと，

$$S_0(x)=\pm\int^x dx'\,p(x') \tag{6.13}$$

と解ける。前節で見たことと対応して，これは，古典力学の作用関数 $S=\int(pdx-Hdt)$ の時間によらない部分を表している。

$\hbar$ の 1 次についての方程式 (6.10) は

$$S_1{}'(x) = -\frac{1}{2}\frac{p'(x)}{p(x)} \tag{6.14}$$

と書けるので,

$$S_1(x) = -\frac{1}{2}\ln p(x) + (\text{定数}) \tag{6.15}$$

と解ける。

展開 (6.8) により,波動関数は,$\varphi(x) = \exp\left[\frac{i}{\hbar}S_0(x) + S_1(x) + \frac{\hbar}{i}S_2(x) + \cdots\right]$ だが,指数の中で S_2 以下の項は $O(\hbar)$ の小さい量なので,指数の肩から下ろして

$$\varphi(x) = \exp\left[\frac{i}{\hbar}S_0(x) + S_1(x)\right] \times \left(1 + \frac{\hbar}{i}S_2(x) + \cdots\right) \tag{6.16}$$

と書ける。この S_2 以下の項は,あまり重要な変更をもたらさないと考えられるので,無視することにしよう。この近似を **WKB近似**[2]) という。これは,古典力学に対応する部分よりも $\hbar$ の次数が1つ高い寄与を取り入れているので,準古典近似ともいう。

S_0 の解が2つあることに対応して,$\varphi(x)$ の解も2つあるが,一般解はそれらの重ね合わせで表される。
<u>古典的に到達可能な領域 $E > V(x)$</u> では,$p(x)$ は実数で

$$\varphi(x) = \frac{C_1}{\sqrt{p(x)}}\exp\left[\frac{i}{\hbar}\int^x dx'\,p(x')\right] + \frac{C_2}{\sqrt{p(x)}}\exp\left[-\frac{i}{\hbar}\int^x dx'\,p(x')\right] \tag{6.17}$$

と書ける。C_1, C_2 は定数である。また,
<u>古典的に到達できない領域 $E < V(x)$</u> では,$p(x)$ は純虚数になるので

$$p(x) = i\rho(x),\ \rho(x) \equiv \sqrt{2m(V(x) - E)} \tag{6.18}$$

とおくと,D_1, D_2 を定数として

$$\varphi(x) = \frac{D_1}{\sqrt{\rho(x)}}\exp\left[-\frac{1}{\hbar}\int^x dx'\,\rho(x')\right] + \frac{D_2}{\sqrt{\rho(x)}}\exp\left[\frac{1}{\hbar}\int^x dx'\,\rho(x')\right] \tag{6.19}$$

と表される。

---

[2]) 3人の研究者の名前—ヴェンツェル (Wentzel),クラマース (Kramers),ブリリュアン (Brillouin)—の頭文字をとったもの。

この近似が妥当であるためには，展開 (6.8) において $|S_0| \gg |\hbar S_1|$ であるべきだが，微分についても $|S_0'| \gg |\hbar S_1'|$ である必要がある。この条件は

$$\left|\frac{\hbar p'(x)}{p(x)^2}\right| \ll 1, \quad \text{すなわち} \quad \left|\frac{\mathrm{d}}{\mathrm{d}x}\frac{\hbar}{p(x)}\right| \ll 1 \tag{6.20}$$

と書けるので，ド・ブロイ波長 $\lambda(x) = \dfrac{h}{p(x)}$ について $|\mathrm{d}\lambda(x)| \ll |\mathrm{d}x|$ であり，x 方向に波長程度の距離進んでも $\lambda(x)$ はほとんど変化しないことを意味している。また (6.12) より，ポテンシャル $V(x)$ が波長程度の距離ではほとんど変化しないとも言うことができる。ここで，古典的運動の**回帰点**（粒子が止まる $E = V(x)$ の点）の近くでは $p(x) \sim 0$ となり，条件 (6.20) が満たされないことに注意しよう。

例題6.1　WKB 近似のよい領域

回帰点 $x = a$ のまわりでポテンシャルを直線で近似したとき，WKB 近似のよい x の領域を求めよ。

解　回帰点では $V(a) = E$ で，そのまわりでポテンシャルを

$$V(x) = E + (x-a)V'(a) \tag{6.21}$$

と直線で近似しよう。$V(x)$ の変動の特徴的長さを L としたとき，これは

$$|x - a| \ll L \tag{6.22}$$

のとき妥当である。また，このとき $p(x) = \sqrt{2m(a-x)V'(a)}$ なので，(6.20) から

$$|x - a| \gg \left(\frac{\hbar^2}{m|V'(a)|}\right)^{\frac{1}{3}} \tag{6.23}$$

であるが，(6.22) と合わせて求める領域

$$L \gg |x - a| \gg \left(\frac{\hbar^2}{m|V'(a)|}\right)^{\frac{1}{3}} \tag{6.24}$$

を得る。　■

(6.21) を (6.17)，(6.19) に代入すると，(6.24) を満たす範囲の x に対して波動関数の表式は，以下のようになる。
$\underline{V'(a) > 0 \text{ の場合}}$，$x - a > 0$ のとき

$$\varphi(x) = D_1 \left(\frac{1}{2mV'(a)}\right)^{\frac{1}{4}} \left(\frac{1}{x-a}\right)^{\frac{1}{4}} e^{-\frac{2}{3\hbar}\sqrt{2mV'(a)}(x-a)^{3/2}}$$

$$+ D_2 \left(\frac{1}{2mV'(a)}\right)^{\frac{1}{4}} \left(\frac{1}{x-a}\right)^{\frac{1}{4}} e^{+\frac{2}{3\hbar}\sqrt{2mV'(a)}\,(x-a)^{3/2}} \quad (6.25)$$

$x - a < 0$ のとき

$$\varphi(x) = C_1 \left(\frac{1}{2mV'(a)}\right)^{\frac{1}{4}} \left(\frac{1}{a-x}\right)^{\frac{1}{4}} e^{-i\frac{2}{3\hbar}\sqrt{2mV'(a)}\,(a-x)^{3/2}}$$

$$+ C_2 \left(\frac{1}{2mV'(a)}\right)^{\frac{1}{4}} \left(\frac{1}{a-x}\right)^{\frac{1}{4}} e^{i\frac{2}{3\hbar}\sqrt{2mV'(a)}\,(a-x)^{3/2}} \quad (6.26)$$

$V'(a) < 0$ の場合，$x - a > 0$ のとき

$$\varphi(x) = C_1 \left(\frac{1}{2m|V'(a)|}\right)^{\frac{1}{4}} \left(\frac{1}{x-a}\right)^{\frac{1}{4}} e^{i\frac{2}{3\hbar}\sqrt{2m|V'(a)|}\,(x-a)^{3/2}}$$

$$+ C_2 \left(\frac{1}{2m|V'(a)|}\right)^{\frac{1}{4}} \left(\frac{1}{x-a}\right)^{\frac{1}{4}} e^{-i\frac{2}{3\hbar}\sqrt{2m|V'(a)|}\,(x-a)^{3/2}} \quad (6.27)$$

$x - a < 0$ のとき

$$\varphi(x) = D_1 \left(\frac{1}{2m|V'(a)|}\right)^{\frac{1}{4}} \left(\frac{1}{a-x}\right)^{\frac{1}{4}} e^{+\frac{2}{3\hbar}\sqrt{2m|V'(a)|}\,(a-x)^{3/2}}$$

$$+ D_2 \left(\frac{1}{2m|V'(a)|}\right)^{\frac{1}{4}} \left(\frac{1}{a-x}\right)^{\frac{1}{4}} e^{-\frac{2}{3\hbar}\sqrt{2m|V'(a)|}\,(a-x)^{3/2}} \quad (6.28)$$

となる。

6.3 接続の規則

x の全領域にわたる波動関数を得るには，2つの領域で得られた解 (6.17), (6.19) をつなぎ合わせる必要がある。しかし，これらは回帰点付近では正しくないため，シュレーディンガー方程式を回帰点付近で正確に解いて，その解を仲立ちとして (6.17) と (6.19) の接続を行うことにする。

(6.21) のようにポテンシャルを直線で近似したシュレーディンガー方程式

$$\left(-\frac{\hbar^2}{2m}\frac{\partial^2}{\partial x^2} + V'(a)(x-a)\right)\varphi(x) = 0 \quad (6.29)$$

において，$\xi = \left(\frac{2mV'(a)}{\hbar^2}\right)^{\frac{1}{3}}(x-a)$ とおくと，

$$\frac{\partial^2 \varphi}{\partial \xi^2} - \xi\varphi = 0 \quad (6.30)$$

となる。この解はラプラス変換の方法を使って

$$\varphi(\xi) = A \int_{c-i\infty}^{c+i\infty} \frac{dp}{2\pi i} e^{-\frac{1}{3}p^3 + p\xi} \tag{6.31}$$

と表される。ここで，A は定数，積分路は虚軸に平行に走り，実数部分 c は被積分関数が無限遠方で減衰し，ゼロになるように選ぶ。

例題6.2 直線ポテンシャルの下でのシュレーディンガー方程式の解

(1) (6.31) が (6.30) の解であることを確かめよ。

(2) (6.31) の被積分関数が無限遠方で減衰し，ゼロになる p の領域を求めよ。

(3) $\xi \sim \pm\infty$ での (6.31) の漸近的振る舞いを鞍点法により評価せよ。

解

(1) $\dfrac{d^2}{d\xi^2} - \xi$ を (6.31) に作用させると

$$\begin{aligned}\left(\frac{d^2}{d\xi^2} - \xi\right)\varphi(\xi) &= -A \int_{c-i\infty}^{c+i\infty} \frac{dp}{2\pi i} (-p^2 + \xi) e^{-\frac{1}{3}p^3 + p\xi} \\ &= -A \int_{c-i\infty}^{c+i\infty} \frac{dp}{2\pi i} \frac{d}{dp} e^{-\frac{1}{3}p^3 + p\xi}\end{aligned} \tag{6.32}$$

なので，被積分関数 $e^{-\frac{1}{3}p^3 + p\xi}$ が無限遠方でゼロになるように積分路をとるならば，この右辺はゼロになり，(6.30) を満たす。

(2) p の十分遠方では，被積分関数の指数の肩において，支配的な項 $-\dfrac{1}{3}p^3$ のみを考えればよい。$p = Re^{i\theta}$ と極座標で表すと，$\mathrm{Re}\, p^3 = R^3 \cos(3\theta) > 0$ であれば，被積分関数は遠方 (R が十分大きい) で指数関数的にゼロになるので，θ の領域

$$-\frac{5\pi}{6} < \theta < -\frac{\pi}{2}, \quad -\frac{\pi}{6} < \theta < \frac{\pi}{6}, \quad \frac{\pi}{2} < \theta < \frac{5\pi}{6} \tag{6.33}$$

が求める領域であり，図 6.1 の灰色部分である。積分路は遠方で灰色部分に入るようにとればよいので，c を負の実数にとればよい。

また，遠方においてこの積分路が属する灰色部分からはみ出さなければ，p が有限の部分では被積分関数は特異点を持たないため，積分路を変形しても積分の値は変わらない。

(3) まず，$\underline{\xi \sim +\infty}$ のときの振る舞いを調べよう。被積分関数の指数の

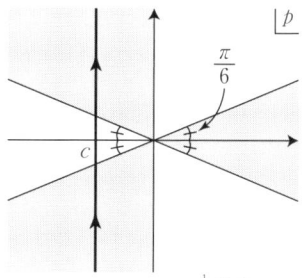

図6.1 複素平面において灰色部分では被積分関数 $e^{-\frac{1}{3}p^3 + p\xi}$ が遠方で指数関数的に減衰する。3つの灰色部分の開き角度はすべて $\frac{\pi}{3}$ である。矢印付きの太い実線は積分路を表す。

肩の関数を $f(p) \equiv -\frac{1}{3}p^3 + p\xi$ と書くと，$f(p)$ は $p_\pm = \pm\sqrt{\xi}$ で停留値(極値)を持つことがわかる。$p \sim p_-$ では

$$f(p) = f(p_-) + \frac{1}{2}f''(p_-)(p - p_-)^2 + \cdots$$
$$= f(p_-) + \sqrt{\xi}\,e^{i2\phi}u^2 + \cdots \tag{6.34}$$

と表される。ここで，

$$p - p_- = u\,e^{i\phi} \quad (u\text{は実数},\ 0 \le \phi < \pi) \tag{6.35}$$

とおいた。鞍点法では，積分の寄与をできるだけ停留点の周りに集中させるため，u^2 の前の係数の実部がマイナスの最も大きな数になるように，積分路の方向 ϕ を選ぶ。これは，被積分関数の $p = p_-$ における最急降下の方向である。今の場合は $\phi = \frac{\pi}{2}$ と決まるので，$p = p_-$ 付近からの積分への寄与は $dp = e^{i\pi/2}du$ を使って，

$$\frac{A}{2\pi i}e^{i\pi/2}e^{f(p_-)}\int_{-\infty}^{\infty}du\,e^{-\sqrt{\xi}u^2} \tag{6.36}$$

と書ける。$u = 0$ 付近から外れたところの寄与は無視できるほど小さいので，積分区間を $-\infty$ から ∞ にひろげて評価してもよいことを使った。ガウス積分を実行して，$f(p_-) = -\frac{2}{3}\xi^{3/2}$ を使うと，

$$\frac{A}{2\sqrt{\pi}}\frac{1}{\xi^{1/4}}e^{-\frac{2}{3}\xi^{3/2}} \tag{6.37}$$

が得られる。

第6章 準古典近似（WKB近似）

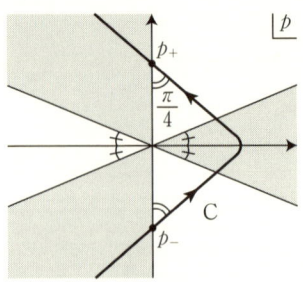

図6.2 $\xi \sim -\infty$ の振る舞いを評価する際の積分路 C は、2 つの停留点 $p_\pm = \pm i\sqrt{|\xi|}$ をそれぞれの最急降下の方向に通る。

一方, $p \sim p_+$ では
$$f(p) = f(p_+) - \sqrt{\xi}\,(p - p_+)^2 + \cdots \tag{6.38}$$
なので，最急降下の方向は実軸に沿っているが，$p = p_+$ をこの方向に通るように積分路を変形できないので，$p = p_+$ 付近は積分に寄与しないことになる。

よって，積分路は図 6.1 で $c = p_- = -\sqrt{\xi}$ としたものであり，$\xi \sim +\infty$ での漸近的振る舞いは
$$\varphi(\xi) \sim \frac{A}{2\sqrt{\pi}} \frac{1}{\xi^{1/4}} e^{-\frac{2}{3}\xi^{3/2}} \tag{6.39}$$
で与えられる。

同様にして，$\xi \sim -\infty$ のときの振る舞いを見よう。$f(p)$ の停留点は $p_\pm = \pm i\sqrt{|\xi|}$ で，$p \sim p_-$ では
$$f(p) = f(p_-) + i\sqrt{|\xi|}\, e^{i2\phi} u^2 + \cdots \tag{6.40}$$
となり，$\phi = \dfrac{\pi}{4}$ が最急降下の方向である。また，$p \sim p_+$ では
$$f(p) = f(p_+) - i\sqrt{|\xi|}\, e^{i2\phi} u^2 + \cdots \tag{6.41}$$
となり，$\phi = \dfrac{3\pi}{4}$ が最急降下の方向である。この場合は図 6.2 の C のように，両方の停留点 $p = p_\pm$ をそれぞれの最急降下の方向に通るように積分路を変形できる。停留点付近から外れたところからの寄与は，無視できるほど小さいので，
$$\varphi(\xi) \sim \frac{A}{2\pi i}\left[e^{f(p_-)} e^{i\pi/4} \int_{-\infty}^{\infty} du\, e^{-\sqrt{|\xi|} u^2} + e^{f(p_+)} e^{i3\pi/4} \int_{-\infty}^{\infty} du\, e^{-\sqrt{|\xi|} u^2} \right] \tag{6.42}$$

と評価できる。ガウス積分を行い，$f(p_\pm) = \mp i\frac{2}{3}|\xi|^{3/2}$ を使うと，

$$\varphi(\xi) \sim \frac{A}{\sqrt{\pi}} \frac{1}{|\xi|^{1/4}} \sin\left(\frac{2}{3}|\xi|^{3/2} + \frac{\pi}{4}\right) \tag{6.43}$$

とまとめることができる。 ■

(6.39)，(6.43) の結果をもとの変数 x で表すと，

<u>$V'(a) > 0$ の場合</u>，$\xi = \left(\dfrac{2mV'(a)}{\hbar^2}\right)^{\frac{1}{3}}(x-a)$ で，

$x \sim +\infty$ ($\xi \sim +\infty$) のとき

$$\varphi(x) \sim \frac{A_+}{2}\left(\frac{1}{x-a}\right)^{\frac{1}{4}} \exp\left[-\frac{2}{3\hbar}\sqrt{2mV'(a)}\,(x-a)^{3/2}\right] \tag{6.44}$$

$x \sim -\infty$ ($\xi \sim -\infty$) のとき

$$\varphi(x) \sim A_+\left(\frac{1}{a-x}\right)^{\frac{1}{4}} \sin\left[\frac{2}{3\hbar}\sqrt{2mV'(a)}\,(a-x)^{3/2} + \frac{\pi}{4}\right] \tag{6.45}$$

<u>$V'(a) < 0$ の場合</u>，$\xi = -\left(\dfrac{2m|V'(a)|}{\hbar^2}\right)^{\frac{1}{3}}(x-a)$ で，

$x \sim +\infty$ ($\xi \sim -\infty$) のとき

$$\varphi(x) \sim A_-\left(\frac{1}{x-a}\right)^{\frac{1}{4}} \sin\left[\frac{2}{3\hbar}\sqrt{2m|V'(a)|}\,(x-a)^{3/2} + \frac{\pi}{4}\right] \tag{6.46}$$

$x \sim -\infty$ ($\xi \sim +\infty$) のとき

$$\varphi(x) \sim \frac{A_-}{2}\left(\frac{1}{a-x}\right)^{\frac{1}{4}} \exp\left[-\frac{2}{3\hbar}\sqrt{2m|V'(a)|}\,(a-x)^{3/2}\right] \tag{6.47}$$

である。ここで，表記を簡単にするため

$$A_+ \equiv \frac{A}{\sqrt{\pi}}\left(\frac{\hbar^2}{2mV'(a)}\right)^{\frac{1}{12}},\ A_- \equiv \frac{A}{\sqrt{\pi}}\left(\frac{\hbar^2}{2m|V'(a)|}\right)^{\frac{1}{12}} \tag{6.48}$$

とおいた。

これで準備が整ったので，接続の問題を考えよう。

$V'(a) > 0$ の場合，(6.25) は (6.44) と対応しているので，

$$D_1\left(\frac{1}{2mV'(a)}\right)^{\frac{1}{4}} = \frac{A_+}{2},\ D_2 = 0 \tag{6.49}$$

また，(6.26) は (6.45) と対応しているので，(6.45) の sin を指数関数の差で書いたものと比べて

$$C_1\left(\frac{1}{2mV'(a)}\right)^{\frac{1}{4}} = A_+\left(\frac{-1}{2i}\right)e^{-i\pi/4}$$

$$C_2\left(\frac{1}{2mV'(a)}\right)^{\frac{1}{4}} = A_+\left(\frac{1}{2i}\right)e^{i\pi/4} \tag{6.50}$$

を得る。(6.49), (6.50) から A_+ を消去して, 係数 C_1, C_2 を D_1 で表す式
$$C_1 = e^{i\pi/4}D_1, \quad C_2 = e^{-i\pi/4}D_1 \tag{6.51}$$
が求まる。よって, $V'(a) > 0$ の場合, $x - a > 0$ の領域の波動関数
$$\varphi(x) = \frac{D_1}{\sqrt{\rho(x)}}\exp\left[-\frac{1}{\hbar}\int_a^x dx' \rho(x')\right] \tag{6.52}$$
が, $x - a < 0$ の領域の波動関数
$$\begin{aligned}\varphi(x) &= \frac{D_1}{\sqrt{p(x)}}\exp\left[-\frac{i}{\hbar}\int_x^a dx' \, p(x') + i\frac{\pi}{4}\right]\\ &\quad + \frac{D_1}{\sqrt{p(x)}}\exp\left[\frac{i}{\hbar}\int_x^a dx' \, p(x') - i\frac{\pi}{4}\right]\\ &= \frac{2D_1}{\sqrt{p(x)}}\cos\left[\frac{1}{\hbar}\int_x^a dx' \, p(x') - \frac{\pi}{4}\right]\end{aligned} \tag{6.53}$$
に接続されることがわかる。

この接続の規則は (6.52) ⇒ (6.53) の方向には正しいが, 逆の方向には適用できないことを注意しておこう。$x - a > 0$ の波動関数 (6.52) は, $V'(x) > E$ の領域の奥に向かって指数関数的にゼロになる境界条件を課されている (つまり, 指数関数的に増大する項の係数 D_2 をゼロにとった) のである。これは, 接続の際, 仲立ちのため使った直線ポテンシャルのシュレーディンガー方程式の正確な解 (6.31) が, $\xi \to +\infty$ で指数関数的にゼロになるものだったためである。もし, 課すべき境界条件のない $x - a < 0$ の領域からの接続を考えると, $x - a > 0$ において指数関数的に増大する項と減衰する項の両方が得られ, 上の接続規則とは異なるものになるだろう (章末問題 6.1 参照)。

接続の規則は, 境界条件が課された領域の波動関数から他の領域の波動関数への接続に対してのみ有効であることを覚えておこう。

$V'(a) < 0$ の場合, 上と同様に接続を行うことができ, (6.27) と (6.46) との対応から
$$C_1\left(\frac{1}{2m|V'(a)|}\right)^{\frac{1}{4}} = A_-\left(\frac{1}{2i}\right)e^{i\pi/4}$$
$$C_2\left(\frac{1}{2m|V'(a)|}\right)^{\frac{1}{4}} = A_-\left(\frac{-1}{2i}\right)e^{-i\pi/4} \tag{6.54}$$

また，(6.28) と (6.47) との対応から

$$D_1 = 0, \quad D_2 \left(\frac{1}{2m|V'(a)|} \right)^{\frac{1}{4}} = \frac{A_-}{2} \tag{6.55}$$

を得る。これらから

$$C_1 = e^{-i\pi/4} D_2, \quad C_2 = e^{i\pi/4} D_2 \tag{6.56}$$

であり，$x - a < 0$ の領域の波動関数

$$\varphi(x) = \frac{D_2}{\sqrt{\rho(x)}} \exp\left[-\frac{1}{\hbar} \int_x^a dx' \rho(x') \right] \tag{6.57}$$

が，$x - a > 0$ の領域の波動関数

$$\varphi(x) = \frac{2D_2}{\sqrt{p(x)}} \cos\left[\frac{1}{\hbar} \int_a^x dx' p(x') - \frac{\pi}{4} \right] \tag{6.58}$$

に接続されることがわかる。よって，(6.57) ⇒ (6.58) の接続規則が得られた。

6.4　ボーア-ゾンマーフェルトの量子化条件

図 6.3 のポテンシャルの下で，古典的運動が周期的で回帰点 $x = a, b$ を持つ状況を考えよう。$x < a$ および $x > b$ では常に $V(x) > E$ とする。回帰点の $x = a$ の左側（I），$x = b$ の右側（III）は古典的に到達不可能で，準古典的波動関数は回帰点から遠く離れるにつれ指数関数的にゼロになるので，

$$\text{I}: \varphi(x) = \frac{C}{\sqrt{\rho(x)}} \exp\left(-\frac{1}{\hbar} \int_x^a dx' \rho(x') \right) \tag{6.59}$$

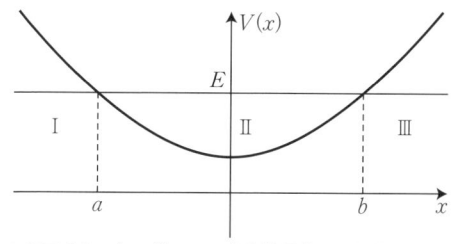

図6.3　図のポテンシャルの下でのエネルギー E の古典的運動は回帰点 $x = a, b$ を持ち，周期的である。回帰点 $x = a$ の左側，$x = b$ の右側の古典的に到達不可能な領域をそれぞれ I，III とし，その間の古典的運動の範囲を II とする。

$$\text{III} : \varphi(x) = \frac{C'}{\sqrt{\rho(x)}} \exp\left(-\frac{1}{\hbar}\int_b^x \mathrm{d}x'\,\rho(x')\right) \tag{6.60}$$

の形に書ける（C, C' は定数）。

古典的に到達可能な領域（II）$a < x < b$ における波動関数は，(6.57) ⇒ (6.58) の接続規則から

$$\text{I} \Rightarrow \text{II} : \varphi(x) = \frac{2C}{\sqrt{p(x)}} \cos\left(\frac{1}{\hbar}\int_a^x \mathrm{d}x'\,p(x') - \frac{\pi}{4}\right) \tag{6.61}$$

また，(6.52) ⇒ (6.53) の接続規則から

$$\text{III} \Rightarrow \text{II} : \varphi(x) = \frac{2C'}{\sqrt{p(x)}} \cos\left(\frac{1}{\hbar}\int_x^b \mathrm{d}x'\,p(x') - \frac{\pi}{4}\right) \tag{6.62}$$

が得られる。この2つは一致しなければならないが，それは

$$\frac{1}{\hbar}\int_a^x \mathrm{d}x'\,p(x') - \frac{\pi}{4} = -\frac{1}{\hbar}\int_x^b \mathrm{d}x'\,p(x') + \frac{\pi}{4} + n\pi \tag{6.63}$$

かつ，$C = (-1)^n C'$ のとき（n は整数）である。(6.63) は

$$\frac{1}{\hbar}\int_a^b \mathrm{d}x\,p(x) = \left(n + \frac{1}{2}\right)\pi \tag{6.64}$$

さらに，粒子の古典的周期運動の1周期分の積分 $\oint$ を用いて

$$\frac{1}{2\pi\hbar}\oint \mathrm{d}x\,p(x) = n + \frac{1}{2} \tag{6.65}$$

と表される。(6.65) は前期量子論での**ボーア–ゾンマーフェルトの量子化条件**[3]に準古典的補正 $\frac{1}{2}$ が加わったものになっている。さらに高次の (6.16) の S_2 以下からくる寄与は，波動関数の位相について $O(\hbar)$ の補正をもたらすので，(6.65) の右辺に $O(\hbar)$ の補正を与えうることがわかるだろう。

例題6.3　準古典的波動関数のゼロ点

n が準古典的波動関数のゼロ点の数と等しいことを示せ。すなわち，n はエネルギー準位を特徴付ける量子数になっている。また，準古典近似が良いのは n が十分大きい場合であることを示せ。

解　領域 I，III の波動関数は，指数関数的に減衰するので，ゼロ点を持たない。したがって，領域 II の波動関数 (6.61) または (6.62) のみ調

---

[3]　『量子力学I』第2章2.2節参照。

べればよい。波動関数 (6.61) の cos の引数は，x が a から b になるにつれ，$-\frac{\pi}{4}$ から $\left(n+\frac{1}{4}\right)\pi$ まで変化する。その間に通過するゼロ点 $\frac{\pi}{2}$，$\left(1+\frac{1}{2}\right)\pi$, $\cdots$, $\left(n-\frac{1}{2}\right)\pi$ の数は n であることがわかる。

1波長分の長さにはゼロ点を2つ含むので，波長は $\lambda \simeq \frac{2}{n}(b-a)$ と見積もることができる。ポテンシャルの変動の特徴的長さは $b-a$ なので，WKB近似が良い条件は $\lambda \ll b-a$，すなわち n が十分大きいときである。∎

n が大きいとき，n が1だけずれている，となりあうエネルギー準位間のエネルギー差 ΔE を調べてみよう。(6.65) から

$$\frac{1}{2\pi\hbar}\,\Delta E \int dx\,\frac{\partial p(x)}{\partial E} = 1 \tag{6.66}$$

である。ここで，$\frac{\partial p(x)}{\partial E} = \frac{m}{p(x)} = \frac{1}{v(x)}$ なので，

$$\int dx\,\frac{1}{v(x)} = T = \frac{2\pi}{\omega} \tag{6.67}$$

と書けることを使うと（T は古典的運動の周期，ω は対応する角振動数），(6.66) から

$$\Delta E = \hbar\omega \tag{6.68}$$

が導かれる。これより，n が大きい準古典的な場合は，エネルギー準位が間隔 $\hbar\omega$ で等間隔に分布していることがわかる。

6.5　ポテンシャル障壁の透過

図 6.4 のように，古典的に到達不可能な領域 II $(a<x<b)$ で $V(x)>E$ であるが，$x=a$ の左側の領域 I，$x=b$ の右側の領域 III では $V(x)<E$ という設定の下で，領域 I からの右向き入射波がポテンシャル障壁で反射されるとともに，トンネル効果のため領域 II にも透過し，領域 III へ出て行く過程を準古典的に考えよう。

領域 III の波動関数は透過波を表すので，右向きの進行波

第6章 準古典近似（WKB近似）

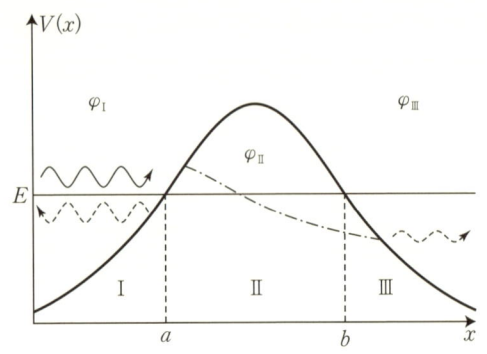

図6.4 $x=a$ の左側の領域Iからの右向き入射波はポテンシャル障壁で反射されるが，トンネル効果により領域IIでも波動関数は値を持ち，$x=b$ の右側の領域IIIへ透過波が出て行く過程を表す．

$$\varphi_{\mathrm{III}}(x) = \frac{C}{\sqrt{p(x)}} \exp\left(\frac{i}{\hbar} \int_b^x \mathrm{d}x'\, p(x') + i\frac{\pi}{4} \right) \tag{6.69}$$

である．ここで，C は定数．後の便利のため位相因子 $i\dfrac{\pi}{4}$ を入れておく．

物理的に考えて，領域IIの波動関数は x が a から b に増えると指数関数的に減衰するので，

$$\varphi_{\mathrm{II}}(x) = \frac{B}{\sqrt{\rho(x)}} \exp\left(\frac{1}{\hbar} \int_x^b \mathrm{d}x'\, \rho(x') \right) \tag{6.70}$$

と書こう．定数 B を決めるため，次の例題のロンスキアンの性質を使うことにする．

例題6.4　ロンスキアン

2つの波動関数 $\varphi_1(x)$, $\varphi_2(x)$ に対し，ロンスキアン $W(x)$ を

$$W(x) \equiv \begin{vmatrix} \varphi_1(x) & \varphi_2(x) \\ \varphi_1'(x) & \varphi_2'(x) \end{vmatrix} = \varphi_1(x)\varphi_2'(x) - \varphi_2(x)\varphi_1'(x) \tag{6.71}$$

で定義する．$\varphi_1(x)$, $\varphi_2(x)$ が同じシュレーディンガー方程式

$$\varphi''(x) = \frac{2m}{\hbar^2}(V(x) - E)\varphi(x) \tag{6.72}$$

を満たすとき，$W(x)$ は x によらない定数であることを示せ．

解　定義から，$W'(x) = \varphi_1(x)\varphi_2''(x) - \varphi_2(x)\varphi_1''(x)$ であるが，シュレーディンガー方程式を使うと

$$W'(x) = \varphi_1(x) \frac{2m}{\hbar^2}(V(x) - E)\varphi_2(x) - \varphi_2(x)\frac{2m}{\hbar^2}(V(x) - E)\varphi_1(x)$$

$$= 0 \tag{6.73}$$

なので，$W(x)$ が x によらない定数であることが示された。∎

例題6.5 定数 B の決定

6.3節の (6.57) ⇒ (6.58) の接続規則により，D を定数として，

$$\text{II} : \chi_{\text{II}}(x) = \frac{D}{\sqrt{\rho(x)}} \exp\left(-\frac{1}{\hbar}\int_x^b \mathrm{d}x' \, \rho(x')\right)$$

$$\text{III} : \chi_{\text{III}}(x) = \frac{2D}{\sqrt{p(x)}} \cos\left(\frac{1}{\hbar}\int_b^x \mathrm{d}x' \, p(x') - \frac{\pi}{4}\right) \tag{6.74}$$

は，上の $\varphi_{\text{II}}(x)$，$\varphi_{\text{III}}(x)$ と同じシュレーディンガー方程式を満たす。例題6.4のロンスキアンの性質を用いて $\varphi_{\text{II}}(x)$ の定数 B を決定せよ。

解 準古典的な波動関数，例えば $\varphi_{\text{III}}(x)$ の微分

$$\varphi_{\text{III}}'(x) = \frac{i}{\hbar} p(x) \varphi_{\text{III}}(x) + \left(\frac{1}{\sqrt{p(x)}}\right)' \sqrt{p(x)} \varphi_{\text{III}}(x) \tag{6.75}$$

において，第1項は微分が指数部分に作用したもので $\frac{1}{\hbar}$ に比例する因子が現れる一方，指数部の前の $\frac{1}{\sqrt{p(x)}}$ の因子に微分が作用した第2項では $\hbar$ のオーダーが変わっていない。

(6.16) で S_2 以下を無視したように，準古典近似においては支配的な項と比べて $O(\hbar)$ の付加項を無視しているため，ここでもこの近似の精度では第2項を無視できることに注意しよう。このことは，他の波動関数に関しても同様であり，準古典近似の範囲内では，波動関数の微分は指数部分に作用するもののみ行えば十分であることがわかる。

このことを踏まえて，領域III ($x > b$) でロンスキアン

$$W(x) = \begin{vmatrix} \chi_{\text{III}}(x) & \varphi_{\text{III}}(x) \\ \chi_{\text{III}}'(x) & \varphi_{\text{III}}'(x) \end{vmatrix} \tag{6.76}$$

を計算すると，

$$\begin{aligned} W(x) &= \chi_{\text{III}}(x) \varphi_{\text{III}}'(x) - \varphi_{\text{III}}(x) \chi_{\text{III}}'(x) \\ &= \frac{i}{\hbar} p(x) \chi_{\text{III}}(x) \varphi_{\text{III}}(x) \\ &\quad + \varphi_{\text{III}}(x) \frac{2D}{\sqrt{p(x)}} \sin\left(\frac{1}{\hbar}\int_b^x \mathrm{d}x' \, p(x') - \frac{\pi}{4}\right) \frac{1}{\hbar} p(x) \end{aligned}$$

第 6 章 準古典近似（WKB 近似）

$$
\begin{aligned}
&= \frac{i}{\hbar} p(x) \varphi_{\mathrm{III}}(x) \frac{2D}{\sqrt{p(x)}} \Big[\cos\Big(\frac{1}{\hbar} \int_b^x \mathrm{d}x'\, p(x') - \frac{\pi}{4}\Big) \\
&\quad - i \sin\Big(\frac{1}{\hbar} \int_b^x \mathrm{d}x'\, p(x') - \frac{\pi}{4}\Big) \Big] \\
&= \frac{i}{\hbar} (2CD) \exp\Big(\frac{i}{\hbar} \int_b^x \mathrm{d}x'\, p(x') + i\frac{\pi}{4}\Big) \\
&\quad \times \exp\Big(-\frac{i}{\hbar} \int_b^x \mathrm{d}x'\, p(x') + i\frac{\pi}{4}\Big) \\
&= -\frac{2}{\hbar} CD
\end{aligned}
\tag{6.77}
$$

一方，領域 II（$a < x < b$）でのロンスキアンは

$$
\begin{aligned}
W(x) &= \begin{vmatrix} \chi_{\mathrm{II}}(x) & \varphi_{\mathrm{II}}(x) \\ \chi_{\mathrm{II}}'(x) & \varphi_{\mathrm{II}}'(x) \end{vmatrix} = \chi_{\mathrm{II}}(x) \varphi_{\mathrm{II}}'(x) - \varphi_{\mathrm{II}}(x) \chi_{\mathrm{II}}'(x) \\
&= -\frac{2}{\hbar} \rho(x) \chi_{\mathrm{II}}(x) \varphi_{\mathrm{II}}(x) = -\frac{2}{\hbar} BD
\end{aligned}
\tag{6.78}
$$

と計算される。

例題 6.4 より，$W(x)$ は x によらない定数であるため，(6.77) と (6.78) は等しい。したがって，

$$
B = C \tag{6.79}
$$

と定数 B が定まる。　∎

得られた領域 II の波動関数の exp の中身を

$$
\frac{1}{\hbar} \int_x^b \mathrm{d}x'\, \rho(x') = \frac{1}{\hbar} \int_a^b \mathrm{d}x'\, \rho(x') - \frac{1}{\hbar} \int_a^x \mathrm{d}x'\, \rho(x') \tag{6.80}
$$

と分けて，

$$
\varphi_{\mathrm{II}}(x) = \frac{CK}{\sqrt{\rho(x)}} \exp\Big(-\frac{1}{\hbar} \int_a^x \mathrm{d}x'\, \rho(x')\Big) \tag{6.81}
$$

のように書こう。ここで

$$
K \equiv \exp\Big(\frac{1}{\hbar} \int_a^b \mathrm{d}x\, \rho(x)\Big) = \exp\Big[\frac{1}{\hbar} \int_a^b \mathrm{d}x\, \sqrt{2m(V(x) - E)}\,\Big] \tag{6.82}
$$

とおいた。接続の規則 (6.52) ⇒ (6.53) を用いて，(6.81) を領域 I の波動関数に接続すると

$$
\varphi_{\mathrm{I}}(x) = \frac{2CK}{\sqrt{p(x)}} \cos\Big(\frac{1}{\hbar} \int_x^a \mathrm{d}x'\, p(x') - \frac{\pi}{4}\Big) \tag{6.83}
$$

を得る。これは右向きの入射波

$$\varphi_i(x) \equiv \frac{CK}{\sqrt{p(x)}} \exp\left(\frac{i}{\hbar}\int_a^x dx'\, p(x') + i\frac{\pi}{4}\right) \tag{6.84}$$

と左向きの反射波

$$\varphi_r(x) \equiv \frac{CK}{\sqrt{p(x)}} \exp\left(-\frac{i}{\hbar}\int_a^x dx'\, p(x') - i\frac{\pi}{4}\right) \tag{6.85}$$

の和 $\varphi_\mathrm{I}(x) = \varphi_i(x) + \varphi_r(x)$ の形で表せることに注意しよう。

確率密度の流れ[4]

$$J = \frac{\hbar}{2im}\{\varphi^*\varphi' - (\varphi^*)'\varphi\} = \frac{\hbar}{m}\mathrm{Im}(\varphi^*\varphi') \tag{6.86}$$

は透過波 (6.69) に対しては

$$J_t = \frac{\hbar}{m}\mathrm{Im}\,(\varphi_\mathrm{III}{}^*\varphi_\mathrm{III}{}') = \frac{1}{m}|C|^2 \tag{6.87}$$

となり，入射波 (6.84) に対しては

$$J_i = \frac{\hbar}{m}\mathrm{Im}\,(\varphi_i{}^*\varphi_i{}') = \frac{1}{m}|C|^2 K^2 \tag{6.88}$$

となる。

透過率は，J_t と J_i の比で与えられるので，

$$T \equiv \frac{J_t}{J_i} = K^{-2} = \exp\left[-\frac{2}{\hbar}\int_a^b dx\,\sqrt{2m(V(x)-E)}\right] \tag{6.89}$$

と求まる。

反射率は

$$R = 1 - T = 1 - \exp\left[-\frac{2}{\hbar}\int_a^b dx\,\sqrt{2m(V(x)-E)}\right] \tag{6.90}$$

であるが，第2項は，第1項の1の存在の下では指数関数的に小さい量なので，準古典近似では無視されることに注意しよう。したがって，反射波の確率密度の流れ

$$J_r = \frac{\hbar}{m}\mathrm{Im}\,(\varphi_r{}^*\varphi_r{}') = -\frac{1}{m}|C|^2 K^2 \tag{6.91}$$

を使って，直接に反射率を計算すると

$$R \equiv -\frac{J_r}{J_i} = 1 \tag{6.92}$$

---

[4] 『量子力学 I』第3章3.3節参照。

となり，(6.90) と比べると指数関数的に小さい量が失われているが，準古典近似の精度の範囲では矛盾のない結果である。

章末問題

6.1 波動関数の接続の問題に関して，直線ポテンシャルのシュレーディンガー方程式の正確な解を使わない，別の方法を議論しよう。

例題 6.1 で求めた，回帰点 $x = a$ のまわりで直線近似したポテンシャル $V(x) \simeq E + (x-a)V'(a)$ の下でのシュレーディンガー方程式を考え，その WKB 解が妥当な領域 (6.24) で話を進める。x を複素数とみなし，$x - a = re^{i\phi}$ と極座標表示で書こう。図 6.5 より明らかなように，$x - a > 0$ から $x - a < 0$ への移行は位相 ϕ を 0 から π に，あるいは逆向きに 0 から $-\pi$ に回す操作と同じである。このとき，動径部分 r は常に (6.24) の条件

$$L \gg r \gg \left(\frac{\hbar^2}{m|V'(a)|}\right)^{\frac{1}{3}} \tag{6.93}$$

を満たす値に固定しておけば，WKB 近似の適用条件を破ることなく，$x - a > 0$ から $x - a < 0$ へ移行できる。

(1) $V'(a) > 0$ の場合，$x - a > 0$ のときの波動関数 (6.25) で $D_2 = 0$ とおき，指数関数的に減衰する境界条件を満たすもの

$$\varphi(x) = D_1 \left(\frac{1}{2mV'(a)}\right)^{\frac{1}{4}} \left(\frac{1}{x-a}\right)^{\frac{1}{4}}$$
$$\times \exp\left(-\frac{2}{3\hbar}\sqrt{2mV'(a)}\,(x-a)^{3/2}\right) \tag{6.94}$$

から出発し，C_+ および C_- に沿って $x - a < 0$ の領域に移行したものの和が，接続の規則を正しく再現することを確かめよ。

(2) また，6.5 節で考えた領域 III の進行波 (6.69) から出発し，C_+ および C_- に沿って $x - a < 0$ の領域に移行したものを求めよ。

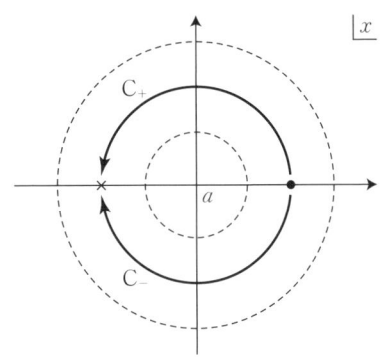

図6.5 x の複素平面において，点線で描かれた 2 つの円に囲まれたところは条件 (6.93) を満たす領域である（外側の円の半径は L よりずっと小さく，内側の円の半径は $\left(\dfrac{\hbar^2}{m|V'(a)|}\right)^{\frac{1}{3}}$ よりずっと大きい）。$x-a>0$ の点 x（黒丸）は経路 C_+ に沿って $\phi=0$ から $+\pi$ に回すことにより，あるいは経路 C_- に沿って $\phi=0$ から $-\pi$ に回すことにより，WKB 近似の適用条件を破らずに $x-a<0$ の点（×印）に移ることができる。

第7章

原子，原子核，素粒子についての情報は，主に加速器などの衝突実験から得られているので，それらのミクロな構造を調べる上で，量子力学において衝突の現象を理解しておくことは大切である。

散乱問題 I

7.1　2粒子系のシュレーディンガー方程式の変数分離

3次元空間における粒子の衝突の問題を扱うため，質量 m_1, m_2 の2つの粒子が位置 $\boldsymbol{r}_1$, $\boldsymbol{r}_2$ にあって，粒子間の相対座標 $\boldsymbol{r} = \boldsymbol{r}_2 - \boldsymbol{r}_1$ にのみ依存するポテンシャル $V(\boldsymbol{r})$ の下で運動している状況を考えてみよう。$\boldsymbol{p}_1 = m_1 \dot{\boldsymbol{r}}_1$, $\boldsymbol{p}_2 = m_2 \dot{\boldsymbol{r}}_2$ を1番目，2番目の粒子の運動量[1]とすると，古典力学のハミルトニアンは

$$H = \frac{\boldsymbol{p}_1^2}{2m_1} + \frac{\boldsymbol{p}_2^2}{2m_2} + V(\boldsymbol{r}) \tag{7.1}$$

である。重心座標 $\boldsymbol{R} = \dfrac{m_1 \boldsymbol{r}_1 + m_2 \boldsymbol{r}_2}{m_1 + m_2}$ と相対座標 $\boldsymbol{r}$ を用いると，運動エネルギーの項は

$$\begin{aligned}\frac{\boldsymbol{p}_1^2}{2m_1} + \frac{\boldsymbol{p}_2^2}{2m_2} &= \frac{m_1}{2}\dot{\boldsymbol{r}}_1^2 + \frac{m_2}{2}\dot{\boldsymbol{r}}_2^2 \\ &= \frac{m_1 + m_2}{2}\dot{\boldsymbol{R}}^2 + \frac{1}{2}\frac{m_1 m_2}{m_1 + m_2}\dot{\boldsymbol{r}}^2 = \frac{\boldsymbol{P}^2}{2M} + \frac{\boldsymbol{p}^2}{2\mu}\end{aligned} \tag{7.2}$$

と，重心運動部分と相対運動部分に分けて書くことができる。ここで，M

---

[1]　ドット(˙)は時間微分を表す。

$\equiv m_1 + m_2$ は全質量, $\mu \equiv \dfrac{m_1 m_2}{m_1 + m_2}$ は**換算質量**と呼ばれ,

$$\boldsymbol{P} = M\dot{\boldsymbol{R}} = \boldsymbol{p}_1 + \boldsymbol{p}_2, \qquad \boldsymbol{p} = \mu \dot{\boldsymbol{r}} = \frac{\mu}{m_2}\boldsymbol{p}_2 - \frac{\mu}{m_1}\boldsymbol{p}_1 \tag{7.3}$$

はそれぞれ重心運動の運動量, 相対運動の運動量と解釈される. したがって, ハミルトニアン (7.1) は重心運動部分 $H_{\mathrm{CM}} = \dfrac{\boldsymbol{P}^2}{2M}$ と相対運動部分 $H_{\mathrm{rel}} = \dfrac{\boldsymbol{p}^2}{2\mu} + V(\boldsymbol{r})$ の和で表される.

$$H = H_{\mathrm{CM}} + H_{\mathrm{rel}} \tag{7.4}$$

重心運動部分は質量 M の自由粒子の運動, 相対運動部分は質量 μ の 1 粒子のポテンシャル $V(\boldsymbol{r})$ の下での運動とみなすことができる.

量子力学のハミルトニアン

$$\hat{H} = \frac{\hat{\boldsymbol{p}}_1^{\,2}}{2m_1} + \frac{\hat{\boldsymbol{p}}_2^{\,2}}{2m_2} + V(\hat{\boldsymbol{r}}) \tag{7.5}$$

においても, 同様の変数の置き換え

$$\hat{\boldsymbol{R}} = \frac{m_1 \hat{\boldsymbol{r}}_1 + m_2 \hat{\boldsymbol{r}}_2}{m_1 + m_2} = \frac{\mu}{m_2}\hat{\boldsymbol{r}}_1 + \frac{\mu}{m_1}\hat{\boldsymbol{r}}_2, \quad \hat{\boldsymbol{r}} = \hat{\boldsymbol{r}}_2 - \hat{\boldsymbol{r}}_1 \tag{7.6}$$

$$\hat{\boldsymbol{P}} = \hat{\boldsymbol{p}}_1 + \hat{\boldsymbol{p}}_2, \quad \hat{\boldsymbol{p}} = \frac{\mu}{m_2}\hat{\boldsymbol{p}}_2 - \frac{\mu}{m_1}\hat{\boldsymbol{p}}_1 \tag{7.7}$$

により,

$$\hat{H} = \hat{H}_{\mathrm{CM}} + \hat{H}_{\mathrm{rel}} \tag{7.8}$$

と, 重心運動部分と相対運動部分の和の形に分離できる. ここで,

$$\hat{H}_{\mathrm{CM}} = \frac{\hat{\boldsymbol{P}}^2}{2M}, \quad \hat{H}_{\mathrm{rel}} = \frac{\hat{\boldsymbol{p}}^2}{2\mu} + V(\hat{\boldsymbol{r}}) \tag{7.9}$$

である.

例題7.1 **重心座標, 相対座標における正準交換関係**

置き換え前の座標と運動量 $\hat{\boldsymbol{r}}_j = (\hat{x}_j, \hat{y}_j, \hat{z}_j)$, $\hat{\boldsymbol{p}}_j = (\hat{p}_{jx}, \hat{p}_{jy}, \hat{p}_{jz})$ $(j = 1, 2)$ の間の交換関係

$$\begin{aligned}
&[\hat{x}_1, \hat{p}_{1x}] = [\hat{y}_1, \hat{p}_{1y}] = [\hat{z}_1, \hat{p}_{1z}] = i\hbar \\
&[\hat{x}_2, \hat{p}_{2x}] = [\hat{y}_2, \hat{p}_{2y}] = [\hat{z}_2, \hat{p}_{2z}] = i\hbar \\
&\text{他はゼロ}
\end{aligned} \tag{7.10}$$

は, $\hat{\boldsymbol{R}} = (\hat{X}, \hat{Y}, \hat{Z})$, $\hat{\boldsymbol{r}} = (\hat{x}, \hat{y}, \hat{z})$, $\hat{\boldsymbol{P}} = (\hat{P}_X, \hat{P}_Y, \hat{P}_Z)$, $\hat{\boldsymbol{p}} = (\hat{p}_x, \hat{p}_y, \hat{p}_z)$

に置き換えた後
$$[\hat{X}, \hat{P}_X] = [\hat{Y}, \hat{P}_Y] = [\hat{Z}, \hat{P}_Z] = i\hbar$$
$$[\hat{x}, \hat{p}_x] = [\hat{y}, \hat{p}_y] = [\hat{z}, \hat{p}_z] = i\hbar$$
$$\text{他はゼロ} \tag{7.11}$$

となることを示せ。

解 例えば，(7.6) の $\hat{\boldsymbol{R}}$ の X 成分と (7.7) の $\hat{\boldsymbol{P}}$ の X 成分

$$\hat{X} = \frac{\mu}{m_2}\hat{x}_1 + \frac{\mu}{m_1}\hat{x}_2, \quad \hat{P}_X = \hat{p}_{1x} + \hat{p}_{2x} \tag{7.12}$$

の間の交換関係 $[\hat{X}, \hat{P}_X]$ は，(7.10) を使って

$$[\hat{X}, \hat{P}_X] = \frac{\mu}{m_2}[\hat{x}_1, \hat{p}_{1x}] + \frac{\mu}{m_1}[\hat{x}_2, \hat{p}_{2x}] = \frac{\mu}{m_2}i\hbar + \frac{\mu}{m_1}i\hbar = i\hbar \tag{7.13}$$

と計算される。同様にして他の交換関係も計算でき，(7.11) が成り立つことが示される。 ■

シュレーディンガー方程式

$$\hat{H}\Psi(\boldsymbol{r}_1, \boldsymbol{r}_2) = E\Psi(\boldsymbol{r}_1, \boldsymbol{r}_2) \tag{7.14}$$

において，ハミルトニアンが (7.8) のように分離されるので，波動関数を

$$\Psi(\boldsymbol{r}_1, \boldsymbol{r}_2) = \Phi(\boldsymbol{R})\varphi(\boldsymbol{r}) \tag{7.15}$$

と変数分離の形で求めてみよう。(7.11) より，(7.9) が波動関数に作用する際，

$$\hat{\boldsymbol{P}}^2 \to -\hbar^2 \triangle_R, \quad \hat{\boldsymbol{p}}^2 \to -\hbar^2 \triangle_r \tag{7.16}$$

($\triangle_R, \triangle_r$ はそれぞれ座標 $\boldsymbol{R}, \boldsymbol{r}$ に関するラプラシアン，ラプラシアンの定義は (7.25)) となることがわかる。

(7.15) を (7.14) に代入して，両辺を $\Phi(\boldsymbol{R})\varphi(\boldsymbol{r})$ で割ると，

$$\frac{1}{\Phi(\boldsymbol{R})}\hat{H}_{\text{CM}}\Phi(\boldsymbol{R}) = -\frac{1}{\varphi(\boldsymbol{r})}\hat{H}_{\text{rel}}\varphi(\boldsymbol{r}) + E \tag{7.17}$$

を得る。左辺は $\boldsymbol{R}$ のみの関数，右辺は $\boldsymbol{r}$ のみの関数であるから，(7.17) は $\boldsymbol{R}, \boldsymbol{r}$ どちらにもよらない定数に等しくなければならない。その定数を E_{CM} とおくと，(7.17) は2組のシュレーディンガー方程式

$$\hat{H}_{\text{CM}}\Phi(\boldsymbol{R}) = E_{\text{CM}}\Phi(\boldsymbol{R}) \tag{7.18}$$
$$\hat{H}_{\text{rel}}\varphi(\boldsymbol{r}) = E_{\text{rel}}\varphi(\boldsymbol{r}) \tag{7.19}$$

と等価であることがわかる。ここで，$E_{\text{rel}} \equiv E - E_{\text{CM}}$ とおいた。よって，もとのシュレーディンガー方程式 (7.14) は，重心運動に関する自由粒子

のシュレーディンガー方程式 (7.18) と相対運動に関するシュレーディンガー方程式 (7.19) に分離して扱うことができる。E_{CM}, E_{rel} は，それぞれ重心運動，相対運動のエネルギーとみなすことができる。

重心運動の部分は，粒子の衝突が起こる前後でも変わらず一様な運動である。これは (7.18) が相対座標を含まない自由粒子のシュレーディンガー方程式であることから理解できるだろう。衝突の影響は相対運動にのみ反映されるので，次節以降では相対運動の部分 (7.19) について調べることにする。

このように，2 粒子の衝突の問題は換算質量 μ を持つ 1 粒子のポテンシャル $V(\boldsymbol{r})$ による散乱の問題に焼き直される。

7.2　中心対称場の中の運動

特に，ポテンシャル $V(\boldsymbol{r})$ が 2 粒子間の距離（相対座標の大きさ）にのみ依存する場合，すなわち

$$V(\boldsymbol{r}) = V(r), \quad r = \sqrt{x^2 + y^2 + z^2} \tag{7.20}$$

のとき，相対運動部分のシュレーディンガー方程式 (7.19) は

$$\left(-\frac{\hbar^2}{2\mu}\triangle + V(r)\right)\varphi(\boldsymbol{r}) = E_{\mathrm{rel}}\varphi(\boldsymbol{r}) \tag{7.21}$$

と書かれる。ラプラシアン $\triangle_r$ の添え字 r を省略した。

『量子力学 I』第 10 章，第 11 章で議論されているように，ポテンシャルが原点からの距離 r のみの関数で球対称である場合，図 7.1 のような極座標 ($0 \leq \theta \leq \pi, 0 \leq \phi < 2\pi$)

$$x = r\sin\theta\cos\phi, \quad y = r\sin\theta\sin\phi, \quad z = r\cos\theta \tag{7.22}$$

を用いると便利である。x, y, z に関する微分を極座標の変数の微分で表すと，

$$\nabla = \begin{pmatrix} \dfrac{\partial}{\partial x} \\ \dfrac{\partial}{\partial y} \\ \dfrac{\partial}{\partial z} \end{pmatrix} = \boldsymbol{e}_r \frac{\partial}{\partial r} + \frac{1}{r}\boldsymbol{e}_\theta \frac{\partial}{\partial \theta} + \frac{1}{r\sin\theta}\boldsymbol{e}_\phi \frac{\partial}{\partial \phi} \tag{7.23}$$

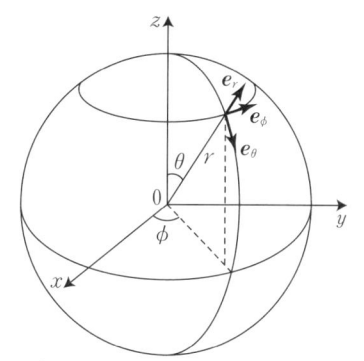

図7.1 極座標 r, θ, ϕ とそれぞれの方向の単位ベクトル e_r, e_θ, e_ϕ を表す。e_r は動径 r の増える向き，e_θ は経線に沿って θ が増える向き，e_ϕ は緯線に沿って ϕ が増える向きの単位ベクトルであり，それぞれ直交している。

であり，e_r, e_θ, e_ϕ はそれぞれ動径方向，θ 方向，ϕ 方向の単位ベクトル

$$e_r = \begin{pmatrix} \sin\theta\cos\phi \\ \sin\theta\sin\phi \\ \cos\theta \end{pmatrix}, \quad e_\theta = \begin{pmatrix} \cos\theta\cos\phi \\ \cos\theta\sin\phi \\ -\sin\theta \end{pmatrix}, \quad e_\phi = \begin{pmatrix} -\sin\phi \\ \cos\phi \\ 0 \end{pmatrix} \quad (7.24)$$

である。e_r, e_θ, e_ϕ は互いに直交している。また，ラプラシアンは

$$\triangle = \nabla\cdot\nabla = \frac{\partial^2}{\partial x^2} + \frac{\partial^2}{\partial y^2} + \frac{\partial^2}{\partial z^2} = \frac{1}{r}\frac{\partial^2}{\partial r^2}r + \frac{1}{r^2}\Lambda \quad (7.25)$$

の形で表される。ここで，Λ は

$$\Lambda \equiv \frac{1}{\sin\theta}\frac{\partial}{\partial\theta}\left(\sin\theta\frac{\partial}{\partial\theta}\right) + \frac{1}{\sin^2\theta}\frac{\partial^2}{\partial\phi^2} \quad (7.26)$$

で定義され，角度変数 θ, ϕ とそれらについての微分のみからなる。$-\hbar^2\Lambda$ は，角運動量ベクトルの長さ2乗の演算子 $\hat{L}^2 = \hat{L}_x^2 + \hat{L}_y^2 + \hat{L}_z^2$ を座標表示したものである。

したがって，シュレーディンガー方程式 (7.21) は極座標では

$$-\frac{1}{r}\frac{\partial^2}{\partial r^2}(r\varphi(\boldsymbol{r})) - \frac{1}{r^2}\Lambda\varphi(\boldsymbol{r}) = \frac{2\mu}{\hbar^2}(E_{\rm rel} - V(r))\varphi(\boldsymbol{r}) \quad (7.27)$$

と書ける。波動関数は

$$\varphi(\boldsymbol{r}) = R(r)Y_l^m(\theta,\phi) \quad (7.28)$$

と，動径部分と角度部分について，変数分離の形で求めることができる。角度部分の固有関数 $Y_l^m(\theta,\phi)$ は，球面調和関数と呼ばれ

$$\Lambda Y_l^m(\theta,\phi) = -l(l+1)Y_l^m(\theta,\phi) \quad (7.29)$$

を満足する $(l = 0, 1, 2, \cdots)$[2]。これより，$Y_l^m(\theta, \phi)$ は，角運動量ベクトルの長さ 2 乗の演算子 $\hat{L}^2$ の固有値 $l(l+1)\hbar^2$ の固有状態を表すことがわかる。また，角運動量ベクトルの z 成分の演算子 $\hat{L}_z$ の固有値 $m\hbar$ ($m = -l, -l+1, \cdots, l$) の固有状態でもある。

動径部分の関数 $R(r)$ の満たす方程式は，(7.27) に (7.28) を代入して (7.29) を使うと得られる。それは $\chi(r) = rR(r)$ とおくと，

$$\frac{\hbar^2}{2\mu}\left(-\frac{\mathrm{d}^2}{\mathrm{d}r^2}\chi(r) + \frac{l(l+1)}{r^2}\chi(r)\right) + V(r)\chi(r) = E_{\mathrm{rel}}\chi(r) \quad (7.30)$$

の形になる。ポテンシャル $V(r)$ と角運動量からくる遠心力ポテンシャルをあわせたものを有効ポテンシャル $U(r) = V(r) + \frac{\hbar^2}{2\mu}\frac{l(l+1)}{r^2}$ とまとめて書くと，(7.30) は

$$-\frac{\hbar^2}{2\mu}\frac{\mathrm{d}^2}{\mathrm{d}r^2}\chi(r) + U(r)\chi(r) = E_{\mathrm{rel}}\chi(r) \quad (7.31)$$

のように，1 次元シュレーディンガー方程式と同じ形になる。通常の 1 次元シュレーディンガー方程式との違いは，r が $r > 0$ に限られていることである。『量子力学 I』第 11 章 11.1 節で議論されているように，規格化条件は

$$\int_0^\infty |R(r)|^2 r^2 \mathrm{d}r = 1 \quad \text{すなわち} \quad \int_0^\infty |\chi(r)|^2 \mathrm{d}r = 1 \quad (7.32)$$

であり，$r = 0$ での境界条件は，$V(r)$ の大きさが $r \to 0$ で $O\left(\frac{1}{r^2}\right)$ より小さいとき，つまり

$$\lim_{r \to 0} r^2 V(r) = 0 \quad (7.33)$$

を満たすとき，

$$\chi(0) = 0 \quad (7.34)$$

で与えられる。今後は (7.33) が満たされるポテンシャルの場合に限って調べていくことにしよう。すなわち，$\chi(r)$ は原点において (7.34) を満たす。

例題7.2　1 次元シュレーディンガー方程式の解の性質

(1) 　1 次元空間 $-\infty < x < \infty$ 上のシュレーディンガー方程式

---

[2] 『量子力学 I』第 10 章 10.2 節参照。

$$-\frac{\hbar^2}{2m}\varphi''(x) + (V(x) - E)\varphi(x) = 0 \tag{7.35}$$

の離散エネルギー準位には縮退がないことを示せ（ダッシュ（$'$）は x についての微分を表す）。

(2) 1次元空間が半無限区間 $0 < x < \infty$ のとき，エネルギー準位が離散的でない場合でも，縮退がないことを示せ。

解

(1) 波動関数 $\varphi_1(x), \varphi_2(x)$ が同じエネルギー固有値 E を持つとしよう。

$$-\frac{\hbar^2}{2m}\varphi_1''(x) + (V(x) - E)\varphi_1(x) = 0 \tag{7.36}$$

$$-\frac{\hbar^2}{2m}\varphi_2''(x) + (V(x) - E)\varphi_2(x) = 0 \tag{7.37}$$

このとき，第6章6.5節の例題6.4より，ロンスキアン $W(x) = \varphi_1(x)\varphi_2'(x) - \varphi_2(x)\varphi_1'(x)$ は x によらない定数である。この定数を c と書こう（$W(x) = c$）。

一方，離散エネルギー準位の波動関数は規格化可能なので，絶対値2乗の積分 $\int_{-\infty}^{\infty} dx |\varphi_i(x)|^2$ $(i = 1, 2)$ は有限である。これより，

$$\lim_{x \to \infty} \varphi_1(x) = \lim_{x \to \infty} \varphi_2(x) = 0 \tag{7.38}$$

でなければならない。よって，$\lim_{x \to \infty} W(x) = 0$ であり，定数 c はゼロであることがわかる。$W(x) = 0$ から，

$$\frac{\varphi_1'(x)}{\varphi_1(x)} = \frac{\varphi_2'(x)}{\varphi_2(x)} \quad \text{すなわち} \quad \ln \varphi_1(x) = \ln \varphi_2(x) + (\text{定数}) \tag{7.39}$$

であり，$\varphi_1(x)$ と $\varphi_2(x)$ は定数倍の違いしかない。したがって，$\varphi_1(x)$ と $\varphi_2(x)$ は同じ状態を表し，縮退がないことが示される。

(2) 半無限区間 $0 < x < \infty$ でも (1) と同様に考えると，ロンスキアンは定数 $W(x) = c$ である。一方，波動関数は原点での境界条件 $\varphi_1(0) = \varphi_2(0) = 0$ を満たすので，ロンスキアンの値の定数 c はゼロであることがわかる。したがって，$W(x) = 0$ であり，(1) と同様にして縮退がないことが示される。 ∎

$\chi(r)$ は原点での境界条件 (7.34) を満たすので，例題7.2(2)の結果を適用でき，$\chi(r)$ のエネルギー準位に縮退がないことがわかる。シュ

第 7 章 散乱問題 I

レーディンガー方程式 (7.31) のポテンシャル $U(r)$ は，l の値を指定すると決まるので，シュレーディンガー方程式の解である波動関数 $\chi(r)$ (あるいは $R(r)$) は，エネルギー $E_{\rm rel}$ の値と l によって指定されることになる。

7.3 　球面波

平面波 $e^{\frac{i}{\hbar}\boldsymbol{p}\cdot\boldsymbol{r}}$ は運動量 $\boldsymbol{p}$ が一定の自由粒子の定常状態を表すが，ここでは後の議論に使うため，l, m で定められる確定した角運動量を持つ自由粒子の定常状態を考えてみよう。

波数ベクトルを運動量ベクトルの $\dfrac{1}{\hbar}$ 倍 ($\boldsymbol{k} \equiv \dfrac{1}{\hbar}\boldsymbol{p}$) で定義すると便利である。その大きさ $k = \sqrt{k_x{}^2 + k_y{}^2 + k_z{}^2}$ を 2π で割った $\dfrac{k}{2\pi}$ はド・ブロイ波長の逆数であり，単位長さあたりのド・ブロイ波の数に等しい。相対運動のエネルギーを

$$E_{\rm rel} = \frac{p^2}{2\mu} = \frac{\hbar^2 k^2}{2\mu} \tag{7.40}$$

と表すと，動径関数 $R(r) = \dfrac{\chi(r)}{r}$ は k, l で指定されるので，全波動関数は k, l, m の 3 つのパラメーターで指定される。

$$\varphi_{klm}(\boldsymbol{r}) = R_{kl}(r) Y_l^m(\theta, \phi) \tag{7.41}$$

自由粒子の場合は $V(r) = 0$ なので，χ_{kl} についての方程式 (7.30) は

$$\chi_{kl}''(r) = \left(\frac{l(l+1)}{r^2} - k^2\right)\chi_{kl}(r) \tag{7.42}$$

となる。$l = 0$ のときは，方程式は $\chi_{k0}''(r) = -k^2 \chi_{k0}(r)$ であり，一般解は

$$\chi_{k0}(r) = A_0 \sin(kr) + B_0 \cos(kr) \quad (A_0, B_0 \text{ は定数}) \tag{7.43}$$

で与えられる。このうち，原点での境界条件 (7.34) を満たす解は，$B_0 = 0$ とおいたもので，

$$\chi_{k0}(r) = A_0 \sin(kr) \tag{7.44}$$

である。

例題7.3　$l \neq 0$ の解

(7.42) の $l \neq 0$ の場合の解を求めるため，$\chi_{kl} = r^{l+1} y_{kl}$ とおいて考える。

(1) y_{kl} についての方程式を求めよ。また，その方程式から

$$y_{k,\,l+1} = \frac{1}{r} y_{kl}' \tag{7.45}$$

の漸化式が導かれることを示せ。

(2) 漸化式 (7.45) を用いて，(7.42) の $l \neq 0$ の一般解を求めよ。

解

(1) (7.42) で $\chi_{kl} = r^{l+1} y_{kl}$ とおいて整理すると，y_{kl} についての方程式

$$y_{kl}'' + \frac{2(l+1)}{r} y_{kl}' + k^2 y_{kl} = 0 \tag{7.46}$$

が得られる。これを r について微分すると

$$y_{kl}''' + \frac{2(l+1)}{r} y_{kl}'' - \frac{2(l+1)}{r^2} y_{kl}' + k^2 y_{kl}' = 0 \tag{7.47}$$

ここで，$y_{kl}' = r \eta_{kl}$ とおいたものである

$$(r\eta_{kl})'' + \frac{2(l+1)}{r} (r\eta_{kl})' - \frac{2(l+1)}{r^2} r\eta_{kl} + k^2 r\eta_{kl} = 0 \tag{7.48}$$

を整理すると，

$$\eta_{kl}'' + \frac{2(l+2)}{r} \eta_{kl}' + k^2 \eta_{kl} = 0 \tag{7.49}$$

となる。η_{kl} の満たす方程式は，y_{kl} の方程式 (7.46) で $l \to l+1$ としたものと同じなので，解の規格化を適当にとることで $\eta_{kl} = y_{k,\,l+1}$ とみなすことができる。したがって，

$$y_{kl}' = r\eta_{kl} = r y_{k,\,l+1} \tag{7.50}$$

であり，(7.45) が示される。

(2) 漸化式 (7.45) より $y_{kl} = \left(\dfrac{1}{r}\dfrac{\mathrm{d}}{\mathrm{d}r}\right)^l y_{k0}$ と表される。$R_{kl} = r^l y_{kl}$ と (7.43) を使うと，R_{kl} の一般解は

$$R_{kl} = r^l \left(\frac{1}{r}\frac{\mathrm{d}}{\mathrm{d}r}\right)^l R_{k0} = r^l \left(\frac{1}{r}\frac{\mathrm{d}}{\mathrm{d}r}\right)^l \left(A_0 \frac{\sin(kr)}{r} + B_0 \frac{\cos(kr)}{r}\right) \tag{7.51}$$

の形で与えられる。$\chi_{kl} = r R_{kl}$ の一般解は，(7.51) の右辺に r をかけたものである。　■

ここで，(7.51) の R_{kl} は第 1 種，第 2 種球ベッセル関数 $j_l(x)$, $n_l(x)$ を用いて表されることを指摘しておこう。第 1 種，第 2 種球ベッセル関数の定義は

$$j_l(x) = x^l \left(\frac{-1}{x} \frac{\mathrm{d}}{\mathrm{d}x} \right)^l \frac{\sin x}{x}, \quad n_l(x) = -x^l \left(\frac{-1}{x} \frac{\mathrm{d}}{\mathrm{d}x} \right)^l \frac{\cos x}{x} \quad (7.52)$$

である。(7.51) の R_{kl} は $j_l(kr)$ と $n_l(kr)$ の線形結合

$$R_{kl}(r) = A_l\, k\, j_l(kr) - B_l\, k\, n_l(kr) \quad (A_l, B_l \text{ は定数}) \quad (7.53)$$

の形で表されることがわかるだろう。

例題7.4　球ベッセル関数の振る舞い

第 1 種，第 2 種球ベッセル関数 $j_l(x)$, $n_l(x)$ は，$x \sim 0$ では

$$j_l(x) \sim \frac{x^l}{(2l+1)!!}, \quad n_l(x) \sim -\frac{(2l-1)!!}{x^{l+1}} \quad (7.54)$$

と振る舞い，$x \sim \infty$ では

$$j_l(x) \sim \frac{1}{x} \sin\left(x - \frac{\pi l}{2}\right), \quad n_l(x) \sim -\frac{1}{x} \cos\left(x - \frac{\pi l}{2}\right) \quad (7.55)$$

と振る舞うことを示せ。なお，!! の記号は二重階乗といい，n が奇数のとき，$n!!$ は 1 から n までの奇数の総乗を表す。n が偶数のときも同様である。

解　まず，$x \sim \infty$ の場合を考えよう。定義式 (7.52) において，x 微分がすべて sin 関数，あるいは cos 関数に作用した項が，$\frac{1}{x}$ のべきの数が最も少なく主要な寄与となるので

$$j_l(x) \sim \frac{1}{x} \left(-\frac{\mathrm{d}}{\mathrm{d}x} \right)^l \sin x, \quad n_l(x) \sim -\frac{1}{x} \left(-\frac{\mathrm{d}}{\mathrm{d}x} \right)^l \cos x \quad (7.56)$$

である。ここで，

$$-\frac{\mathrm{d}}{\mathrm{d}x} \sin x = -\cos x = \sin\left(x - \frac{\pi}{2}\right)$$

$$-\frac{\mathrm{d}}{\mathrm{d}x} \cos x = \sin x = \cos\left(x - \frac{\pi}{2}\right) \quad (7.57)$$

なので，

$$\left(-\frac{\mathrm{d}}{\mathrm{d}x} \right)^l \sin x = \sin\left(x - \frac{\pi l}{2}\right), \quad \left(-\frac{\mathrm{d}}{\mathrm{d}x} \right)^l \cos x = \cos\left(x - \frac{\pi l}{2}\right) \quad (7.58)$$

と書けることを使うと，(7.55) が示される。

次に，$x \sim 0$ の場合を考える。$\dfrac{-1}{x}\dfrac{d}{dx} = -2\dfrac{d}{d(x^2)}$ なので，$j_l(x)$ については，$\dfrac{\sin x}{x}$ の $x = 0$ のまわりの展開の $2l$ 次の項 $\dfrac{(-1)^l}{(2l+1)!}x^{2l}$ が，微分が作用して消えない最初の項となるので，次のようになる。

$$j_l(x) \sim x^l\left(-2\dfrac{d}{d(x^2)}\right)^l \dfrac{(-1)^l}{(2l+1)!}x^{2l} = x^l \dfrac{2^l}{(2l+1)!}l! = \dfrac{x^l}{(2l+1)!!} \tag{7.59}$$

また，$n_l(x)$ については展開 $\dfrac{\cos x}{x} = \dfrac{1}{x} - \dfrac{x}{2} + \cdots$ の第 1 項が主要な寄与を与えるので，

$$\begin{aligned}
n_l(x) &\sim -x^l\left(-2\dfrac{d}{d(x^2)}\right)^l \dfrac{1}{x} \\
&= -x^l(-2)^l\left(-\dfrac{1}{2}\right)\left(-\dfrac{3}{2}\right)\cdots\left(\dfrac{1}{2}-l\right)\dfrac{1}{x^{2l+1}} \\
&= -\dfrac{(2l-1)!!}{x^{l+1}}
\end{aligned} \tag{7.60}$$

を得る。よって，(7.54) が示された。■

(7.53) より $\chi_{kl}(r) = A_l\, kr\, j_l(kr) - B_l\, kr\, n_l(kr)$ であるが，後の便利のため定数を

$$A_l = C_l \cos\delta_l, \quad B_l = C_l \sin\delta_l \tag{7.61}$$

と表すと，

$$\chi_{kl}(r) = C_l\, kr\, [\cos\delta_l\, j_l(kr) - \sin\delta_l\, n_l(kr)] \tag{7.62}$$

と書ける。(7.54) の振る舞いから，原点での境界条件 (7.34) を満たす解は，$\delta_l = 0$ とおいたもの

$$R_{kl}(r) = \dfrac{1}{r}\chi_{kl}(r) = C_l\, k\, j_l(kr) \tag{7.63}$$

であることがわかる。その $r \sim \infty$ での漸近形は，(7.55) から

$$R_{kl}(r) \sim C_l \dfrac{1}{r}\sin\left(kr - \dfrac{\pi l}{2}\right) \tag{7.64}$$

である。

自由粒子ではなく相互作用 $V(r)$ が存在するとき，原点からある距離 a を超えたところで，$V(r)$ の大きさが急速に小さくなる場合を考えてみよ

う。$r \gg a$ では、シュレーディンガー方程式 (7.30) において、$V(r)$ の項を無視できるので、自由粒子の方程式 (7.42) と同じ形になる。したがって、この場合も解は (7.62) の形で与えられる。これは $r \gg a$ での解なので、原点での境界条件は課されないことに注意しよう。

$$R_{kl}(r) = C_l\, k\, [\cos\delta_l\, j_l(kr) - \sin\delta_l\, n_l(kr)] \tag{7.65}$$

の $r \sim \infty$ での振る舞いは (7.55) より

$$R_{kl}(r) \sim C_l \frac{1}{r}\left[\cos\delta_l \sin\left(kr - \frac{\pi l}{2}\right) + \sin\delta_l \cos\left(kr - \frac{\pi l}{2}\right)\right]$$

$$= C_l \frac{1}{r} \sin\left(kr - \frac{\pi l}{2} + \delta_l\right) \tag{7.66}$$

となる。自由粒子のときの R_{kl} の漸近形 (7.64) と比較すると、**位相のずれ** δ_l **が相互作用の情報を担っていることがわかる**。A_l, B_l は r によらない定数であるが、k に依存していてもよいので、<u>δ_l も一般には k の関数である</u>ことを注意しておこう。

平面波展開

ここまでの結果から、$\varphi_{klm}(\boldsymbol{r}) = R_{kl}(r) Y_l^m(\theta, \phi)$ で $R_{kl}(r)$ として (7.63) をとったものが、運動量 $\hbar k$ と l, m で定められる角運動量を持つ自由粒子の波動関数を表すことがわかる。平面波 e^{ikz} は運動量 $\hbar k$ で z 軸方向に運動する自由粒子の波動関数であるが、これは同じ大きさの運動量を持つ $\varphi_{klm}(\boldsymbol{r})$ の l, m についての重ね合わせで表すことができる。

まず、平面波を極座標で書くと

$$e^{ikz} = e^{ikr\cos\theta} = \sum_{l=0}^{\infty} \frac{i^l}{l!} (kr\cos\theta)^l \tag{7.67}$$

で、角度 ϕ にはよらないため、ϕ 依存性のない $m=0$ の $\varphi_{kl0}(\boldsymbol{r})$[3) の l についての重ね合わせで表すことができる。$m=0$ の球面調和関数 Y_l^0 はルジャンドル多項式 $P_l(\cos\theta)$ で、R_{kl} は第 1 種球ベッセル関数 $j_l(kr)$ で書けるので、

$$e^{ikz} = \sum_{l=0}^{\infty} a_l j_l(kr)\, P_l(\cos\theta) \quad (a_l \text{は定数}) \tag{7.68}$$

---

3) 『量子力学 I』第 10 章 10.2 節参照。

とおいて，定数 a_l を決めることにする。

ルジャンドル多項式は

$$P_l(z) = \frac{1}{2^l l!} \frac{d^l}{dz^l} (z^2 - 1)^l$$

$$= \frac{(2l)!}{2^l (l!)^2} z^l + (z \text{ の } l-2 \text{ 次以下の項}) \quad (7.69)$$

であるので，$P_{l'}(\cos\theta)$ のうち $(\cos\theta)^l$ を含むのは，l' が l 以上の $l' = l, l+2, l+4, \cdots$ のものである。また (7.54) から，球ベッセル関数の kr についてのべき展開は

$$j_l(kr) = \frac{(kr)^l}{(2l+1)!!} + (kr \text{ の } l+1 \text{ 次以上の項}) \quad (7.70)$$

なので，(7.68) の右辺で kr と $\cos\theta$ が同じ l 次のべき $(kr\cos\theta)^l$ の形で現れるのは，$j_l(kr)\,P_l(\cos\theta)$ のみからであることがわかる。

したがって，(7.67) と (7.68) の $(kr\cos\theta)^l$ の項の係数を比べると，

$$\frac{i^l}{l!} = a_l \frac{1}{(2l+1)!!} \frac{(2l)!}{2^l (l!)^2} \quad \text{すなわち} \quad a_l = i^l (2l+1) \quad (7.71)$$

を得る。(7.71) を (7.68) に代入して，平面波の展開

$$e^{ikz} = \sum_{l=0}^{\infty} i^l (2l+1) j_l(kr)\, P_l(\cos\theta) \quad (7.72)$$

が求まる。

7.4　弾性散乱の問題

この節では，粒子の衝突の前後で粒子の運動の方向は変わるが，粒子の性質は変わらない弾性散乱の場合を一般的に議論しよう[4]。

7.1 節で行ったように，重心運動と相対運動の部分に分けて相対運動について考えることにする。相互作用が 2 粒子間の距離のみによるものだったとすると，それは中心力ポテンシャル $V(r)$ の下での質量 μ の 1 粒子のシュレーディンガー方程式

$$\left(-\frac{\hbar^2}{2\mu}\triangle + V(r)\right)\varphi(\boldsymbol{r}) = \frac{\hbar^2 k^2}{2\mu}\varphi(\boldsymbol{r}) \quad (7.73)$$

---

[4]　つまり，粒子の性質そのものが衝突によって変わる，化学反応のようなものは考えない。

を扱うことになる。ポテンシャル $V(r)$ による散乱の問題を考える際，入射粒子を，z 軸に沿って正の方向に進む e^{ikz} の平面波で表そう。散乱された粒子の動径方向の波は，散乱の中心から十分離れた $r \sim \infty$ では，r についての外向き球面波 $\frac{1}{r} e^{ikr}$ の形と考えられる。これは次のように理解できるだろう。「動径部分のシュレーディンガー方程式 (7.31) において，十分遠方では，$V(r)$ と遠心力ポテンシャル両方の影響が十分小さくなるため，$U(r)$ を無視できて，

$$\chi_{kl}''(r) = -k^2 \chi_{kl}(r) \tag{7.74}$$

となる。この方程式の外向き進行波の解は

$$R_{kl}(r) = \frac{1}{r} \chi_{kl}(r) = \frac{1}{r} e^{ikr} \tag{7.75}$$

である。」極座標では $z = r\cos\theta$ なので，入射粒子の平面波 $e^{ikz} = e^{ikr\cos\theta}$ とポテンシャル $V(r)$ はともに角度 ϕ によらず，散乱波の角度部分は角度 θ のみに依存する。よって，θ の関数 $f(\theta)$ を使って，散乱された波の $r \sim \infty$ での振る舞いを $f(\theta) \frac{1}{r} e^{ikr}$ の形で書くことにしよう。$f(\theta)$ は**散乱振幅**と呼ばれる。入射波と散乱波の寄与を重ね合わせて，無限遠方での波動関数の振る舞いを

$$\varphi(\boldsymbol{r}) \simeq e^{ikz} + \frac{f(\theta)}{r} e^{ikr} \tag{7.76}$$

として，議論を進めることにする。$f(\theta)$ の具体形はシュレーディンガー方程式を解くことで求まる。

個々の散乱過程を個別に調べる場合は，入射粒子の波束を用意し，時間に依存するシュレーディンガー方程式を解くことになるが，議論が複雑になる。代わりに，e^{ikz} の入射粒子のビームが定常的に入射する場合を考えて，散乱過程を確率的に調べることにしよう。この場合，散乱する確率を定常状態のシュレーディンガー方程式 (7.73) を解いて求めることになる。

散乱断面積

古典力学では散乱過程を特徴付ける量として，入射粒子の流束 j_{in}（＝単位時間当たりに，入射方向と垂直な平面上の単位面積を通過する粒子数）と

散乱された粒子の，単位時間当たりに遠方の $r^2 \mathrm{d}\Omega$ の面積を通過する粒子数 $j_{\mathrm{sc}} r^2 \mathrm{d}\Omega$ の比を考えた。$\mathrm{d}\Omega$ は立体角要素で，極座標では $\mathrm{d}\Omega = \sin\theta \, \mathrm{d}\theta \, \mathrm{d}\phi$ と表される。また，j_{sc} は散乱された粒子の r について外向き方向の流束である。この比

$$\mathrm{d}\sigma = \frac{j_{\mathrm{sc}}}{j_{\mathrm{in}}} r^2 \mathrm{d}\Omega \tag{7.77}$$

は面積の次元を持っており，立体角 $\mathrm{d}\Omega$ への**散乱断面積**（あるいは単に**断面積**）と呼ばれる。

量子力学でも同様に考えると，$j_{\mathrm{in}}, j_{\mathrm{sc}}$ に対応するのは，それぞれ入射粒子の z 方向への確率密度の流れ，散乱された粒子の r について外向きの確率密度の流れである。それらは (7.76) の漸近形から

$$j_{\mathrm{in}} = \frac{\hbar}{\mu} \mathrm{Im}\left[e^{-ikz} \frac{\partial}{\partial z} e^{ikz} \right] = \frac{\hbar k}{\mu} \tag{7.78}$$

$$j_{\mathrm{sc}} = \frac{\hbar}{\mu} \mathrm{Im}\left[\frac{f(\theta)^*}{r} e^{-ikr} \frac{\partial}{\partial r} \left(\frac{f(\theta)}{r} e^{ikr} \right) \right] = \frac{\hbar k}{\mu} \frac{|f(\theta)|^2}{r^2} \tag{7.79}$$

と計算される。よって，立体角 $\mathrm{d}\Omega$ への散乱断面積として

$$\mathrm{d}\sigma = \frac{j_{\mathrm{sc}}}{j_{\mathrm{in}}} r^2 \mathrm{d}\Omega = |f(\theta)|^2 \mathrm{d}\Omega \tag{7.80}$$

の表式が得られる。これを全立体角にわたって積分したもの

$$\sigma_{\mathrm{tot}} = \int \mathrm{d}\sigma = \int |f(\theta)|^2 \mathrm{d}\Omega = 2\pi \int_0^\pi |f(\theta)|^2 \sin\theta \, \mathrm{d}\theta \tag{7.81}$$

を**全散乱断面積**（**全断面積**）という。

部分波展開

入射平面波 e^{ikz} の中心力ポテンシャル $V(r)$ による散乱を記述するシュレーディンガー方程式 (7.73) の解は軸対称，つまり角度 ϕ によらないものである。これは，極座標で入射平面波を書くと $e^{ikr\cos\theta}$ となり，ϕ によらないことからもそうあるべきとわかる。シュレーディンガー方程式の角度部分は，球面調和関数の $m=0$ のもの，すなわちルジャンドル多項式 $P_l(\cos\theta)$ で表され，対応して動径部分は

$$\frac{1}{r} \frac{\mathrm{d}^2}{\mathrm{d}r^2}(rR_{kl}(r)) + \left[k^2 - \frac{2\mu}{\hbar^2} V(r) - \frac{l(l+1)}{r^2} \right] R_{kl}(r) = 0 \tag{7.82}$$

を満たす $R_{kl}(r)$ で表される。よって，(7.73) の散乱を記述する解は

$$\varphi(\boldsymbol{r}) = \sum_{l=0}^{\infty} a_{kl} P_l(\cos\theta) R_{kl}(r) \quad (a_{kl} \text{は定数}) \tag{7.83}$$

と，l についての展開の形で与えられる。(7.82) において，r が十分大きいところでは $V(r)$ がゼロになるので，(7.65) の形の解を持つ。その漸近形 (7.66) の sin 関数を指数関数の差で表した

$$R_{kl}(r) \simeq C_l \frac{1}{2ir} \left[e^{i\left(kr - \frac{\pi l}{2} + \delta_l\right)} - e^{-i\left(kr - \frac{\pi l}{2} + \delta_l\right)} \right] \tag{7.84}$$

を (7.83) に代入すると，

$$\varphi(\boldsymbol{r}) \simeq \frac{1}{2ir} \sum_{l=0}^{\infty} a_{kl} C_l e^{-i\delta_l} \left[e^{i\left(kr - \frac{\pi l}{2} + 2\delta_l\right)} - e^{-i\left(kr - \frac{\pi l}{2}\right)} \right] P_l(\cos\theta) \tag{7.85}$$

一方，平面波展開 (7.72) は $r \sim \infty$ での球ベッセル関数 j_l の漸近形 (7.55) から，

$$\begin{aligned}
e^{ikz} &\simeq \sum_{l=0}^{\infty} i^l (2l+1) \frac{1}{kr} \sin\left(kr - \frac{\pi l}{2}\right) P_l(\cos\theta) \\
&= \frac{1}{2ir} \sum_{l=0}^{\infty} \frac{i^l}{k} (2l+1) \left[e^{i\left(kr - \frac{\pi l}{2}\right)} - e^{-i\left(kr - \frac{\pi l}{2}\right)} \right] P_l(\cos\theta)
\end{aligned} \tag{7.86}$$

である。(7.76) より，(7.85) と (7.86) の差：(7.85) − (7.86) は，r について外向きの球面波 $\frac{1}{r} e^{ikr}$ であり，内向きの球面波 $\frac{1}{r} e^{-ikr}$ を含んではならない。(7.85) − (7.86) の内向き球面波部分がゼロになるように，a_{kl} は

$$a_{kl} C_l e^{-i\delta_l} = \frac{i^l}{k} (2l+1) \tag{7.87}$$

を満たすべきである。これを，(7.85) − (7.86) に代入すると，

$$\varphi(\boldsymbol{r}) - e^{ikz} \simeq \frac{e^{ikr}}{r} \sum_{l=0}^{\infty} (2l+1) \frac{e^{2i\delta_l} - 1}{2ik} P_l(\cos\theta) \tag{7.88}$$

が得られるので，散乱振幅は部分波分解された形

$$f(\theta) = \sum_{l=0}^{\infty} (2l+1) f_l P_l(\cos\theta) \tag{7.89}$$

で書かれ，**部分散乱振幅** f_l は

$$f_l = \frac{e^{2i\delta_l}-1}{2ik} = \frac{e^{i\delta_l}}{k}\sin\delta_l = \frac{1}{k}\frac{1}{\cot\delta_l - i} \tag{7.90}$$

と，位相のずれ δ_l により表されることがわかる。

また，(7.81) に (7.89) を代入したものにルジャンドル多項式の直交性

$$\int_0^\pi P_l(\cos\theta) P_{l'}(\cos\theta) \sin\theta\, d\theta = \frac{2}{2l+1}\delta_{ll'} \tag{7.91}$$

を使うと，全散乱断面積 σ_{tot} について部分波分解された形

$$\sigma_{\text{tot}} = 2\pi \int_0^\pi |f(\theta)|^2 \sin\theta\, d\theta = \sum_{l=0}^\infty \sigma_l \tag{7.92}$$

が得られ，

$$\sigma_l = 4\pi(2l+1)|f_l|^2 \tag{7.93}$$

は，角運動量 l を持つ粒子の，散乱についての部分断面積を表している。角運動量 l は，中心力ポテンシャルによる散乱の前後で変わらず，保存されることに注意しよう。(7.90) から

$$|f_l|^2 = \frac{1}{k^2}\sin^2\delta_l \leq \frac{1}{k^2} \tag{7.94}$$

なので，σ_l の上限値は

$$\sigma_{l\,\text{max}} = \frac{4\pi}{k^2}(2l+1) \tag{7.95}$$

である。

波動関数の漸近形 (7.85) に (7.87) を代入して，部分波展開の形

$$\varphi(\boldsymbol{r}) \simeq \frac{1}{2ikr}\sum_{l=0}^\infty (2l+1)P_l(\cos\theta)\left[e^{2i\delta_l}e^{ikr} - (-1)^l e^{-ikr}\right] \tag{7.96}$$

を得る。ポテンシャル $V(r)$ の情報は，位相のずれ δ_l にのみ現れることに注意しよう。前節で見たように，$V(r)=0$ の自由粒子の場合は $\delta_l = 0$ に対応する。したがって，$\varphi(\boldsymbol{r})$ を部分波分解したとき，内向き球面波 $\frac{1}{r}e^{-ikr}$ の部分は自由粒子の場合と同じで変わらないが，外向き球面波 $\frac{1}{r}e^{ikr}$ の部分はポテンシャルの影響を受けて，各 l について $e^{2i\delta_l}$ の分だけ位相がずらされることがわかる。

第 7 章　散乱問題 I

10分補講

同種粒子の散乱

同種粒子の系では，粒子がボゾン（整数スピン）かフェルミオン（半整数スピン）かに応じて，波動関数は粒子の入れかえに関して対称か反対称にしなければならない。粒子の衝突，散乱の問題において，$r = r_2 - r_1$ は相対座標であったので，粒子の入れかえ $(r_1 \leftrightarrow r_2)$ は $r \to -r$ とすることに相当する。したがって，同種粒子の散乱では波動関数の漸近形 (7.76) が

$$\varphi(r) \simeq \frac{1}{\sqrt{2}} \left(e^{ikz} \pm e^{-ikz} \right) + \frac{e^{ikr}}{r} \frac{f(\theta) \pm f(\pi - \theta)}{\sqrt{2}} \quad (7.97)$$

と変更される。＋ がボゾン，－ がフェルミオンの場合である。

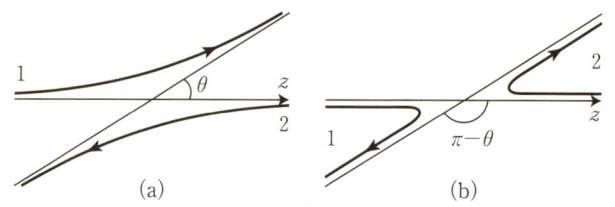

図7.2　粒子 1 と 2 が同種粒子の場合，(a) と (b) の散乱結果は区別できないので，散乱波としては両方の場合の寄与を合わせたものを考えるべきである。

ここで，入射粒子として z 軸に沿って正の方向に進む平面波 $\frac{1}{\sqrt{2}} e^{ikz}$ をとろう。散乱波においては図 7.2 の (a) と (b) のどちらの過程で散乱されたものか区別できないので，両方の寄与を合わせたもの $\frac{e^{ikr}}{r} \frac{f(\theta) \pm f(\pi - \theta)}{\sqrt{2}}$ を考える必要がある。したがって，立体角 $d\Omega$ への散乱断面積は (7.77) 〜 (7.80) と同様の計算により，

$$d\sigma = |f(\theta) \pm f(\pi - \theta)|^2 \, d\Omega$$
$$= (|f(\theta)|^2 + |f(\pi - \theta)|^2) \, d\Omega \pm 2\mathrm{Re}[f(\theta) f(\pi - \theta)^*] \, d\Omega \quad (7.98)$$

となる。このうち，右辺第 1 項は (a) の過程の散乱断面積と (b) の過程の散乱断面積の和であるが，右辺第 2 項の干渉項が量子力学に

おける粒子の同等性からくる効果を表している。

全断面積については，(7.98) をそのまま積分すると同じ状態を 2 度数えたことになるので，2 で割った

$$\sigma_{\text{tot}} = \frac{1}{2} \int |f(\theta) \pm f(\pi - \theta)|^2 \, d\Omega \tag{7.99}$$

で定義されることに注意しよう。

章末問題

7.1 (1) 波動関数 $\varphi(\bm{r})$ が定常状態のシュレーディンガー方程式

$$-\frac{\hbar^2}{2\mu} \triangle \varphi(\bm{r}) + (V(\bm{r}) - E)\varphi(\bm{r}) = 0 \tag{7.100}$$

を満たすとき，確率密度の流れ

$$\bm{j}(\bm{r}) \equiv \frac{\hbar}{\mu} \text{Im}[\varphi(\bm{r})^* \nabla \varphi(\bm{r})] = \frac{\hbar}{2i\mu} [\varphi(\bm{r})^* \nabla \varphi(\bm{r}) - (\nabla \varphi(\bm{r})^*)\varphi(\bm{r})] \tag{7.101}$$

が

$$\nabla \cdot \bm{j}(\bm{r}) = 0 \tag{7.102}$$

を満たすことを示せ。定常状態では確率密度 $\rho(\bm{r}) \equiv \varphi(\bm{r})^* \varphi(\bm{r})$ が時間によらないため，これは確率の保存を意味する連続の方程式

$$\frac{\partial \rho}{\partial t} + \nabla \cdot \bm{j} = 0 \tag{7.103}$$

と等価である。

(2) (7.76) の漸近形を持つ波動関数で確率の保存 (7.102) から

$$\sigma_{\text{tot}} = \frac{4\pi}{k} \text{Im} f(\theta = 0) \tag{7.104}$$

の関係式を導け。この関係式は**光学定理**と呼ばれている。

(3) (1) で見たように，シュレーディンガー方程式を満たす波動関数については，確率が保存されるため，光学定理は必ず成り立つべきである。実際，(7.83) からシュレーディンガー方程式の解の情報を一部とり入れて導かれた (7.89)，(7.92) において，光学定理が満たされていることを確認せよ。

第 8 章

前章での散乱問題の一般的な議論を踏まえて，本章では散乱ポテンシャルを摂動として扱う場合のボルン近似を紹介した後，低速粒子の散乱，共鳴散乱などの現象を調べる。

散乱問題 II

8.1 ボルン近似

相対運動部分のシュレーディンガー方程式 (7.19) において，散乱ポテンシャルが球対称の場合に限定せず，一般的な $V(\boldsymbol{r})$ の形として議論しよう。$E_{\mathrm{rel}} = \dfrac{\hbar^2 k^2}{2\mu}$ とおくと，(7.19) は

$$(\triangle + k^2)\varphi(\boldsymbol{r}) = \frac{2\mu}{\hbar^2} V(\boldsymbol{r})\varphi(\boldsymbol{r}) \tag{8.1}$$

と書ける。入射平面波は前章と同じく，z 軸に沿って正の方向に進む e^{ikz} としよう。前章 7.4 節の波動関数の漸近形 (7.76) を導く議論は，散乱波の動径部分についてはそのまま適用できる。散乱波の角度部分については，散乱振幅は θ, ϕ 両方に依存するので $f(\Omega)$ と書こう。したがって，波動関数の遠方 $r \sim \infty$ での振る舞いは

$$\varphi(\boldsymbol{r}) \simeq e^{ikz} + \frac{f(\Omega)}{r} e^{ikr} \tag{8.2}$$

と表される。

$V(\boldsymbol{r})$ を摂動として扱うには，次の方程式

$$(\triangle + k^2) G_{\pm}(\boldsymbol{r}) = \delta^3(\boldsymbol{r}) \tag{8.3}$$

を満たすグリーン関数

$$G_{\pm}(\boldsymbol{r}) \equiv -\frac{1}{4\pi}\frac{e^{\pm ikr}}{r} \tag{8.4}$$

を導入すると便利である。ここで，$\delta^3(\boldsymbol{r}) \equiv \delta(x)\delta(y)\delta(z)$ は原点にピークを持つデルタ関数である。

例題8.1 グリーン関数

(1) $\dfrac{1}{r}$ が，次のポアソン方程式を満たすことを示せ。

$$\triangle \frac{1}{r} = -4\pi \delta^3(\boldsymbol{r}) \tag{8.5}$$

(2) (1) の結果を用いて，グリーン関数 (8.4) が方程式 (8.3) を満たすことを示せ。

解

(1) $r \neq 0$ では，直接計算すると

$$\frac{\partial^2}{\partial x^2}\frac{1}{r} = \frac{\partial}{\partial x}\left(-\frac{x}{r^3}\right) = -\frac{1}{r^3} + \frac{3x^2}{r^5} \tag{8.6}$$

および，y, z についての同様の式から，

$$\triangle \frac{1}{r} = \left(\frac{\partial^2}{\partial x^2} + \frac{\partial^2}{\partial y^2} + \frac{\partial^2}{\partial z^2}\right)\frac{1}{r} = -\frac{3}{r^3} + \frac{3(x^2+y^2+z^2)}{r^5} = 0 \tag{8.7}$$

となる。したがって，$\triangle \dfrac{1}{r}$ がゼロでない値をとりうるのは，原点においてのみである。

連続で微分可能，かつ遠方 $(r \to \infty)$ で急速にゼロに近づく一般の関数 $f(\boldsymbol{r})$ について，積分 $\int d^3\boldsymbol{r} \left(\triangle \dfrac{1}{r}\right) f(\boldsymbol{r})$ を計算しよう。$\triangle = \nabla \cdot \nabla$ より，

$$\int d^3\boldsymbol{r} \left(\triangle \frac{1}{r}\right) f(\boldsymbol{r}) = \int d^3\boldsymbol{r} \left[\nabla \cdot \left(\left(\nabla \frac{1}{r}\right) f(\boldsymbol{r})\right) - \left(\nabla \frac{1}{r}\right) \cdot (\nabla f(\boldsymbol{r}))\right] \tag{8.8}$$

と書ける。この第1項の積分は，原点を中心とする半径無限大の球面上の積分

$$((8.8)\text{ 第 1 項}) = \lim_{r \to \infty} \int r^2 \, d\Omega \, \boldsymbol{e}_r \cdot \left(\nabla \frac{1}{r}\right) f(\boldsymbol{r}) \tag{8.9}$$

に書き換えることができるが，これは，$f(\boldsymbol{r})$ が遠方で急減少すること

からゼロになる。(7.24) の第1式より，e_r は r 方向の単位ベクトル $\dfrac{r}{r}$ に等しいので，第2項の被積分関数において

$$\nabla \frac{1}{r} = -\frac{r}{r^3} = -\frac{1}{r^2} e_r \tag{8.10}$$

と書け，また (7.23) より $e_r \cdot \nabla = \dfrac{\partial}{\partial r}$ なので，第2項の積分を極座標 $d^3 r = r^2\, dr\, d\Omega$ で行うと

$$\begin{aligned}
((8.8) \text{ 第2項}) &= \int d^3 r\, \frac{1}{r^2} e_r \cdot \nabla f(r) = \int d^3 r\, \frac{1}{r^2} \frac{\partial}{\partial r} f(r) \\
&= \int d\Omega \int_0^\infty dr\, \frac{\partial}{\partial r} f(r) = \int d\Omega \Big[f(r) \Big]_{r=0}^{r=\infty} \\
&= \int d\Omega (-f(0)) = -4\pi f(0) \tag{8.11}
\end{aligned}$$

となる。よって，

$$\int d^3 r \left(\triangle \frac{1}{r} \right) f(r) = -4\pi f(0) \tag{8.12}$$

となるので，これは (8.5) を意味する。

(2) まず，

$$(\triangle + k^2) \frac{e^{ikr}}{r} = \left(\triangle \frac{1}{r} \right) e^{ikr} + 2 \left(\nabla \frac{1}{r} \right) \cdot (\nabla e^{ikr}) + \frac{1}{r} (\triangle + k^2) e^{ikr} \tag{8.13}$$

であるが，右辺の第1項は (1) の結果を使うと

$$(\text{第1項}) = \left(\triangle \frac{1}{r} \right) e^{ikr} = -4\pi\, \delta^3(r) e^{ikr} = -4\pi\, \delta^3(r) \tag{8.14}$$

次に，第2項は $\nabla r = \dfrac{r}{r}$ より

$$(\text{第2項}) = 2 \left(\nabla \frac{1}{r} \right) \cdot (\nabla e^{ikr}) = -2 \frac{r}{r^3} \cdot ik \frac{r}{r} e^{ikr} = -2ik \frac{1}{r^2} e^{ikr} \tag{8.15}$$

また，

$$\frac{\partial^2}{\partial x^2} e^{ikr} = \frac{\partial}{\partial x} \left(ik \frac{x}{r} e^{ikr} \right) = ik \left(\frac{1}{r} - \frac{x^2}{r^3} \right) e^{ikr} - k^2 \frac{x^2}{r^2} e^{ikr} \tag{8.16}$$

および，y, z についての同様の式より，

$$\triangle e^{ikr} = ik\left(\frac{3}{r} - \frac{x^2+y^2+z^2}{r^3}\right)e^{ikr} - k^2 \frac{x^2+y^2+z^2}{r^2} e^{ikr}$$
$$= 2ik\frac{1}{r}e^{ikr} - k^2 e^{ikr} \tag{8.17}$$

なので，

$$(第3項) = \frac{1}{r}(\triangle + k^2)e^{ikr} = 2ik\frac{1}{r^2}e^{ikr} \tag{8.18}$$

を得る。

よって，(8.13) において，第1項，第2項，第3項の寄与を合わせると

$$(\triangle + k^2)\frac{e^{ikr}}{r} = -4\pi\,\delta^3(\boldsymbol{r}) \tag{8.19}$$

となり，$G_+(\boldsymbol{r})$ に関して (8.3) が成り立つことが示された。

ここまでの議論で $k \to -k$ としたものを考えると，$G_-(\boldsymbol{r})$ に関しても (8.3) が成り立つことがわかる。■

シュレーディンガー方程式 (8.1) はグリーン関数を用いて，

$$\varphi(\boldsymbol{r}) = \zeta(\boldsymbol{r}) + \int d\boldsymbol{r}'\, G_\pm(\boldsymbol{r}-\boldsymbol{r}')\frac{2\mu}{\hbar^2}V(\boldsymbol{r}')\varphi(\boldsymbol{r}') \tag{8.20}$$

の形に書くことができる。ここで，$\zeta(\boldsymbol{r})$ はポテンシャルのないシュレーディンガー方程式

$$(\triangle + k^2)\zeta(\boldsymbol{r}) = 0 \tag{8.21}$$

を満たす。実際，(8.20) の両辺に変数 $\boldsymbol{r}$ についての演算子 $\triangle + k^2$ を作用させると，

$$(\triangle + k^2)G_\pm(\boldsymbol{r} - \boldsymbol{r}') = \delta^3(\boldsymbol{r} - \boldsymbol{r}') \tag{8.22}$$

なので，(8.1) が再現されることがわかるだろう。グリーン関数は G_+ と G_- の2通りのとり方があるが，次に見るように，波動関数の遠方での振る舞いが (8.2) になることから，G_+ に定まる。

ここでは，ポテンシャル $V(\boldsymbol{r})$ を小さな摂動として扱うので，第ゼロ次近似は単にポテンシャルを無視した場合である。そのとき，(8.20) で右辺第2項を無視できて，$\varphi(\boldsymbol{r}) = \zeta(\boldsymbol{r})$ となる。散乱ポテンシャルがゼロの場合，波動関数 $\varphi(\boldsymbol{r})$ は入射粒子の平面波 e^{ikz} と一致するので，

$$\zeta(\boldsymbol{r}) = e^{ikz} \tag{8.23}$$

であることがわかる。また，ポテンシャルの影響が及ぶ範囲を a とすると，(8.20) の第 2 項の積分の寄与は，r' が a 程度かそれより小さい領域からくるので，遠方の $r \gg a$ では

$$\begin{aligned}
|\boldsymbol{r} - \boldsymbol{r}'| &= \sqrt{r^2 - 2\boldsymbol{r}\cdot\boldsymbol{r}' + r'^2} = r\left[1 - 2\frac{\boldsymbol{n}\cdot\boldsymbol{r}'}{r} + O\left(\frac{r'^2}{r^2}\right)\right]^{\frac{1}{2}} \\
&= r\left[1 - \frac{\boldsymbol{n}\cdot\boldsymbol{r}'}{r} + O\left(\frac{r'^2}{r^2}\right)\right] \\
&= r - \boldsymbol{n}\cdot\boldsymbol{r}' + O\left(\frac{r'^2}{r}\right)
\end{aligned} \tag{8.24}$$

$$\frac{1}{|\boldsymbol{r}-\boldsymbol{r}'|} = \frac{1}{r}\left[1 + O\left(\frac{r'}{r}\right)\right]^{-1} = \frac{1}{r} + O\left(\frac{r'}{r^2}\right) \tag{8.25}$$

と書いてよい。ただし，$\boldsymbol{n}$ は $\boldsymbol{r}$ 方向の単位ベクトル $\boldsymbol{n} \equiv \dfrac{\boldsymbol{r}}{r}$ とした。したがって，$\boldsymbol{r}$ 方向の波数ベクトルを $\boldsymbol{k} \equiv k\boldsymbol{n}$ と書くと，

$$\begin{aligned}
G_\pm(\boldsymbol{r}-\boldsymbol{r}') &= -\frac{1}{4\pi}\frac{e^{\pm ik|\boldsymbol{r}-\boldsymbol{r}'|}}{|\boldsymbol{r}-\boldsymbol{r}'|} \\
&\simeq -\frac{1}{4\pi}\frac{e^{\pm ik(r-\boldsymbol{n}\cdot\boldsymbol{r}')}}{r} = -\frac{1}{4\pi}\frac{e^{\pm ikr}}{r}e^{\mp i\boldsymbol{k}\cdot\boldsymbol{r}'}
\end{aligned} \tag{8.26}$$

となる。

(8.23), (8.26) を (8.20) に代入すると，波動関数の漸近形として

$$\varphi(\boldsymbol{r}) \simeq e^{ikz} + \frac{e^{\pm ikr}}{r}\left(-\frac{\mu}{2\pi\hbar^2}\int d^3\boldsymbol{r}' \, e^{\mp i\boldsymbol{k}\cdot\boldsymbol{r}'}V(\boldsymbol{r}')\varphi(\boldsymbol{r}')\right) \tag{8.27}$$

を得る。これは (8.2) と一致しなければいけないので，r 方向の外向き球面波を与える G_+ を選ぶべきであることがわかる。そして，散乱振幅は第 2 項から

$$f(\Omega) = -\frac{\mu}{2\pi\hbar^2}\int d^3\boldsymbol{r}' \, e^{-i\boldsymbol{k}\cdot\boldsymbol{r}'}V(\boldsymbol{r}')\varphi(\boldsymbol{r}') \tag{8.28}$$

と読み取ることができる。

以上のことから，解くべきなのは (8.20) で (8.23) を代入した，グリーン関数 G_+ の場合の方程式

$$\varphi(\boldsymbol{r}) = e^{ikz} - \frac{\mu}{2\pi\hbar^2}\int d^3\boldsymbol{r}' \, \frac{e^{ik|\boldsymbol{r}-\boldsymbol{r}'|}}{|\boldsymbol{r}-\boldsymbol{r}'|}V(\boldsymbol{r}')\varphi(\boldsymbol{r}') \tag{8.29}$$

である。ポテンシャル $V(\boldsymbol{r}')$ を小さい摂動として扱って，(8.29) を逐次

近似法で解こう。

第ゼロ次近似では，ポテンシャルを含む右辺第 2 項を単に無視して
$$\varphi(\boldsymbol{r}) = e^{ikz} \tag{8.30}$$

第 1 次近似では，第ゼロ次近似の結果を (8.29) の右辺第 2 項の φ に代入して
$$\varphi(\boldsymbol{r}) = e^{ikz} - \frac{\mu}{2\pi\hbar^2} \int \mathrm{d}^3\boldsymbol{r}' \frac{e^{ik|\boldsymbol{r}-\boldsymbol{r}'|}}{|\boldsymbol{r}-\boldsymbol{r}'|} V(\boldsymbol{r}') e^{ikz'} \tag{8.31}$$

となる。また対応して，散乱振幅 (8.28) の中の φ に第ゼロ次近似の結果を代入すると
$$f(\Omega) = -\frac{\mu}{2\pi\hbar^2} \int \mathrm{d}^3\boldsymbol{r}'\, e^{-i\boldsymbol{k}\cdot\boldsymbol{r}'} V(\boldsymbol{r}') e^{ikz'} \tag{8.32}$$

を得る。

第 2 次近似では，第 1 次近似の結果 (8.31) を (8.29) の右辺第 2 項の φ および散乱振幅 (8.28) の中の φ に代入して

$$\begin{aligned}
\varphi(\boldsymbol{r}) = {} & e^{ikz} - \frac{\mu}{2\pi\hbar^2} \int \mathrm{d}^3\boldsymbol{r}' \frac{e^{ik|\boldsymbol{r}-\boldsymbol{r}'|}}{|\boldsymbol{r}-\boldsymbol{r}'|} V(\boldsymbol{r}') e^{ikz'} \\
& + \left(\frac{\mu}{2\pi\hbar^2}\right)^2 \int \mathrm{d}^3\boldsymbol{r}' \frac{e^{ik|\boldsymbol{r}-\boldsymbol{r}'|}}{|\boldsymbol{r}-\boldsymbol{r}'|} V(\boldsymbol{r}') \int \mathrm{d}^3\boldsymbol{r}'' \frac{e^{ik|\boldsymbol{r}'-\boldsymbol{r}''|}}{|\boldsymbol{r}'-\boldsymbol{r}''|} V(\boldsymbol{r}'') e^{ikz''}
\end{aligned} \tag{8.33}$$

$$\begin{aligned}
f(\Omega) = {} & -\frac{\mu}{2\pi\hbar^2} \int \mathrm{d}^3\boldsymbol{r}'\, e^{-i\boldsymbol{k}\cdot\boldsymbol{r}'} V(\boldsymbol{r}') e^{ikz'} \\
& + \left(\frac{\mu}{2\pi\hbar^2}\right)^2 \int \mathrm{d}^3\boldsymbol{r}'\, e^{-i\boldsymbol{k}\cdot\boldsymbol{r}'} V(\boldsymbol{r}') \int \mathrm{d}^3\boldsymbol{r}'' \frac{e^{ik|\boldsymbol{r}'-\boldsymbol{r}''|}}{|\boldsymbol{r}'-\boldsymbol{r}''|} V(\boldsymbol{r}'') e^{ikz''}
\end{aligned} \tag{8.34}$$

が得られる。一般に，第 n 次近似では，ポテンシャル V の n 次までの寄与がとり入れられている。第 1 次近似で現れるポテンシャル V の 1 次までの寄与をとり入れ，残りの高次の寄与を無視することを**ボルン近似**という。

入射粒子の波数ベクトルを $\boldsymbol{k}_i \equiv k\,\boldsymbol{e}_z$（$\boldsymbol{e}_z$ は z 方向の単位ベクトル）と書くと，$kz' = \boldsymbol{k}_i\cdot\boldsymbol{r}'$ である。また，散乱による運動量移行に対応する波数ベクトルを
$$\boldsymbol{q} \equiv \boldsymbol{k} - \boldsymbol{k}_i \tag{8.35}$$
とおくと，$\boldsymbol{k}$ と $\boldsymbol{k}_i$ は同じ大きさ k を持つベクトルで角度 θ をなすので，

第 8 章 散乱問題 II

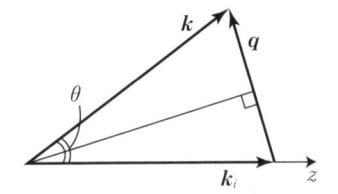

図8.1 k は $k = kn = k\dfrac{r}{r}$ より，r 方向の大きさ k のベクトルである。k_i は z 軸方向の大きさ k のベクトルなので，k と k_i は同じ大きさのベクトルで，なす角は θ である。

図 8.1 より

$$q = |\boldsymbol{q}| = 2k\sin\frac{\theta}{2} \tag{8.36}$$

である。ボルン近似での散乱振幅は (8.32) であり，

$$f^{(\mathrm{B})}(\Omega) = -\frac{\mu}{2\pi\hbar^2}\int d^3 r'\, e^{-i\boldsymbol{q}\cdot\boldsymbol{r'}}\, V(\boldsymbol{r'}) \tag{8.37}$$

と，<u>ポテンシャル V のフーリエ変換の形で与えられる</u>。したがって，立体角 Ω への散乱断面積は (5.80) より

$$\begin{aligned}
d\sigma^{(\mathrm{B})} &= |f^{(\mathrm{B})}(\Omega)|^2\, d\Omega \\
&= \frac{\mu^2}{4\pi^2\hbar^4}\left|\int d^3 r\, e^{-i\boldsymbol{q}\cdot\boldsymbol{r}}\, V(\boldsymbol{r})\right|^2 d\Omega
\end{aligned} \tag{8.38}$$

と表される。

例題8.2 球対称ポテンシャルの場合のボルン近似での散乱振幅

ポテンシャル V が球対称の場合の，散乱振幅 (8.37) の角度積分を実行せよ。

解 ポテンシャルが球対称 ($V(\boldsymbol{r'}) = V(r')$) の場合，前章で議論したように，散乱振幅は角度 θ にのみ依存する。(8.37) において，$\boldsymbol{q}$ と $\boldsymbol{r'}$ のなす角を $\theta'(0 \leq \theta' \leq \pi)$ とすると，$\boldsymbol{q}\cdot\boldsymbol{r'} = qr'\cos\theta'$ である。$\boldsymbol{q}$ を z 軸方向として極座標をとると，$d^3 r' = r'^2 dr'\, 2\pi\sin\theta'\, d\theta'$ と書けて，

$$\begin{aligned}
f^{(\mathrm{B})}(\theta) &= -\frac{\mu}{2\pi\hbar^2}\int_0^\infty dr'\, 2\pi r'^2 \int_0^\pi d\theta'\, \sin\theta'\, e^{-iqr'\cos\theta'} V(r') \\
&= -\frac{\mu}{\hbar^2}\int_0^\infty dr'\, r'^2\, V(r') \int_{-1}^1 du\, e^{-iqr' u} \\
&= -\frac{2\mu}{\hbar^2}\int_0^\infty V(r')\,\frac{\sin(qr')}{q}\, r'\, dr'
\end{aligned} \tag{8.39}$$

を得る。1 行目から 2 行目に移る際，$u = \cos\theta'$ とおいた。

ここで，ボルン近似の散乱振幅においては，入射粒子の運動量 $\hbar k$ と散乱角 θ は，(8.36) の q を通して $k \sin \dfrac{\theta}{2}$ の組み合わせでのみ現れることに注意しよう。

また，このとき，散乱断面積 (8.38) は
$$\begin{aligned}
d\sigma^{(\mathrm{B})} &= |f^{(\mathrm{B})}(\theta)|^2 \, 2\pi \sin\theta \, d\theta \\
&= \frac{8\pi\mu^2}{\hbar^4} \left| \int_0^\infty V(r) \frac{\sin(qr)}{q} r \, dr \right|^2 \sin\theta \, d\theta \quad (8.40)
\end{aligned}$$
と書ける。■

ボルン近似の適用条件

ボルン近似がよい近似であるためには，逐次近似法で得た解の収束がよい必要がある。そのためには，すべての $\boldsymbol{r}$ に対して，(8.31) の右辺で第 1 項に比べ第 2 項が十分小さくないといけない：
$$\left| \frac{\mu}{\hbar^2} \int d^3 \boldsymbol{r}' \frac{e^{ik(|\boldsymbol{r}-\boldsymbol{r}'|+z')}}{|\boldsymbol{r}-\boldsymbol{r}'|} V(\boldsymbol{r}') \right| \ll 1 \quad (8.41)$$

ポテンシャルの影響の及ぶ距離スケールを a，その範囲内でのポテンシャルの強さを V_0 としよう。$\boldsymbol{r}$ が遠方 ($r \gg a$) では左辺がゼロに近づくため，(8.41) は明らかに成り立つ。$\boldsymbol{r}$ がポテンシャルの及ぶ距離スケール程度のところにあるとして，議論を続けよう。
$$\begin{aligned}
((8.41) の左辺) &\leq \frac{\mu}{\hbar^2} \int d^3 \boldsymbol{r}' \left| \frac{e^{ik(|\boldsymbol{r}-\boldsymbol{r}'|+z')}}{|\boldsymbol{r}-\boldsymbol{r}'|} V(\boldsymbol{r}') \right| \\
&= \frac{\mu}{\hbar^2} \int d^3 \boldsymbol{r}' \frac{|V(\boldsymbol{r}')|}{|\boldsymbol{r}-\boldsymbol{r}'|} \simeq \frac{\mu a^2}{\hbar^2} V_0 \quad (8.42)
\end{aligned}$$
なので，
$$V_0 \ll \frac{\hbar^2}{\mu a^2} \quad (8.43)$$
を満たせば十分である。(8.43) の右辺の量は，辺の長さが a 程度の箱の中の粒子の運動エネルギーと，同程度の大きさである(不確定性関係より，辺の長さが a 程度の箱の中の粒子の運動量は，$\dfrac{\hbar}{a}$ 程度である)。

(8.43) を導く際，(8.42) において積分値の絶対値を，絶対値をとったものの積分に置き換えた。入射粒子の運動量が十分小さく低速 ($ka \ll 1$)

のときは
$$e^{ik(|r-r'|+z')} \simeq 1 \tag{8.44}$$
であるので，置き換えは妥当な評価である．一方，高速 ($ka \gg 1$) の場合，$e^{ik(|r-r'|+z')}$ が激しく振動するため，積分の値は (8.42) の右辺の評価よりもずっと小さくなる．例えば，r を原点にとって積分値を見積もると

$$\begin{aligned}
((8.41) \text{の左辺}) &\simeq \frac{\mu V_0}{\hbar^2} \left| \int_{r'<a} d^3 r' \frac{e^{ik(r'+z')}}{r'} \right| \\
&= 2\pi \frac{\mu V_0}{\hbar^2} \left| \int_0^a dr'\, r' \int_0^\pi d\theta \sin\theta\, e^{ikr'(1+\cos\theta)} \right| \\
&= 2\pi \frac{\mu V_0}{\hbar^2} \frac{1}{k} \left| \int_0^a dr' (e^{2ikr'} - 1) \right| \\
&= 2\pi \frac{\mu V_0}{\hbar^2} \frac{a}{k} \left| \frac{e^{2ika}-1}{2ika} - 1 \right| \tag{8.45}
\end{aligned}$$

となる．これは，$ka \ll 1$ では (8.42) と同程度であるが，$ka \gg 1$ では
$$\frac{\mu V_0}{\hbar^2} \frac{a}{k} = \frac{\mu a^2}{\hbar^2} V_0 \frac{1}{ka} \tag{8.46}$$
程度であり，(8.42) の右辺よりもずっと小さくなる．したがって，高速 ($ka \gg 1$) では (8.43) よりもゆるい条件
$$V_0 \ll \frac{\hbar^2}{\mu a^2} ka \tag{8.47}$$
の下でボルン近似が適用できることがわかる．

十分低速でボルン近似が適用できる場合，(8.37) において $|q \cdot r'|$ は ka 程度かそれより小さいので，$|q \cdot r'| \ll 1$ である．よって，$e^{-iq \cdot r'} \simeq 1$ と近似でき，
$$f^{(B)}(\Omega) \simeq -\frac{\mu}{2\pi\hbar^2} \int d^3 r'\, V(r') \tag{8.48}$$
となる．この右辺は Ω によらない定数であり，散乱は等方的である．一方，十分高速でボルン近似が適用できる場合，(8.36) より $qa = 2ka \sin\frac{\theta}{2}$ も一般的には大きく，(8.37) の被積分関数は激しく振動する．しかし，qa が 1 程度，もしくはそれより小さい場合のみ，振動がゆるやかであり積分に主要な寄与を与える．このとき，$2\sin\frac{\theta}{2}$ は $\frac{1}{ka}$ 程度かそれより小さく，

これは θ が $\frac{1}{ka}$ 程度以内の小さい値であることを意味する。したがって，ほとんどの散乱は，θ が $\frac{1}{ka}$ 程度以内の方向へのもので，非常に異方的であり，前方散乱が主である。

例題8.3 球対称ポテンシャルによる散乱のボルン近似での計算

次の (1), (2) の球対称ポテンシャルによる散乱断面積を，ボルン近似で求めよ。

(1) 井戸型ポテンシャル
$$V(r) = \begin{cases} -V_0 & (r < a) \\ 0 & (r > a) \end{cases} \tag{8.49}$$

(2) 湯川型ポテンシャル
$$V(r) = V_0 \frac{a}{r} e^{-\frac{r}{a}} \tag{8.50}$$

解

(1) (8.39) より，
$$f^{(B)}(\theta) = \frac{2\mu}{\hbar^2} \frac{V_0}{q} \int_0^a \sin(qr) r \, dr$$
$$= \frac{2\mu}{\hbar^2} \frac{V_0}{q^3} [\sin(qa) - qa \cos(qa)] \tag{8.51}$$

となる。散乱断面積
$$d\sigma^{(B)} = |f^{(B)}(\theta)|^2 \, d\Omega$$
$$= 4a^2 \left(\frac{\mu a^2 V_0}{\hbar^2}\right)^2 \left(\frac{\sin(qa) - qa \cos(qa)}{(qa)^3}\right)^2 d\Omega \tag{8.52}$$

で，Ω について積分を行って全断面積 $\sigma_{\text{tot}}^{(B)}$ を求める際，(8.36) を使って
$$d\Omega = 2\pi \sin\theta \, d\theta = 4\pi \sin\frac{\theta}{2} \cos\frac{\theta}{2} \, d\theta = \frac{2\pi}{k^2} q \, dq \tag{8.53}$$

と，q 積分に変換すると便利である。さらに $p = qa$ とおくと，
$$\sigma_{\text{tot}}^{(B)} = \int d\sigma^{(B)} = \frac{2\pi}{k^2} 4a^2 \left(\frac{\mu a^2 V_0}{\hbar^2}\right)^2 \int_0^{2k} dq \, q \, \frac{(\sin(qa) - qa \cos(qa))^2}{(qa)^6}$$
$$= \frac{8\pi}{k^2} \left(\frac{\mu a^2 V_0}{\hbar^2}\right)^2 \int_0^{2ka} dp \, \frac{(\sin p - p \cos p)^2}{p^5} \tag{8.54}$$

この積分を実行して

$$\sigma_{\text{tot}}^{(B)} = \frac{2\pi}{k^2}\left(\frac{\mu a^2 V_0}{\hbar^2}\right)^2$$
$$\times \left[1 - \frac{1}{(2ka)^2} + \frac{1}{(2ka)^3}\sin(4ka) - \frac{1}{(2ka)^4}\sin^2(2ka)\right] \tag{8.55}$$

を得る．これは，低速 ($ka \ll 1$) では

$$\sigma_{\text{tot}}^{(B)} \simeq \frac{16\pi}{9} a^2 \left(\frac{\mu a^2 V_0}{\hbar^2}\right)^2 \tag{8.56}$$

と，k によらない定数となり，高速 ($ka \gg 1$) では

$$\sigma_{\text{tot}}^{(B)} \simeq \frac{2\pi}{k^2}\left(\frac{\mu a^2 V_0}{\hbar^2}\right)^2 \tag{8.57}$$

と，$O\left(\dfrac{1}{k^2}\right)$ でゼロになる量である．

(2) 散乱振幅は

$$f^{(B)}(\theta) = -\frac{2\mu}{\hbar^2}\frac{V_0 a}{q}\int_0^\infty dr\, e^{-\frac{r}{a}}\sin(qr)$$
$$= -2a\frac{\mu a^2 V_0}{\hbar^2}\frac{1}{1+(qa)^2} \tag{8.58}$$

と計算され，散乱断面積は

$$d\sigma^{(B)} = 4a^2\left(\frac{\mu a^2 V_0}{\hbar^2}\right)^2\frac{1}{(1+(qa)^2)^2}\,d\Omega \tag{8.59}$$

で与えられる．全断面積は，(1) と同様に積分変数を変換して

$$\sigma_{\text{tot}}^{(B)} = \frac{8\pi a^2}{(ka)^2}\left(\frac{\mu a^2 V_0}{\hbar^2}\right)^2 \int_0^{2ka} dp\,\frac{p}{(1+p^2)^2}$$
$$= 16\pi a^2\left(\frac{\mu a^2 V_0}{\hbar^2}\right)^2\frac{1}{1+4(ka)^2} \tag{8.60}$$

を得る．これも，低速 ($ka \ll 1$) では

$$\sigma_{\text{tot}}^{(B)} \simeq 16\pi a^2\left(\frac{\mu a^2 V_0}{\hbar^2}\right)^2 \tag{8.61}$$

と，k によらない定数となり，高速 ($ka \gg 1$) では

$$\sigma_{\text{tot}}^{(B)} \simeq \frac{4\pi}{k^2}\left(\frac{\mu a^2 V_0}{\hbar^2}\right)^2 \tag{8.62}$$

と，$O\left(\dfrac{1}{k^2}\right)$ でゼロになる量である． ∎

例題8.4 クーロンポテンシャルによる散乱のボルン近似での計算

例題 8.3 の (2) の湯川型ポテンシャルにおいて $V_0 = \dfrac{ee'}{a}$ とおいた後, $a \to \infty$ の極限をとると,

$$V(r) = \lim_{a \to \infty} \frac{ee'}{r} e^{-\frac{r}{a}} = \frac{ee'}{r} \tag{8.63}$$

となり, 電荷 e, e' の間に働くクーロンポテンシャルが得られる。この手続きを例題 8.3(2) の散乱断面積 $d\sigma^{(B)}$ について行い, クーロンポテンシャルによる散乱断面積を求めよ。

解 (8.59) はこの手続きの後,

$$\begin{aligned} d\sigma^{(B)} &= \lim_{a \to \infty} 4a^2 \left(\frac{\mu a ee'}{\hbar^2} \right)^2 \frac{1}{(1+(qa)^2)^2} d\Omega \\ &= 4\left(\frac{\mu ee'}{\hbar^2}\right)^2 \frac{1}{q^4} d\Omega = \frac{1}{4}\left(\frac{\mu ee'}{\hbar^2}\right)^2 \frac{d\Omega}{k^4 \sin^4(\theta/2)} \end{aligned} \tag{8.64}$$

となる。相対運動のエネルギー $E_{\text{rel}} = \dfrac{\hbar^2 k^2}{2\mu}$ を用いて表すと,

$$d\sigma^{(B)} = \frac{1}{16} \frac{e^2 e'^2}{E_{\text{rel}}^2} \frac{d\Omega}{\sin^4(\theta/2)} \tag{8.65}$$

を得る。これは前方 ($\theta = 0$) に鋭いピークを持ち, つねに (低速あるいは低エネルギーの場合でも) 異方的である。$a \to \infty$ の極限操作を行ったので, (8.48) での議論はそのまま適用できないことに注意しよう。また, 偶然とみなすべきであるが, (8.65) の結果は古典的なラザフォード散乱のものと一致している。

(8.65) において, 全断面積を計算しようとすると

$$\sigma_{\text{tot}}^{(B)} = \int d\sigma^{(B)} = \frac{1}{16} \frac{e^2 e'^2}{E_{\text{rel}}^2} \int_0^\pi \frac{2\pi \sin\theta \, d\theta}{\sin^4(\theta/2)} \tag{8.66}$$

となるが, この積分は $\theta = 0$ で発散してしまう。現実には, 真空には電荷を遮蔽する性質があるため, 純粋なクーロン場は存在せず, このような発散は問題にはならない。 ■

位相のずれをポテンシャルで表す式

位相のずれ δ_l をポテンシャルによって表す式を, ボルン近似を使って求めてみよう。

球対称ポテンシャル $V(r)$ を考えると,波動関数の動径部分 $\chi_{kl} = rR_{kl}$ についてのシュレーディンガー方程式は

$$\chi_{kl}''(r) = \left(\frac{2\mu}{\hbar^2}V(r) + \frac{l(l+1)}{r^2} - k^2\right)\chi_{kl}(r) \tag{8.67}$$

である。また,$\chi_{kl}^{(0)}$ を自由粒子の波動関数とすると

$$\chi_{kl}^{(0)''}(r) = \left(\frac{l(l+1)}{r^2} - k^2\right)\chi_{kl}^{(0)}(r) \tag{8.68}$$

であり,これらは原点での境界条件 $\chi_{kl}(0) = \chi_{kl}^{(0)}(0) = 0$ を満たす。

(8.67) に $\chi_{kl}^{(0)}(r)$ をかけたものから,(8.68) に $\chi_{kl}(r)$ をかけたものを引くと,

$$(\chi_{kl}^{(0)}(r)\chi_{kl}'(r) - \chi_{kl}(r)\chi_{kl}^{(0)'}(r))' = \frac{2\mu}{\hbar^2}V(r)\chi_{kl}^{(0)}(r)\chi_{kl}(r) \tag{8.69}$$

を得る。この両辺を,r についてゼロから r まで積分すると,

$$\chi_{kl}^{(0)}(r)\chi_{kl}'(r) - \chi_{kl}(r)\chi_{kl}^{(0)'}(r) = \frac{2\mu}{\hbar^2}\int_0^r dr' \, V(r')\chi_{kl}^{(0)}(r')\chi_{kl}(r') \tag{8.70}$$

となる。ここで,左辺の $r = 0$ での表面項は,原点での境界条件からゼロである。

$V(r)$ を摂動とみなすと,摂動の 1 次近似 (ボルン近似) の範囲では,(8.70) の右辺の χ_{kl} を $\chi_{kl}^{(0)}$ に置き換えても,誤差は V の 2 次以上であり,無視できることに注意しよう。よって,

$$\chi_{kl}^{(0)}(r)\chi_{kl}'(r) - \chi_{kl}(r)\chi_{kl}^{(0)'}(r) = \frac{2\mu}{\hbar^2}\int_0^r dr' \, V(r')\chi_{kl}^{(0)}(r')^2 + O(V^2) \tag{8.71}$$

(7.63) より $\chi_{kl}^{(0)}(r) = C_l k r j_l(kr)$ であり,その $r \sim \infty$ での漸近形は (7.64) から

$$\chi_{kl}^{(0)}(r) \sim C_l \sin\left(kr - \frac{\pi l}{2}\right) \tag{8.72}$$

である。また,$\chi_{kl}(r)$ の漸近形は (7.66) から

$$\chi_{kl}(r) \sim C_l \sin\left(kr - \frac{\pi l}{2} + \delta_l\right) \tag{8.73}$$

で与えられる。(8.71) において $r \sim \infty$ の場合を考え,漸近形 (8.72), (8.73) を左辺に代入すると,

$$\sin\left(kr - \frac{\pi l}{2}\right)\cos\left(kr - \frac{\pi l}{2} + \delta_l\right)$$
$$- \sin\left(kr - \frac{\pi l}{2} + \delta_l\right)\cos\left(kr - \frac{\pi l}{2}\right) = -\sin\delta_l \qquad (8.74)$$

を使った後,

$$\delta_l \simeq \sin\delta_l = -\frac{2\mu}{\hbar^2}k\int_0^\infty V(r)j_l(kr)^2 r^2\,\mathrm{d}r + O(V^2) \qquad (8.75)$$

が得られる。V を摂動として扱っているので右辺の値は小さい。したがって $\sin\delta_l$ も小さく,$\sin\delta_l \simeq \delta_l$ である。

(8.75) から,斥力ポテンシャル ($V>0$) の場合は $\delta_l < 0$ であり,引力ポテンシャル ($V<0$) の場合は $\delta_l > 0$ であることが見てとれる。図 8.2 から,斥力ポテンシャルでは,波がポテンシャルが影響する領域 $0 < r < a$ から押し出され,引力ポテンシャルでは,波が領域 $0 < r < a$ に引き込まれるように解釈される。

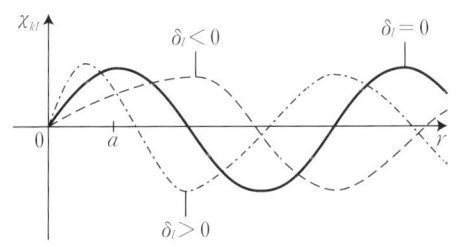

図8.2 位相のずれ δ_l が正負の場合の波 $\chi_{kl}(r)$ の様子。原点では境界条件のため常に $\chi_{kl}(0) = 0$ である。

8.2 低速粒子の散乱

この節では低速粒子の散乱について,(ボルン近似によらず) 一般的に議論しよう。ポテンシャルの影響の及ぶ長さスケールを a とし,$ka \ll 1$ を満たす低速粒子の場合を考える。

動径部分 $\chi_{kl} = rR_{kl}$ についてのシュレーディンガー方程式は

$$\chi_{kl}''(r) = \left(\frac{2\mu}{\hbar^2}V(r) + \frac{l(l+1)}{r^2} - k^2\right)\chi_{kl}(r) \qquad (8.76)$$

である。$r \gg a$ の領域では $V(r) \simeq 0$ なので,ポテンシャルの項を無視で

きて，自由粒子の場合の方程式

$$\chi_{kl}''(r) = \left(\frac{l(l+1)}{r^2} - k^2\right)\chi_{kl}(r) \tag{8.77}$$

になるが，この解は (7.62) の形で与えられる．

$$\chi_{kl}(r) = C_l(k)kr\left[\cos\delta_l(k)j_l(kr) - \sin\delta_l(k)n_l(kr)\right] \tag{8.78}$$

ここでは議論をわかりやすくするため，定数 C_l, δ_l が k に依存してもよいことを明示して表すことにする．

一方，(8.77) において $k = 0$ の場合

$$\chi_{0l}''(r) = \frac{l(l+1)}{r^2}\chi_{0l}(r) \tag{8.79}$$

の解は，a_l, b_l を k によらない定数として

$$\chi_{0l}(r) = a_l\, r^{l+1} + b_l\frac{1}{r^l} \tag{8.80}$$

の形である．(8.78) の解は，$k \to 0$ の極限で (8.80) に一致しなければならない．この要求から，位相のずれ $\delta_l(k)$ の $k \sim 0$ での振る舞いを決めることができる．

球ベッセル関数の原点付近での振る舞い (7.54) を使うと，(8.78) は $k \sim 0$ で

$$\chi_{kl}(r) \sim C_l(k)\left[\cos\delta_l(k)\frac{k^{l+1}}{(2l+1)!!}r^{l+1} + \sin\delta_l(k)\frac{(2l-1)!!}{k^l}\frac{1}{r^l}\right] \tag{8.81}$$

となるので，(8.80) と比べて

$$a_l = C_l(k)\,\cos\delta_l(k)\,\frac{k^{l+1}}{(2l+1)!!}, \quad b_l = C_l(k)\,\sin\delta_l(k)\,\frac{(2l-1)!!}{k^l} \tag{8.82}$$

と読み取ることができる．(8.82) を $\sin\delta_l(k)$, $\cos\delta_l(k)$ について解いて，

$$\tan\delta_l(k) = \frac{\sin\delta_l(k)}{\cos\delta_l(k)} = \frac{b_l}{a_l}\frac{k^{2l+1}}{(2l+1)!!(2l-1)!!} \tag{8.83}$$

が得られる．$k \sim 0$ より右辺は小さいので，左辺も小さく，$\delta_l(k) \simeq \tan\delta_l(k)$ であるから，位相のずれ $\delta_l(k)$ の $k \sim 0$ での振る舞いが

$$\delta_l(k) \simeq \frac{b_l}{a_l}\frac{k^{2l+1}}{(2l+1)!!(2l-1)!!} \tag{8.84}$$

と決まる．

対応して，(7.90) の部分散乱振幅 $f_l(k)$ は

$$f_l(k) = \frac{e^{2i\delta_l(k)}-1}{2ik} \simeq \frac{\delta_l(k)}{k} \simeq \frac{b_l}{a_l}\frac{k^{2l}}{(2l+1)!!(2l-1)!!} \quad (8.85)$$

となる（わかりやすくするため，部分散乱振幅 f_l についても k 依存性を明示した）。ここで，$f_l(k)$ は k^{2l} に比例するので，<u>低速および低エネルギーのときは，$l=0$ の s 波の部分散乱振幅 $f_0(k)$ が，他の $f_l(k)\,(l\neq 0)$ に比べて圧倒的に重要になる</u>ことに注意しよう。ここで，

$$a \equiv -\lim_{k\to 0} f_0(k) \quad (8.86)$$

で定義される量は**散乱長**と呼ばれる。これは正であることも負であることもある。散乱振幅は，(7.89) の部分波分解において $l=0$ 以外の項は無視できるので，(8.85) の $l=0$ の表式を用いて

$$f(\theta) = \sum_{l=0}^{\infty}(2l+1)f_l(k)P_l(\cos\theta) \simeq f_0(k) \simeq \frac{b_0}{a_0} = -a \quad (8.87)$$

と書ける。$k\sim 0$ では散乱振幅 $f(\theta)$ は θ に依存しない定数であり，散乱は等方的である。前節のボルン近似での結論と同じものが得られたが，ここでの議論はポテンシャルが小さい場合に限らず，一般の場合に使えることに注意しよう。また，散乱の全断面積は

$$\delta_{\text{tot}} = \int |f(\theta)|^2 \, d\Omega \simeq 4\pi a^2 \quad (8.88)$$

と，エネルギーによらない定数になる。

例題8.5 ポテンシャル井戸，ポテンシャル障壁による低速粒子の散乱

次の (1), (2) のポテンシャル（ともに $V_0 > 0$）による，低速粒子の散乱断面積を求めよ。

(1) 井戸型ポテンシャル

$$V(r) = \begin{cases} -V_0 & (r<a) \\ 0 & (r>a) \end{cases} \quad (8.89)$$

(2) ポテンシャル障壁

$$V(r) = \begin{cases} V_0 & (r<a) \\ 0 & (r>a) \end{cases} \quad (8.90)$$

解

(1) 低速粒子の散乱で重要な s 波の寄与のみ考えよう。(8.76) より，$l=0$ の動径部分の波動関数 $\chi_{k0}(r)$ のシュレーディンガー方程式は

第 8 章 散乱問題 II

$$\chi_{k0}''(r) = \left(-\frac{2\mu}{\hbar^2}V_0 - k^2\right)\chi_{k0}(r) \quad (r < a) \tag{8.91}$$

$$\chi_{k0}''(r) = -k^2\chi_{k0}(r) \quad\quad\quad (r > a) \tag{8.92}$$

である。低速 $(k \sim 0)$ の場合，$\frac{\hbar^2 k^2}{2\mu} \ll V_0$ なので，(8.91) において k^2 の項を無視できて

$$\chi_{k0}''(r) = -\kappa^2\chi_{k0}(r), \quad \kappa \equiv \sqrt{\frac{2\mu}{\hbar^2}V_0} \tag{8.93}$$

となる。この解で原点での境界条件 $\chi_{k0}(0) = 0$ を満たすものは

$$\chi_{k0}(r) = A\sin(\kappa r) \quad (A \text{ は定数}) \tag{8.94}$$

である。また，(8.92) の解は $\delta_0(k)$ を位相のずれとして

$$\chi_{k0}(r) = B\sin(kr + \delta_0(k)) \quad (B \text{ は定数}) \tag{8.95}$$

で与えられる。

$r < a$ での波動関数 (8.94) と，$r > a$ での波動関数 (8.95) を接続する条件は，「波動関数とその 1 階微分が $r = a$ で連続」なので，

$$\lim_{r \to a-0}\frac{\chi_{k0}'(r)}{\chi_{k0}(r)} = \lim_{r \to a+0}\frac{\chi_{k0}'(r)}{\chi_{k0}(r)} \tag{8.96}$$

を満たす必要がある。これより，

$$\kappa\cot(\kappa a) = k\cot(ka + \delta_0(k)) \tag{8.97}$$

が得られる。

一般的には $\kappa\cot(\kappa a)$ は k によらない有限な値[1]なので，(8.97) の右辺の $\cot(ka + \delta_0(k))$ は $\frac{1}{k}$ 程度の大きな値である。このことは，$\sin(ka + \delta_0(k))$ が k 程度の小さな量であることを意味する。(8.84) から，$\delta_0(k)$ は k に比例し小さいので，$\cot$ の中の $ka + \delta_0(k)$ も十分小さい量である。よって，

$$\sin(ka + \delta_0(k)) \simeq ka + \delta_0(k), \ \cos(ka + \delta_0(k)) \simeq 1 \tag{8.98}$$

を得る。これを使うと，(8.97) は

$$\kappa\cot(\kappa a) \simeq \frac{k}{ka + \delta_0(k)} \tag{8.99}$$

---

[1] ここでは，κa の値が $\left(n + \frac{1}{2}\right)\pi$ $(n = 0, 1, 2, \cdots)$ ではないと仮定する。$\kappa a = \left(n + \frac{1}{2}\right)\pi$ のときは，$\cot(\kappa a) = 0$ となり，以下の議論は成り立たない。次節を参照。

と書け，位相のずれ $\delta_0(k)$ は
$$\delta_0(k) \simeq \frac{k}{\kappa} \tan(\kappa a) - ka \tag{8.100}$$
で与えられる。散乱振幅は
$$f(\theta) \simeq f_0 \simeq \frac{\delta_0(k)}{k} \simeq \frac{1}{\kappa} \tan(\kappa a) - a \tag{8.101}$$
と求まり，散乱長は $\alpha = a - \frac{1}{\kappa}\tan(\kappa a)$ である。

ここで，$\kappa a = \sqrt{\frac{2\mu a^2}{\hbar^2} V_0} \ll 1$ のときはボルン近似の適用条件 (8.43) を満足する。この場合，
$$\tan(\kappa a) \simeq \kappa a + \frac{1}{3}(\kappa a)^3 \tag{8.102}$$
と展開すると，(8.101) は $f(\theta) \simeq \frac{1}{3}\kappa^2 a^3$ となる。また，全断面積 (8.88) は
$$\sigma_{\mathrm{tot}} = 4\pi \alpha^2 \simeq 4\pi \left(-\frac{1}{3}\kappa^2 a^3 \right)^2 = \frac{16\pi}{9} a^2 \left(\frac{\mu a^2 V_0}{\hbar^2} \right)^2 \tag{8.103}$$
となり，例題 8.3 (1) のボルン近似の結果 (8.56) を再現する。

(2) $\chi_{k0}(r)$ のシュレーディンガー方程式は
$$\chi_{k0}''(r) = \left(\frac{2\mu}{\hbar^2} V_0 - k^2 \right) \chi_{k0}(r) \quad (r < a) \tag{8.104}$$
$$\chi_{k0}''(r) = -k^2 \chi_{k0}(r) \qquad (r > a) \tag{8.105}$$
である。低速の場合，(8.104) で k^2 の項を無視したもの
$$\chi_{k0}''(r) = \kappa^2 \chi_{k0}(r), \quad \kappa = \sqrt{\frac{2\mu}{\hbar^2} V_0} \tag{8.106}$$
を考えると，その解で原点での条件 $\chi_{k0}(0) = 0$ を満たすものは
$$\chi_{k0}(r) = A \sinh(\kappa r) \quad (A \text{ は定数}) \tag{8.107}$$
である。また，(8.105) の解は (8.95) と同じ形で与えられる。そして，(8.96) の接続条件から
$$\kappa \coth(\kappa a) = k \cot(ka + \delta_0(k)) \tag{8.108}$$
が得られる。

(8.108) の左辺は k によらない有限な値なので，右辺において

$\cot(ka + \delta_0(k))$ は $\dfrac{1}{k}$ 程度の大きな量である。(1) のときと同様，$\delta_0(k)$ は小さいので，
$$\sin(ka + \delta_0(k)) \simeq ka + \delta_0(k), \quad \cos(ka + \delta_0(k)) \simeq 1 \tag{8.109}$$
であり，(8.108) は
$$\kappa \coth(\kappa a) \simeq \frac{k}{ka + \delta_0(k)} \tag{8.110}$$
と書ける。これより，位相のずれ $\delta_0(k)$ および散乱振幅は
$$\delta_0(k) \simeq \frac{k}{\kappa} \tanh(\kappa a) - ka \tag{8.111}$$
$$f(\theta) \simeq f_0(k) \simeq \frac{\delta_0(k)}{k} \simeq \frac{1}{\kappa} \tanh(\kappa a) - a \tag{8.112}$$
で与えられる。

$V_0 \to \infty$ の極限は，原点が中心の半径 a の剛体球のポテンシャルを表し，$\kappa \to \infty$ に対応する。このとき，$f(\theta) \to -a$ で，散乱長 α は a と等しくなる。よって，散乱の全断面積は
$$\sigma_{\text{tot}} \simeq 4\pi \alpha^2 = 4\pi a^2 \tag{8.113}$$
となる。ここで，古典力学では散乱の全断面積は剛体球の断面積 πa^2 に等しいが，(8.113) から量子力学ではその 4 倍になることがわかる。

■

8.3　共鳴散乱

ポテンシャルが束縛状態を作ることができる場合，入射粒子のエネルギーが束縛状態のエネルギーに近くなると，散乱断面積が大きく増大する現象 (**共鳴散乱**) が起こる。

ここでは，前節の例題 8.5 (1) のポテンシャル
$$V(r) = \begin{cases} -V_0 & (r < a) \\ 0 & (r > a) \end{cases} \tag{8.114}$$
の場合を議論しよう。原子核中の陽子，中性子に働く核力のポテンシャルは，この形のポテンシャルでよく近似的に表される。

低エネルギーでの共鳴散乱

　低エネルギー ($ka \ll 1$) での共鳴散乱の例は，前節の例題 8.5(1) に見出すことができる．例題 8.5(1) において，(8.97) 以下の議論は，

$$\kappa a = \left(n + \frac{1}{2}\right)\pi \quad (n = 0, 1, 2, \cdots) \tag{8.115}$$

のときには $\cot(\kappa a) = 0$ となってしまうため，成り立たないことに注意しよう．このとき，(8.97) は

$$0 = \cot(ka + \delta_0(k)) \Leftrightarrow ka + \delta_0(k) = \left(n + \frac{1}{2}\right)\pi \tag{8.116}$$

(n は整数) を意味するので，$\delta_0(k)$ は小さくなく，$\delta_0(k) \simeq \left(n + \frac{1}{2}\right)\pi$ である．よって，(7.94) より $|f_0|^2 = \frac{1}{k^2}\sin^2\delta_0(k)$ はほぼ最大値 $\frac{1}{k^2}$ に達し，s 波の部分散乱断面積 $\sigma_0 = 4\pi|f_0|^2$ も (7.95) の上限値 $\sigma_{0\,\mathrm{max}} = \frac{4\pi}{k^2}$ に非常に近い．

　$\kappa = \sqrt{\frac{2\mu}{\hbar^2}V_0}$ なので，(8.115) は

$$V_0 = \frac{\pi^2\hbar^2}{8\mu a^2}(2n+1)^2 \tag{8.117}$$

を意味する．$n = 0$ の場合の

$$V_{0\,\mathrm{min}} = \frac{\pi^2\hbar^2}{8\mu a^2} \tag{8.118}$$

は，束縛状態をただ 1 つ作る井戸の最小の深さであり，束縛状態のエネルギー準位はゼロエネルギーにある[2]．同様に，一般の n のときの (8.117) は束縛状態を $n+1$ 個作り，下から数えて $n+1$ 番目の束縛状態のエネルギー準位がゼロエネルギーにあることがいえる．したがって，図 8.3(a) のように，ゼロエネルギーに近い $k \sim 0$ の低速粒子が，ゼロエネルギーにある束縛状態のエネルギー準位と共鳴を起こすことになる．

　$V_0 = V_{0\,\mathrm{min}}(1 + \Delta)$ (ただし，$|\Delta| < k^2 a^2 \ll 1$) として，ポテンシャルの深さ V_0 が，束縛状態が 1 つだけできる最小の深さから，わずかにずれ

---

[2] 『量子力学 I』第 11 章 11.1 節の例題 11.4 参照．そこでの結果において，$h = 2\pi\hbar$ を使い $m \Rightarrow \mu$ と書いたものがこの結果である．

第 8 章 散乱問題 II

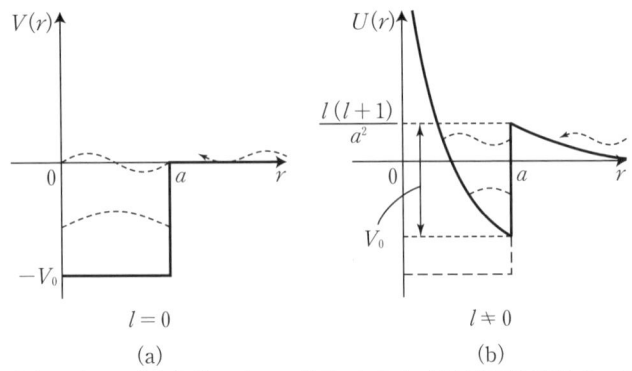

(a) $l = 0$
(b) $l \neq 0$

図8.3 s 波 ($l = 0$) では遠心力ポテンシャルはゼロなので，(a) の井戸型ポテンシャルにおいて共鳴散乱が起きるのは，束縛状態がゼロエネルギー付近にでき，かつ入射粒子が低速 $k \sim 0$ の場合である．しかし，$l \neq 0$ では遠心力ポテンシャルの寄与を含めた有効ポテンシャル $U(r)$ は (b) のようになり，$r > a$ の a 付近のところに高さ $\dfrac{l(l+1)}{a^2}$ の障壁ができる．このため，束縛状態的な状態が正エネルギーの領域にできて，入射粒子が低速でない場合にも共鳴が起きうる．

ている状況をもう少し詳しく調べよう．

$$K \equiv \sqrt{\frac{2\mu}{\hbar^2}V_0 + k^2} = \sqrt{\frac{2\mu}{\hbar^2}V_{0\min}(1+\Delta) + k^2} \tag{8.119}$$

とおくと，(8.91) の解は

$$\chi_{k0}(r) = A\sin(Kr) \quad (A \text{ は定数}) \tag{8.120}$$

であり，(8.92) の解は (8.95) のままで変わらない．これらの解の接続条件 (8.96) から

$$K\cot(Ka) = k\cot(ka + \delta_0(k)) \tag{8.121}$$

が得られる．

(8.119) に $V_{0\min}$ の値 (8.118) を代入して，Δ, ka について展開すると

$$\begin{aligned}
K &= \sqrt{\left(\frac{\pi}{2a}\right)^2(1+\Delta) + k^2} = \frac{\pi}{2a}\left[1 + \Delta + \frac{4k^2a^2}{\pi^2}\right]^{\frac{1}{2}} \\
&\simeq \frac{\pi}{2a}\left[1 + \frac{1}{2}\left(\Delta + \frac{4k^2a^2}{\pi^2}\right)\right]
\end{aligned} \tag{8.122}$$

なので，

$$\sin(Ka) \simeq \sin\left[\frac{\pi}{2} + \frac{\pi}{4}\left(\Delta + \frac{4k^2a^2}{\pi^2}\right)\right] = \cos\left[\frac{\pi}{4}\left(\Delta + \frac{4k^2a^2}{\pi^2}\right)\right] \simeq 1$$

$$\cos(Ka) \simeq \cos\left[\frac{\pi}{2} + \frac{\pi}{4}\left(\Delta + \frac{4k^2a^2}{\pi^2}\right)\right] = -\sin\left[\frac{\pi}{4}\left(\Delta + \frac{4k^2a^2}{\pi^2}\right)\right]$$
$$\simeq -\frac{\pi}{4}\left(\Delta + \frac{4k^2a^2}{\pi^2}\right)$$

から,
$$K\cot(Ka) = K\frac{\cos(Ka)}{\sin(Ka)} \simeq \frac{\pi}{2a}\left(-\frac{\pi}{4}\right)\left(\Delta + \frac{4k^2a^2}{\pi^2}\right)$$
$$= -\frac{\pi^2}{8a}\Delta - \frac{1}{2}k^2 a \tag{8.123}$$

を得る。

一方, $ka \ll 1$ なので
$$\sin(ka + \delta_0(k)) = \sin(ka)\cos\delta_0(k) + \cos(ka)\sin\delta_0(k)$$
$$\simeq ka\cos\delta_0(k) + \sin\delta_0(k)$$
$$\cos(ka + \delta_0(k)) = \cos(ka)\cos\delta_0(k) - \sin(ka)\sin\delta_0(k)$$
$$\simeq \cos\delta_0(k) - ka\sin\delta_0(k)$$

より,
$$\cot(ka + \delta_0(k)) = \frac{\cos(ka + \delta_0(k))}{\sin(ka + \delta_0(k))} \simeq \frac{\cot\delta_0(k)}{1 + ka\cot\delta_0(k)}\frac{ka}{}$$
$$\simeq \cot\delta_0(k) - ka \tag{8.124}$$

となる。ここで, ka, $\cot\delta_0(k)$ ともに小さい量なので, 展開の高次項は無視した。

(8.123), (8.124) を (8.121) に代入すると,
$$k\cot\delta_0(k) \simeq -\frac{\pi^2}{8a}\Delta + \frac{1}{2}k^2 a \tag{8.125}$$

が得られ, 散乱長は (8.86), (7.90) より
$$a = -\lim_{k \to 0}\frac{1}{k\cot\delta_0(k) - ik} = -\lim_{k \to 0}\frac{1}{k\cot\delta_0(k)} = \frac{8a}{\pi^2\Delta} \tag{8.126}$$

と求まる。

ここで, Δ を, 負の小さな値 $-\varepsilon$ からゼロを通り, 正の小さな値 ε に動かしてみよう。Δ の値が負であるうちは束縛状態がなく, ゼロに到達したときに, 束縛状態の準位がゼロエネルギーに現れる。そして, Δ が正の値をとり, ゼロから少し離れると, 束縛状態のエネルギー準位は, 少し負

の値に下がる．このとき，散乱長 (8.126) は，負の大きな値 $-\frac{1}{\varepsilon}\frac{8a}{\pi^2}$ から $-\infty$ になった後，$+\infty$ から正の大きな値 $\frac{1}{\varepsilon}\frac{8a}{\pi^2}$ に変化する．散乱長 a の値が，負の無限大から正の無限大に飛ぶところで，束縛状態ができることがわかる．

低エネルギーでない場合の共鳴散乱

球対称井戸型ポテンシャル (8.114) の下での散乱を，入射粒子が低エネルギーでない場合にも考えてみよう．ポテンシャル $V(r)$ と遠心力ポテンシャルを合わせた有効ポテンシャルは

$$U(r) = V(r) + \frac{\hbar^2}{2\mu}\frac{l(l+1)}{r^2}$$

$$= \begin{cases} -V_0 + \frac{\hbar^2}{2\mu}\frac{l(l+1)}{r^2} & (r < a) \\ \frac{\hbar^2}{2\mu}\frac{l(l+1)}{r^2} & (r > a) \end{cases} \quad (8.127)$$

であり，$l \neq 0$ の場合は図 8.3(b) のような形になる．$r > a$ の a 付近のところに，高さ $\frac{l(l+1)}{a^2}$ の障壁があるため，$\frac{l(l+1)}{a^2}$ が小さくない場合，束縛状態に似た状態が正エネルギーの領域にできて，低エネルギーでない場合にも共鳴が起きうる．$r \gg a$ では $U(r)$ はほとんどゼロなので，この正エネルギーの束縛状態的な状態は，ずっと安定に存在するものではなく，トンネル効果により井戸の外に漏れ出ることになる．この擬似的な束縛状態は，有限な寿命を持つ．

章末問題

8.1 第 5 章 5.7 節で導いた始状態 $|\mu\rangle$ から $|\nu\rangle \sim |\nu + \mathrm{d}\nu\rangle$ $(\mu \neq \nu)$ への単位時間当たりの遷移数に関係する式 (5.75)：

$$\mathrm{d}w_{\mu\to\nu} = \frac{2\pi}{\hbar}|\langle\nu|\hat{v}_0|\mu\rangle|^2\delta(\varepsilon_\nu - \varepsilon_\mu)\mathrm{d}\nu \quad (8.128)$$

において，始状態，終状態が 3 次元自由粒子の場合の弾性散乱を考

えよう。始状態を指定するパラメーター μ を入射波の波数ベクトル $\bm{k}_i$ とし、終状態を指定するパラメーター ν を散乱波の波数ベクトル $\bm{k}$ とする。ポテンシャル $\hat{v}_0$ は、位置の演算子 $\hat{\bm{r}}$ の関数 $\hat{v}_0 = V(\hat{\bm{r}})$ とする。

(1) このとき、始状態 $|\bm{k}_i\rangle$ から終状態 $|\bm{k}\rangle \sim |\bm{k} + \mathrm{d}\bm{k}\rangle$ への遷移について、(8.128) に対応する式を計算せよ。

(2) (1) の結果を入射粒子の確率密度の流れの大きさで割ったものが、ボルン近似での散乱断面積の表式 (8.38) と一致することを示せ。

8.2 (8.65) は、点電荷 e, e' のクーロンポテンシャルによる散乱の断面積を、ボルン近似で計算したものになっている。

$$\left(\frac{\mathrm{d}\sigma^{(\mathrm{B})}}{\mathrm{d}\Omega}\right)_{\mathrm{point}} = \frac{1}{16}\frac{e^2 e'^2}{E_{\mathrm{rel}}^2}\frac{1}{\sin^4\frac{\theta}{2}} \tag{8.129}$$

ここでは、分布 $\rho(\bm{r})$ で電荷 e が広がりを持つ場合を考えよう。$\int \mathrm{d}^3\bm{r}\,\rho(\bm{r}) = 1$ であり、電荷分布は $e\rho(\bm{r})$ で与えられるとすると、クーロンポテンシャルは

$$V(\bm{r}) = \int \frac{ee'\rho(\bm{r}')}{|\bm{r}-\bm{r}'|}\,\mathrm{d}^3\bm{r}' \tag{8.130}$$

である。このとき、ボルン近似の散乱断面積は、点電荷の結果 (8.129) に、分布 $\rho(\bm{r})$ のフーリエ変換

$$F(\bm{q}) \equiv \int \mathrm{d}^3\bm{r}\,\rho(\bm{r})e^{-i\bm{q}\cdot\bm{r}} \tag{8.131}$$

の因子がかかった形

$$\frac{\mathrm{d}\sigma^{(\mathrm{B})}}{\mathrm{d}\Omega} = \left(\frac{\mathrm{d}\sigma^{(\mathrm{B})}}{\mathrm{d}\Omega}\right)_{\mathrm{point}}|F(\bm{q})|^2 \tag{8.132}$$

で与えられることを示せ。このように、ボルン近似における散乱断面積では、電荷分布の情報は、そのフーリエ変換の因子が点電荷の場合の結果にかかる形で入っていることがわかる。$F(\bm{q})$ を **形状因子** という。

第 9 章

これまで，ハミルトニアンから導かれるシュレーディンガー方程式や演算子形式を用いて，量子力学を議論してきた。作用関数に基づく別の方法で量子力学を表すのが，ファインマンにより開発された経路積分法である。

経路積分法

9.1 経路積分のイメージ

経路積分法はファインマンにより開発された方法で，これまで見てきた演算子形式とは異なる量子力学の定式化を与える。ファインマンは，時刻 t_I に位置 x_I の状態が，時刻 t_F に位置 x_F で観測される確率振幅として，次の表式

$$K(x_F, t_F | x_I, t_I) = \int_{x_I, t_I}^{x_F, t_F} \mathscr{D}x(t) e^{\frac{i}{\hbar}S[x(t)]} \tag{9.1}$$

を与えた。$S[x(t)]$ は系の作用関数（ラグランジアンの t_I から t_F までの時間積分）であり，積分記号 $\int_{x_I, t_I}^{x_F, t_F} \mathscr{D}x(t)$ は初期時刻 t_I での位置 x_I，および，終端時刻 t_F での位置 x_F を固定した，あらゆる経路について足しあげる（積分する）ことを意味する。この積分のことを**経路積分**と呼ぶ。

表式 (9.1) の経路積分においては，運動方程式を満たす経路はもちろん，運動方程式を満たさない経路についてもすべて積分する。運動方程式を満たす経路からの寄与は古典力学で説明される部分であり，それ以外の経路からの寄与は量子力学的効果を表す部分と解釈できる。この方法では，量子力学的効果を，古典的軌道からのゆらぎとして見通しよく理解できる。

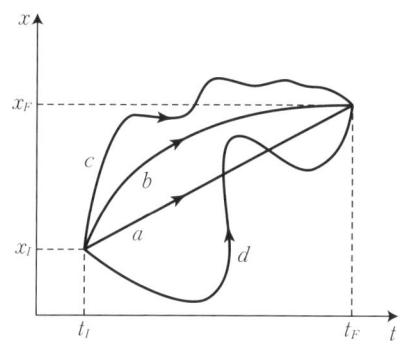

図9.1　経路積分のイメージ図

経路積分では時刻 t_I での始点 x_I，時刻 t_F での終点 x_F を指定した上で，すべての経路について足しあげる．例えば，自由粒子の場合，運動方程式を満たす直線的経路 a の他に，b, c, d などの運動方程式を満たさない経路についても足しあげる．

次節では，簡単のため1次元の系を例にとって，シュレーディンガー方程式から経路積分の表示 (9.1) を導き，説明しよう．

9.2　シュレーディンガー方程式から経路積分表示へ

位置 x にある粒子が，時間 t にあらわに依存するポテンシャル $V(x, t)$ の下で，1次元運動する系を考えよう．粒子の質量を m，運動量を p とすると，古典力学のハミルトニアンは

$$H(p, x, t) = \frac{1}{2m} p^2 + V(x, t) \tag{9.2}$$

である．対応する量子力学系の波動関数 $\psi(x, t)$ は，シュレーディンガー方程式

$$i\hbar \frac{\partial}{\partial t} \psi(x, t) = H\left(-i\hbar \frac{\partial}{\partial x}, x, t\right) \psi(x, t) \tag{9.3}$$

を満たす．経路積分表示は，シュレーディンガー方程式の積分形での表示とみなせるが，次の2つの例題でそれに移るための準備をしておこう．

例題9.1　経路積分表示に移る準備1

シュレーディンガー方程式 (9.3) は，十分小さい数 ε を使って，

$$\psi(x, t+\varepsilon) = \left[1 - \frac{i}{\hbar} \varepsilon H\left(-i\hbar \frac{\partial}{\partial x}, x, t\right)\right] \psi(x, t) + o(\varepsilon) \tag{9.4}$$

第 9 章 経路積分法

と書けることを示せ。ここで，$o(\varepsilon)$ はランダウの記号と呼ばれ，$\varepsilon \to 0$ のとき，ε よりも速くゼロに収束する項を表す。すなわち，

$$\lim_{\varepsilon \to 0} \left[\frac{1}{\varepsilon} \times o(\varepsilon) \right] = 0 \tag{9.5}$$

が成り立つ。

解 時間微分の定義

$$\frac{\partial}{\partial t} \psi(x, t) = \lim_{\varepsilon \to 0} \frac{\psi(x, t + \varepsilon) - \psi(x, t)}{\varepsilon} \tag{9.6}$$

から，十分小さい数 ε を使うとシュレーディンガー方程式 (9.4) は

$$i\hbar \frac{1}{\varepsilon} (\psi(x, t+\varepsilon) - \psi(x, t)) = H\left(-i\hbar \frac{\partial}{\partial x}, x, t\right) \psi(x, t)$$
$$+ (\varepsilon \to 0 \text{ でゼロになる項}) \tag{9.7}$$

と書けることがわかる。これから，

$$\psi(x, t+\varepsilon) = \left[1 - \frac{i}{\hbar} \varepsilon H\left(-i\hbar \frac{\partial}{\partial x}, x, t\right)\right] \psi(x, t)$$
$$+ \varepsilon \times (\varepsilon \to 0 \text{ でゼロになる項}) \tag{9.8}$$

を得る。ここで，最後の項 $\varepsilon \times (\varepsilon \to 0$ でゼロになる項$)$ は (9.5) の性質を満たすので，$o(\varepsilon)$ と書けることに注意しよう。よって，(9.4) が示された。 ■

例題9.2 経路積分表示に移る準備 2

波動関数の座標表示と運動量表示をつなぐフーリエ変換の表式

$$\psi(x, t) = \int_{-\infty}^{\infty} \frac{dp}{2\pi \hbar} e^{\frac{i}{\hbar} px} \tilde{\psi}(p, t) \tag{9.9}$$

$$\tilde{\psi}(p, t) = \int_{-\infty}^{\infty} dx' \, e^{-\frac{i}{\hbar} px'} \psi(x', t) \tag{9.10}$$

を用いて，(9.4) が

$$\psi(x, t+\varepsilon) = \int \frac{dp \, dx'}{2\pi \hbar} e^{\frac{i}{\hbar} p(x-x')} e^{-\frac{i}{\hbar} \varepsilon H(p, x, t)} \psi(x', t) + o(\varepsilon) \tag{9.11}$$

と書けることを示せ。

解 まず，(9.9) の両辺に $-i\hbar \frac{\partial}{\partial x}$ を作用させると，

$$-i\hbar \frac{\partial}{\partial x} \psi(x, t) = \int_{-\infty}^{\infty} \frac{dp}{2\pi \hbar} e^{\frac{i}{\hbar} px} p \tilde{\psi}(p, t) \tag{9.12}$$

となり，右辺では演算子 $-i\hbar\dfrac{\partial}{\partial x}$ が c-数である p に置き換わることに注意しよう。(9.4) の右辺の $\psi(x,t)$ に (9.9) を使うと，

$$\psi(x, t+\varepsilon) = \int_{-\infty}^{\infty}\frac{\mathrm{d}p}{2\pi\hbar}\, e^{\frac{i}{\hbar}px}\left[1 - \frac{i}{\hbar}\varepsilon H(p, x, t)\right]\tilde\psi(p, t) + o(\varepsilon) \tag{9.13}$$

と書ける。次に (9.10) を使って，(9.13) の右辺の $\tilde\psi(p,t)$ を再び座標表示に直すと，

$$\psi(x, t+\varepsilon) = \int\frac{\mathrm{d}p\,\mathrm{d}x'}{2\pi\hbar}\, e^{\frac{i}{\hbar}p(x-x')}\left[1 - \frac{i}{\hbar}\varepsilon H(p, x, t)\right]\psi(x', t) + o(\varepsilon) \tag{9.14}$$

である。最後に，

$$1 - \frac{i}{\hbar}\varepsilon H(p, x, t) = e^{-\frac{i}{\hbar}\varepsilon H(p, x, t)} + o(\varepsilon) \tag{9.15}$$

を使うと，(9.11) が示される。　■

例題 9.1 および例題 9.2 を踏まえて，初期時刻 $t = t_I$ の波動関数 $\psi(x_I, t_I)$ が時間発展して，時刻 $t = t_F$ の波動関数 $\psi(x_F, t_F)$ になる様子を調べよう。時間間隔 $T \equiv t_F - t_I$ を十分細かい時間間隔 ε で N 個に分割して

$$T = t_F - t_I = N\varepsilon \tag{9.16}$$

と書こう。N は十分大きな数であるが，$N\varepsilon$ は有限な時間間隔である。N 個のステップのうち k 番目のものを

$$t_k \equiv t_I + k\varepsilon \quad (k = 0, 1, 2, \cdots, N) \tag{9.17}$$

とおく。特に，$t_I = t_0$，$t_F = t_N$ である。

まず，$\psi(x_F, t_F) = \psi(x_F, t_{N-1} + \varepsilon)$ に (9.11) を適用すると，
$$\begin{aligned}\psi(x_F, t_F) &= \psi(x_F, t_{N-1} + \varepsilon)\\ &= \int\frac{\mathrm{d}p_{N-1}\mathrm{d}x_{N-1}}{2\pi\hbar}\, e^{\frac{i}{\hbar}p_{N-1}(x_F - x_{N-1})}\, e^{-\frac{i}{\hbar}\varepsilon H(p_{N-1}, x_{N-1}, t_{N-1})}\\ &\quad\times \psi(x_{N-1}, t_{N-1}) + o(\varepsilon)\end{aligned} \tag{9.18}$$

と書ける。

次に，(9.18) の右辺の $\psi(x_{N-1}, t_{N-1}) = \psi(x_{N-1}, t_{N-2} + \varepsilon)$ に再び (9.11) を適用して，

$$\psi(x_F, t_F) = \int\frac{\mathrm{d}p_{N-1}\mathrm{d}x_{N-1}}{2\pi\hbar}\, e^{\frac{i}{\hbar}p_{N-1}(x_F - x_{N-1})}\, e^{-\frac{i}{\hbar}\varepsilon H(p_{N-1}, x_{N-1}, t_{N-1})}$$

$$\times \int \frac{\mathrm{d}p_{N-2}\mathrm{d}x_{N-2}}{2\pi\hbar} e^{\frac{i}{\hbar}p_{N-2}(x_{N-1}-x_{N-2})} e^{-\frac{i}{\hbar}\varepsilon H(p_{N-2},x_{N-2},t_{N-2})}$$
$$\times \psi(x_{N-2}, t_{N-2}) + 2 \times o(\varepsilon) \qquad (9.19)$$

を得る。

この操作を順次繰り返すことにより，
$$\psi(x_F, t_F) = \int \prod_{n=0}^{N-1}\left(\frac{\mathrm{d}p_n \mathrm{d}x_n}{2\pi\hbar}\right) e^{\frac{i}{\hbar}\sum_{n=0}^{N-1}p_n(x_{n+1}-x_n)}$$
$$\times e^{-\frac{i}{\hbar}\varepsilon \sum_{n=0}^{N-1}H(p_n,x_n,t_n)} \psi(x_0, t_I) + N \times o(\varepsilon) \qquad (9.20)$$

が得られる。ここで，$T = N\varepsilon$ を固定したまま $N \to \infty$，$\varepsilon \to 0$ とする極限を考える。最後の $N \times o(\varepsilon)$ の項は $\frac{T}{\varepsilon} \times o(\varepsilon)$ と書けるので，この極限では，(9.5) の性質からゼロになることに注意しよう。したがって，波動関数の時間発展を積分核（ファインマン核）$K(x_F, t_F|x_I, t_I)$ により

$$\psi(x_F, t_F) = \int_{-\infty}^{\infty} \mathrm{d}x_I\, K(x_F, t_F|x_I, t_I)\psi(x_I, t_I) \qquad (9.21)$$

の形で表すと，$K(x_F, t_F|x_I, t_I)$ の**位相空間における経路積分表示**として，

$$K(x_F, t_F|x_I, t_I) = \lim_{\varepsilon \to 0,\, N \to \infty} \int \left(\prod_{n=0}^{N-1}\frac{\mathrm{d}p_n}{2\pi\hbar}\right)\left(\prod_{n=1}^{N-1}\mathrm{d}x_n\right)$$
$$\times \exp\left[\frac{i}{\hbar}\varepsilon \sum_{n=0}^{N-1}\left\{p_n \frac{x_{n+1}-x_n}{\varepsilon} - H(p_n, x_n, t_n)\right\}\right] \qquad (9.22)$$

が得られる。$\varepsilon \to 0$, $N \to \infty$ の極限操作は，時間間隔 $T = t_F - t_I = N\varepsilon$ を固定したまま行う。また，$x_N \equiv x_F$, $x_0 \equiv x_I$ である。

(9.22) の右辺の exp の中身は，極限において

$$\frac{i}{\hbar}S[x(t), p(t)] = \frac{i}{\hbar}\int_{t_I}^{t_F}\mathrm{d}t[p(t)\dot{x}(t) - H(p(t), x(t), t)] \qquad (9.23)$$

と，位相空間の変数で表した作用関数 $S[x(t), p(t)]$ で書けることに注意しよう。$\dot{x}(t)$ は $x(t)$ の時間微分を表す。積分核 $K(x_F, t_F|x_I, t_I)$ は，時刻 t_I に位置 x_I の状態が，時刻 t_F に位置 x_F で観測される確率振幅と解釈される。極限では形式的に

$$K(x_F, t_F|x_I, t_I) = \int_{x_I, t_I}^{x_F, t_F} \mathscr{D}p(t)\mathscr{D}x(t) e^{\frac{i}{\hbar}S[x(t), p(t)]} \qquad (9.24)$$

と書くことがよくあるが，正確な定義は (9.22) で与えられることを覚え

次に，(9.22) において運動量積分を行い，座標空間における経路積分表示を求めよう。(9.22) の exp の中身で p_n を含む部分を

$$\frac{i}{\hbar}\varepsilon\left\{p_n\frac{x_{n+1}-x_n}{\varepsilon}-\frac{p_n^2}{2m}\right\}$$
$$=-\frac{i\varepsilon}{2m\hbar}\left(p_n-m\frac{x_{n+1}-x_n}{\varepsilon}\right)^2+\frac{i}{\hbar}\varepsilon\frac{m}{2}\left(\frac{x_{n+1}-x_n}{\varepsilon}\right)^2 \tag{9.25}$$

と平方完成して，p_n についてガウス積分

$$\int_{-\infty}^{\infty}\frac{\mathrm{d}p_n}{2\pi\hbar}\exp\left[-\frac{i\varepsilon}{2m\hbar}\left(p_n-m\frac{x_{n+1}-x_n}{\varepsilon}\right)^2\right]$$
$$=\frac{1}{2\pi\hbar}\sqrt{\frac{2\pi\hbar m}{i\varepsilon}}=\sqrt{\frac{m}{2\pi\hbar i\varepsilon}} \tag{9.26}$$

を行う。これをすべての p_n ($n=0, 1, \cdots, N-1$) について行うと，求める**座標空間における経路積分表示**

$$K(x_F, t_F|x_I, t_I) = \lim_{\varepsilon\to 0, N\to\infty}\left(\frac{m}{2\pi\hbar i\varepsilon}\right)^{\frac{N}{2}}\int\left(\prod_{n=1}^{N-1}\mathrm{d}x_n\right)$$
$$\times\exp\left[\frac{i}{\hbar}\varepsilon\sum_{n=0}^{N-1}\left\{\frac{m}{2}\left(\frac{x_{n+1}-x_n}{\varepsilon}\right)^2-V(x_n, t_n)\right\}\right] \tag{9.27}$$

が得られる。

位相空間における経路積分表示の場合と同様に，(9.27) 右辺の exp の中身は極限において，

$$\frac{i}{\hbar}S[x(t)]=\frac{i}{\hbar}\int_{t_I}^{t_F}\mathrm{d}t\left[\frac{m}{2}\dot{x}(t)^2-V(x(t), t)\right] \tag{9.28}$$

と，座標変数のみで表した作用関数 $S[x(t)]$ で書ける。

極限の表示を形式的に

$$K(x_F, t_F|x_I, t_I)=\int_{x_I, t_I}^{x_F, t_F}\mathscr{D}x(t)\, e^{\frac{i}{\hbar}S[x(t)]} \tag{9.29}$$

と書くことが多いが，正確な定義は (9.27) で与えられる。これにより，ファインマンの与えた (9.1) がシュレーディンガー方程式から導かれた。

(9.27) の定義では，t_I と t_F の間の各時刻 t_n ($n=1, 2, \cdots, N-1$) での位置 x_n について，$-\infty$ から $+\infty$ まで積分を行う。したがって，「あら

161

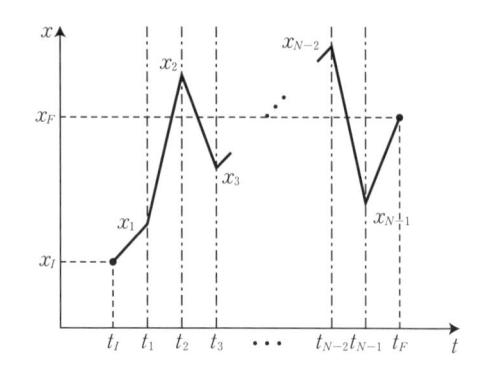

図9.2 経路積分表式 (9.27) では，各時刻 $t_n (n = 1, 2, \cdots, N-1)$ での位置 x_n について $-\infty$ から $+\infty$ まで積分するので，始点 (x_I, t_I) と終点 (x_F, t_F) を固定した上であらゆるジグザグの経路について足しあげることになる。

ゆる経路についての積分」は，図9.2のように始点 (x_I, t_I) と終点 (x_F, t_F) を固定した上で，あらゆるジグザグの経路について足しあげることを意味している。

例題9.3　ファインマン核の合成則

始点 (x_I, t_I) から中間点 (x_M, t_M) への時間発展を表すファインマン核を $K(x_M, t_M | x_I, t_I)$，中間点 (x_M, t_M) から終点 (x_F, t_F) への時間発展を表すファインマン核を $K(x_F, t_F | x_M, t_M)$ とするとき，次の合成則

$$K(x_F, t_F | x_I, t_I) = \int_{-\infty}^{\infty} dx_M \, K(x_F, t_F | x_M, t_M) K(x_M, t_M | x_I, t_I) \quad (9.30)$$

が成り立つことを示せ。

【解】 N 個の時間ステップ (9.17) のうち，t_M に対応するものを N' 番目にとり，$N = N' + N''$ としよう。

$$t_M = t_I + N'\varepsilon, \quad x_M = x_{N'} \quad (9.31)$$

また，N' 番目以降の N'' 個の時間ステップに対して

$$t_l' = t_{N'+l}, \quad x_l' = x_{N'+l} \quad (l = 0, 1, \cdots, N'') \quad (9.32)$$

と書くと，

$$\begin{aligned}
(x_I, t_I) &= (x_0, t_0) \\
(x_M, t_M) &= (x_{N'}, t_{N'}) = (x_0', t_0') \\
(x_F, t_F) &= (x_N, t_N) = (x'_{N''}, t'_{N''})
\end{aligned} \quad (9.33)$$

である。

これまでの $t_F - t_I$ を固定した $\varepsilon \to 0$, $N \to \infty$ 極限は，中間点 t_M で2つに分けたとき，時間間隔 $t_M - t_I$ を固定した $\varepsilon \to 0$, $N' \to \infty$ 極限および，$t_F - t_M$ を固定した $\varepsilon \to 0$, $N'' \to \infty$ 極限と表すことができる。このとき，ファインマン核 (9.27) は

$$\begin{aligned}
K(x_F, t_F | x_I, t_I) = &\int_{-\infty}^{\infty} \mathrm{d}x_M \\
&\times \lim_{\varepsilon \to 0, N' \to \infty} \left(\frac{m}{2\pi \hbar i \varepsilon} \right)^{\frac{N'}{2}} \int \left(\prod_{n=1}^{N'-1} \mathrm{d}x_n \right) \\
&\times \exp\left[\frac{i}{\hbar} \varepsilon \sum_{n=0}^{N'-1} \left\{ \frac{m}{2} \left(\frac{x_{n+1} - x_n}{\varepsilon} \right)^2 - V(x_n, t_n) \right\} \right] \\
&\times \lim_{\varepsilon \to 0, N'' \to \infty} \left(\frac{m}{2\pi \hbar i \varepsilon} \right)^{\frac{N''}{2}} \int \left(\prod_{n=1}^{N''-1} \mathrm{d}x_n' \right) \\
&\times \exp\left[\frac{i}{\hbar} \varepsilon \sum_{n=0}^{N''-1} \left\{ \frac{m}{2} \left(\frac{x'_{n+1} - x_n'}{\varepsilon} \right)^2 - V(x_{n'}, t_{n'}) \right\} \right]
\end{aligned}$$
(9.34)

と書くことができる。この2行目，3行目は $K(x_M, t_M | x_I, t_I)$ を与え，4行目，5行目は $K(x_F, t_F | x_M, t_M)$ を与えるので，

$$K(x_F, t_F | x_I, t_I) = \int_{-\infty}^{\infty} \mathrm{d}x_M \, K(x_F, t_F | x_M, t_M) K(x_M, t_M | x_I, t_I) \tag{9.35}$$

となり，(9.30) が成り立つ。∎

9.3　古典力学への移行

ファインマン核の連続の表示 (9.29) から，量子力学から古典力学への移行を読み取ることができる。$\hbar$ が作用関数の大きさ $|S[x(t)]|$ に比べて十分に小さい場合，(9.29) の被積分関数は激しく振動するため，経路積分の大部分の寄与は，互いに打ち消し合うことになる。経路 $x(t)$ のうち，微小変化 $x(t) \to x(t) + \delta x(t)$ のもとで作用関数を変えないもの（つまり，運動方程式の解）を $\bar{x}(t)$ と書くと，$S[\bar{x}(t)] = S[\bar{x}(t) + \delta x(t)]$ なので，$\bar{x}(t)$ の付近では，作用関数が変化せず振動が起きないことに注意しよう。そこで，$\bar{x}(t)$ の付近では，経路積分をしても打ち消し合いが起こらず，寄与が残ることになる。したがって，$\hbar$ が作用関数の大きさに比べて十分

小さい場合，経路積分に寄与する経路は，運動方程式を満たす古典的経路の近傍に限られ，古典力学に移行することがわかる。

このことをもう少し具体的に見るため，積分変数 $x(t)$ を運動方程式の解 $\bar{x}(t)$ とそのまわりのゆらぎ $y(t)$ に分けて書こう。

$$x(t) = \bar{x}(t) + y(t) \tag{9.36}$$

$\bar{x}(t)$ は運動方程式

$$m\ddot{\bar{x}} = -\frac{\partial V}{\partial x}(\bar{x}, t) \tag{9.37}$$

の解で，境界条件

$$\bar{x}(t_I) = x_I, \quad \bar{x}(t_F) = x_F \tag{9.38}$$

を満たすものとする。このとき，ゆらぎの境界条件は

$$y(t_I) = y(t_F) = 0 \tag{9.39}$$

である。

ポテンシャル $V(x, t) = V(\bar{x} + y, t)$ を y について展開すると

$$V(x, t) = V(\bar{x}, t) + \frac{\partial V}{\partial x}(\bar{x}, t)y + \frac{1}{2!}\frac{\partial^2 V}{\partial x^2}(\bar{x}, t)y^2$$
$$+ \frac{1}{3!}\frac{\partial^3 V}{\partial x^3}(\bar{x}, t)y^3 + \cdots \tag{9.40}$$

なので，(9.28) の作用関数 $S[x(t)]$ は

$$S[x(t)] = \int_{t_I}^{t_F} dt \left[\frac{m}{2}(\dot{\bar{x}} + \dot{y})^2 - V(\bar{x}, t) - \frac{\partial V}{\partial x}(\bar{x}, t)y \right.$$
$$\left. - \frac{1}{2!}\frac{\partial^2 V}{\partial x^2}(\bar{x}, t)y^2 - \frac{1}{3!}\frac{\partial^3 V}{\partial x^3}(\bar{x}, t)y^3 - \cdots \right] \tag{9.41}$$

であるが，運動項の部分を展開して $m\dot{\bar{x}}\dot{y}$ の項について部分積分をすると

$$\int_{t_I}^{t_F} dt \frac{m}{2}(\dot{\bar{x}} + \dot{y})^2 = \int_{t_I}^{t_F} dt \left[\frac{m}{2}\dot{\bar{x}}^2 - m\ddot{\bar{x}}y + \frac{m}{2}\dot{y}^2 \right] \tag{9.42}$$

を得る。ここで，部分積分の表面項 $\left[m\dot{\bar{x}}(t)y(t)\right]_{t_I}^{t_F}$ は，ゆらぎの境界条件 (9.39) のために消えることを使った。よって，作用関数は y について 2 次以上の部分を $\tilde{S}[y(t)]$ と書くと，

$$S[x(t)] = S[\bar{x}(t)] + \int_{t_I}^{t_F} dt \left[-m\ddot{\bar{x}} - \frac{\partial V}{\partial x}(\bar{x}, t) \right] y + \tilde{S}[y(t)] \tag{9.43}$$

と表される。第 1 項 $S[\bar{x}(t)]$ は，古典的運動の軌道 $\bar{x}(t)$ での作用関数の

値である。第 2 項の y について 1 次の項は，$\bar{x}$ が運動方程式 (9.37) を満たすのでゼロになることに注意しよう。$\tilde{S}[y(t)]$ の形は

$$\tilde{S}[y(t)] = \int_{t_I}^{t_F} dt \left[\frac{m}{2} \dot{y}^2 - \frac{1}{2!} \frac{\partial^2 V}{\partial x^2}(\bar{x}, t) y^2 - \frac{1}{3!} \frac{\partial^3 V}{\partial x^3}(\bar{x}, t) y^3 - \cdots \right] \tag{9.44}$$

である。経路積分の積分変数 $x(t)$ を $\bar{x}(t)$ だけシフトして $y(t)$ にすると，積分測度はシフトでは変化しないので $\mathscr{D}x(t) = \mathscr{D}(\bar{x}(t) + y(t)) = \mathscr{D}y(t)$ であり，ファインマン核は

$$K(x_F, t_F | x_I, t_I) = e^{\frac{i}{\hbar} S[\bar{x}(t)]} \int_{0, t_I}^{0, t_F} \mathscr{D}y(t) e^{\frac{i}{\hbar} \tilde{S}[y(t)]} \tag{9.45}$$

と書けることがわかる。

$S[\bar{x}(t)]$ が，古典力学の経路 $\bar{x}(t)$ での作用関数の値であることから明らかなように，ファインマン核 (9.45) の因子 $e^{\frac{i}{\hbar} S[\bar{x}(t)]}$ は，古典的経路からの寄与を表している。量子力学的効果は，残りの $y(t)$ に関する経路積分が担っていることが見てとれるだろう。

9.4 ファインマン核の計算

例題9.4 自由粒子のファインマン核

自由粒子（$V(x, t) = 0$）の場合のファインマン核を求めよ。

解 自由粒子（$V(x, t) = 0$）の場合，(9.22) は

$$K(x_F, t_F | x_I, t_I) = \lim_{\varepsilon \to 0, N \to \infty} \int \left(\prod_{n=0}^{N-1} \frac{dp_n}{2\pi\hbar} \right) \left(\prod_{n=1}^{N-1} dx_n \right)$$
$$\times \exp\left[\frac{i}{\hbar} \varepsilon \sum_{n=0}^{N-1} \left\{ p_n \frac{x_{n+1} - x_n}{\varepsilon} - \frac{1}{2m} p_n^2 \right\} \right] \tag{9.46}$$

である。exp の中身の p_n の 1 次の項を

$$\frac{i}{\hbar} \varepsilon \sum_{n=0}^{N-1} p_n \frac{x_{n+1} - x_n}{\varepsilon}$$
$$= -\frac{i}{\hbar} \sum_{n=1}^{N-1} (p_n - p_{n-1}) x_n + \frac{i}{\hbar} (-p_0 x_I + p_{N-1} x_F) \tag{9.47}$$

と書き換え，x_n（$n = 1, 2, \cdots, N-1$）について積分を行うと，

のようにデルタ関数が現れる。よって,

$$K(x_F, t_F|x_I, t_I) = \lim_{\varepsilon \to 0, N \to \infty} \frac{1}{2\pi\hbar} \int \left(\prod_{n=0}^{N-1} dp_n\right) \prod_{n=1}^{N-1} \delta(p_n - p_{n-1})$$
$$\times \exp\left[\frac{i}{\hbar}\left(-p_0 x_I + p_{N-1} x_F\right) - \sum_{n=0}^{N-1} \frac{i\varepsilon}{2m\hbar} p_n^2\right] \quad (9.49)$$

と書けるが, p_n ($n = 1, 2, \cdots, N-1$) についての積分の結果 p_n ($n = 1, 2, \cdots, N-1$) がすべて p_0 に置き換わり,

$$K(x_F, t_F|x_I, t_I) = \lim_{\varepsilon \to 0, N \to \infty} \frac{1}{2\pi\hbar} \int dp_0 \exp\left[\frac{i}{\hbar} p_0(x_F - x_0) - \frac{iN\varepsilon}{2m\hbar} p_0^2\right] \quad (9.50)$$

となる。最後に, $\exp$ の中身を p_0 で平方完成してガウス積分を行い,

$$K(x_F, t_F|x_I, t_I) = \sqrt{\frac{m}{2\pi\hbar i} \frac{1}{t_F - t_I}} \exp\left[\frac{im}{2\hbar} \frac{(x_F - x_I)^2}{t_F - t_I}\right] \quad (9.51)$$

を得る。(9.51) で $N\varepsilon = t_F - t_I$ を使った。 ■

調和振動子のファインマン核

ポテンシャルが $V(x, t) = \frac{1}{2} m\omega^2 x^2$ で与えられる調和振動子の場合のファインマン核を, 連続の表示 (9.29) から求めてみよう。

まず, 始点 (x_I, t_I), 終点 (x_F, t_F) を通る古典的経路(運動方程式 $\ddot{x}(t) = -\omega^2 x(t)$ の解)は

$$\bar{x}(t) = \frac{1}{\sin(\omega T)} \left[x_I \sin(\omega(t_F - t)) + x_F \sin(\omega(t - t_I))\right] \quad (9.52)$$

で与えられる[1]。ここで T は始点と終点の間の時間間隔 $T = t_F - t_I$ である。作用関数 $S[x(t)] = \int_{t_I}^{t_F} dt \left[\frac{m}{2} \dot{x}(t)^2 - \frac{m}{2} \omega^2 x(t)^2\right]$ は, その経路において

$$S[\bar{x}(t)] = \frac{m\omega}{2\sin(\omega T)} \left[(x_I^2 + x_F^2) \cos(\omega T) - 2 x_I x_F\right] \quad (9.53)$$

---

[1] 基礎物理学シリーズ『解析力学』第 12 章例題 12.1 参照。

と計算される。

　前節で行ったように，$x(t) = \bar{x}(t) + y(t)$ と書くと，作用関数において y について 1 次の項は，$\bar{x}$ が運動方程式を満たすことからゼロになり，
$$S[x(t)] = S[\bar{x}(t)] + S[y(t)] \tag{9.54}$$
の形にまとまることがわかる。調和振動子の場合，(9.40) において y の 3 次以上の項は現れないので，(9.44) の $\tilde{S}[y(t)]$ が，もとの作用関数と同じ形 $S[y(t)]$ になることに注意しよう。このとき，ファインマン核は (9.45) のように
$$K(x_F, t_F | x_I, t_I) = e^{\frac{i}{\hbar}S[\bar{x}(t)]} \int_{0, t_I}^{0, t_F} \mathscr{D}y(t)\, e^{\frac{i}{\hbar}S[y(t)]} \tag{9.55}$$
と表される。$y(t)$ の経路積分を実行するにはフーリエ展開
$$y(t) = \sqrt{\hbar} \sum_{n=1}^{\infty} a_n \eta_n(t) \tag{9.56}$$
を行い，積分変数を $y(t)$ から a_n に変換すると便利である。ここで，フーリエ展開の基底
$$\eta_n(t) \equiv \sqrt{\frac{2}{T}} \sin\left(\frac{\pi n}{T}(t - t_I)\right) \quad (n = 1, 2, \cdots) \tag{9.57}$$
は $y(t)$ と同じ境界条件 $\eta_n(t_I) = \eta_n(t_F) = 0$ を満たし，
$$\int_{t_I}^{t_F} dt\, \eta_n(t)\eta_{n'}(t) = \delta_{n, n'} \tag{9.58}$$
のように正規直交基底をなす。運動項 $\int_{t_I}^{t_F} dt\, \frac{m}{2} \dot{y}(t)^2$ について部分積分を行い，(9.58) の正規直交関係を用いると，
$$S[y(t)] = \frac{\hbar m}{2} \sum_{n=1}^{\infty} \left(\left(\frac{\pi n}{T}\right)^2 - \omega^2\right) a_n^2 \tag{9.59}$$
と書けることがわかる。$y(t)$ と a_n の間の関係式 (9.56) は ω を含まないので，積分変数の変換により，経路積分測度を
$$\mathscr{D}y(t) = \lim_{N \to \infty} \mathscr{N}_N \prod_{n=1}^{N} da_n \tag{9.60}$$
（$\mathscr{N}_N$ は ω によらない定数）と形式的に書いて計算を進めよう。後で見るように，このようにして出てくる全体にかかる定数の値は，$\omega \to 0$ の極限で，自由粒子の場合 (9.51) に帰着することから決めることができる。

　$y(t)$ の経路積分は，a_n たち各々のガウス積分の積に分かれるので，簡

単に実行できて

$$\int_{0,\,t_I}^{0,\,t_F} \mathscr{D}y(t)\,e^{\frac{i}{\hbar}S[y(t)]}$$
$$= \lim_{N\to\infty} \mathscr{N}_N \prod_{n=1}^{N} \int_{-\infty}^{\infty} da_n \exp\left[-\frac{m}{2i}\left(\left(\frac{\pi n}{T}\right)^2 - \omega^2\right)a_n^2\right]$$
$$= \lim_{N\to\infty} \mathscr{N}_N \prod_{n=1}^{N} \left[\sqrt{\frac{2\pi i}{m}}\left(\left(\frac{\pi n}{T}\right)^2 - \omega^2\right)^{-\frac{1}{2}}\right]$$
$$= \mathscr{N}' \prod_{n=1}^{\infty} \left(1 - \left(\frac{\omega T}{\pi n}\right)^2\right)^{-\frac{1}{2}} \tag{9.61}$$

を得る。ここで、$\mathscr{N}'$ は ω によらない定数で

$$\mathscr{N}' = \lim_{N\to\infty} \mathscr{N}_N \prod_{n=1}^{N}\left(\sqrt{\frac{2\pi i}{m}}\,\frac{T}{\pi n}\right) \tag{9.62}$$

である。無限積の公式

$$\prod_{n=1}^{\infty}\left(1 - \frac{x^2}{n^2}\right) = \frac{\sin(\pi x)}{\pi x} \tag{9.63}$$

を使うと、(9.61) は

$$\int_{0,\,t_I}^{0,\,t_F} \mathscr{D}y(t)\,e^{\frac{i}{\hbar}S[y(t)]} = \mathscr{N}'\sqrt{\frac{\omega T}{\sin(\omega T)}} \tag{9.64}$$

と書け、ファインマン核は

$$K(x_F, t_F | x_I, t_I) = \mathscr{N}'\sqrt{\frac{\omega T}{\sin(\omega T)}}\,e^{\frac{i}{\hbar}S[\bar{x}(t)]} \tag{9.65}$$

となる。ω によらない定数 $\mathscr{N}'$ は、$\omega \to 0$ で (9.65) が自由粒子のファインマン核 (9.51) に一致するように決めればよい。$\omega \to 0$ 極限において、$S[\bar{x}(t)]$ の表式 (9.53) は自由粒子の作用関数 $\dfrac{m}{2}\dfrac{(x_F - x_I)^2}{T}$ になり、$\sqrt{\dfrac{\omega T}{\sin(\omega T)}} \to 1$ なので、$\mathscr{N}'\exp\left[\dfrac{i}{\hbar}\dfrac{m}{2}\dfrac{(x_F - x_I)^2}{T}\right]$ を (9.51) と等しいとおくと、

$$\mathscr{N}' = \sqrt{\frac{m}{2\pi\hbar i}\frac{1}{T}} \tag{9.66}$$

に決まることがわかる。

よって、(9.53), (9.65), (9.66) を合わせて、求める調和振動子のファインマン核

$$K(x_F, t_F | x_I, t_I) = \sqrt{\frac{m\omega}{2\pi\hbar i \sin(\omega T)}}$$
$$\times \exp\left[\frac{i}{\hbar} \frac{m\omega}{2\sin(\omega T)} \{(x_I^2 + x_F^2)\cos(\omega T) - 2x_I x_F\}\right] \quad (9.67)$$

が得られた。

9.5　波動関数とエネルギー準位

この節では，ファインマン核から波動関数やエネルギー準位の情報を読み取ることを行ってみよう。

ハミルトニアンが時間にあらわによらない場合，時刻 t_I に位置 x_I の状態が時刻 t_F に位置 x_F に観測される確率振幅は，定義からファインマン核に等しいが，演算子形式で表すと

$$K(x_F, t_F | x_I, t_I) = \langle x_F | e^{-\frac{i}{\hbar}\hat{H}T} | x_I \rangle \quad (T = t_F - t_I) \quad (9.68)$$

である。$|\varphi_n\rangle$ ($n = 0, 1, 2, \cdots$) は $\hat{H}$ のエネルギー固有値 E_n の固有状態

$$\hat{H}|\varphi_n\rangle = E_n|\varphi_n\rangle \quad (9.69)$$

で，完全系

$$\sum_{n=0}^{\infty} |\varphi_n\rangle\langle\varphi_n| = 1 \quad (9.70)$$

をなすとしよう。座標表示での波動関数は $\varphi_n(x) = \langle x | \varphi_n \rangle$ で表される。(9.68) の右辺において (9.70) をはさみこみ，(9.69) を使うと

$$\langle x_F | e^{-\frac{i}{\hbar}\hat{H}T} | x_I \rangle = \sum_{n=0}^{\infty} \langle x_F | e^{-\frac{i}{\hbar}\hat{H}T} | \varphi_n \rangle \langle \varphi_n | x_I \rangle$$
$$= \sum_{n=0}^{\infty} \langle x_F | \varphi_n \rangle e^{-\frac{i}{\hbar}E_n T} \langle \varphi_n | x_I \rangle$$
$$= \sum_{n=0}^{\infty} e^{-\frac{i}{\hbar}E_n T} \varphi_n(x_F)\varphi_n(x_I)^* \quad (9.71)$$

を得る。(9.68)，(9.71) から，ファインマン核をエネルギー準位と波動関数で表す式

$$K(x_F, t_F | x_I, t_I) = \sum_{n=0}^{\infty} e^{-\frac{i}{\hbar}E_n T} \varphi_n(x_F)\varphi_n(x_I)^* \quad (9.72)$$

が導かれる。

(9.72) を使って，調和振動子の場合のファインマン核 (9.67) から，エ

ネルギー準位や波動関数を求めてみよう。$\sin(\omega T)$, $\cos(\omega T)$ を指数関数の差および和で書いた

$$\sin(\omega T) = \frac{1}{2i}\left(e^{i\omega T} - e^{-i\omega T}\right) = \frac{1}{2i}e^{i\omega T}(1 - e^{-2i\omega T})$$

$$\cos(\omega T) = \frac{1}{2}\left(e^{i\omega T} + e^{-i\omega T}\right) = \frac{1}{2}e^{i\omega T}(1 + e^{-2i\omega T}) \quad (9.73)$$

を代入すると、(9.67) は

$$K(x_F, t_F | x_I, t_I) = \sqrt{\frac{m\omega}{\pi\hbar}}\, e^{-i\frac{1}{2}\omega T}\,(1 - e^{-2i\omega T})^{-\frac{1}{2}}$$
$$\times \exp\left[-\frac{m\omega}{2\hbar}\left\{(x_I^2 + x_F^2)\frac{1 + e^{-2i\omega T}}{1 - e^{-2i\omega T}} - 4x_I x_F \frac{e^{-i\omega T}}{1 - e^{-2i\omega T}}\right\}\right]$$
$$(9.74)$$

となる。右辺において、因子 $\sqrt{\frac{m\omega}{\pi\hbar}}\, e^{-i\frac{1}{2}\omega T}$ 以外の部分に対し、$e^{-i\omega T}$ についての展開を考えると、x_I, x_F に依存する係数 $f_n(x_I, x_F)$ を持つ $e^{-i\omega T}$ に関するべき級数

$$K(x_F, t_F | x_I, t_I) = \sqrt{\frac{m\omega}{\pi\hbar}}\, e^{-i\frac{1}{2}\omega T} \sum_{n=0}^{\infty} f_n(x_I, x_F) e^{-in\omega T} \quad (9.75)$$

の形に書けることがわかるだろう。$e^{-i\omega T}$ のべきを (9.72) と比べることで

$$E_n = \left(n + \frac{1}{2}\right)\hbar\omega \quad (n = 0, 1, 2, \cdots) \quad (9.76)$$

と調和振動子のエネルギー準位が求まり、(9.72) は

$$K(x_F, t_F | x_I, t_I) = \sum_{n=0}^{\infty} e^{-i\left(n+\frac{1}{2}\right)\omega T} \varphi_n(x_F) \varphi_n(x_I)^* \quad (9.77)$$

と表される。

波動関数について、はじめの3つ ($\varphi_0, \varphi_1, \varphi_2$) までを求めてみよう。そのためには、(9.74) の因子 $\sqrt{\frac{m\omega}{\pi\hbar}}\, e^{-i\frac{1}{2}\omega T}$ 以外の部分の展開において、$e^{-2i\omega T}$ まで考えればよい。

$$K(x_F, t_F | x_I, t_I) = \sqrt{\frac{m\omega}{\pi\hbar}}\, e^{-i\frac{1}{2}\omega T} \left(1 + \frac{1}{2}e^{-2i\omega T} + \cdots\right)$$
$$\times \exp\left[-\frac{m\omega}{2\hbar}\left\{(x_I^2 + x_F^2)(1 + 2e^{-2i\omega T}) - 4x_I x_F\, e^{-i\omega T}\right\} + \cdots\right]$$
$$(9.78)$$

ここで，… は考える必要のない高次の項を表す。さらに，

$$\exp\left[-\frac{m\omega}{2\hbar}\{(x_I^2+x_F^2)(1+2e^{-2i\omega T})-4x_Ix_Fe^{-i\omega T}\}\right]$$
$$= e^{-\frac{m\omega}{2\hbar}(x_I^2+x_F^2)}\, e^{-\frac{m\omega}{\hbar}(x_I^2+x_F^2)e^{-2i\omega T}}\, e^{2\frac{m\omega}{\hbar}x_Ix_Fe^{-i\omega T}}$$
$$= e^{-\frac{m\omega}{2\hbar}(x_I^2+x_F^2)}\left(1-\frac{m\omega}{\hbar}(x_I^2+x_F^2)e^{-2i\omega T}+\cdots\right)$$
$$\times\left(1+2\frac{m\omega}{\hbar}x_Ix_F\,e^{-i\omega T}+2\left(\frac{m\omega}{\hbar}\right)^2x_I^2x_F^2\,e^{-2i\omega T}+\cdots\right)$$
$$= e^{-\frac{m\omega}{2\hbar}(x_I^2+x_F^2)}\left[1+2\frac{m\omega}{\hbar}x_Ix_F\,e^{-i\omega T}\right.$$
$$\left.+\left\{-\frac{m\omega}{\hbar}(x_I^2+x_F^2)+2\left(\frac{m\omega}{\hbar}\right)^2x_I^2x_F^2\right\}e^{-2i\omega T}+\cdots\right] \tag{9.79}$$

と展開されるので，最終的に

$$K(x_F,t_F|x_I,t_I)=\sqrt{\frac{m\omega}{\pi\hbar}}\,e^{-\frac{m\omega}{2\hbar}x_I^2}\,e^{-\frac{m\omega}{2\hbar}x_F^2}\,e^{-i\frac{1}{2}\omega T}$$
$$\times\left[1+2\frac{m\omega}{\hbar}x_Ix_F\,e^{-i\omega T}\right.$$
$$\left.+2\left(\frac{m\omega}{\hbar}x_I^2-\frac{1}{2}\right)\left(\frac{m\omega}{\hbar}x_F^2-\frac{1}{2}\right)e^{-2i\omega T}+\cdots\right] \tag{9.80}$$

の形を得る。ここで，[ ]内の $e^{-2i\omega T}$ の係数において，x_I 依存性と x_F 依存性が積の形で分かれることに注意しよう。これにより，(9.72) から波動関数を読み取ることができる。

(9.77) と (9.80) において，$e^{-i\frac{1}{2}\omega T}$ の項の係数を等しいとおくと，

$$\varphi_0(x_F)\varphi_0(x_I)^*=\sqrt{\frac{m\omega}{\pi\hbar}}\,e^{-\frac{m\omega}{2\hbar}x_I^2}\,e^{-\frac{m\omega}{2\hbar}x_F^2} \tag{9.81}$$

であり，これより基底状態の波動関数

$$\varphi_0(x)=\left(\frac{m\omega}{\pi\hbar}\right)^{\frac{1}{4}}e^{-\frac{m\omega}{2\hbar}x^2} \tag{9.82}$$

が得られる。同様に，$e^{-i\frac{3}{2}\omega T}$，$e^{-i\frac{5}{2}\omega T}$ の項の係数を比べると，(9.81) を用いて

$$\varphi_1(x_F)\varphi_1(x_I)^*=2\frac{m\omega}{\hbar}x_Ix_F\,\varphi_0(x_F)\varphi_0(x_I)^*$$

$$\varphi_2(x_F)\varphi_2(x_I)^* = 2\left(\frac{m\omega}{\hbar}x_I^2 - \frac{1}{2}\right)\left(\frac{m\omega}{\hbar}x_F^2 - \frac{1}{2}\right)\varphi_0(x_F)\varphi_0(x_I)^*$$

と書けるので，第 1，第 2 励起状態の波動関数が

$$\varphi_1(x) = \sqrt{\frac{2m\omega}{\hbar}}\, x\varphi_0(x) \tag{9.83}$$

$$\varphi_2(x) = \sqrt{2}\left(\frac{m\omega}{\hbar}x^2 - \frac{1}{2}\right)\varphi_0(x) \tag{9.84}$$

と求まる。

$\xi \equiv \sqrt{\frac{m\omega}{\hbar}}\, x$ とおくと，これらの波動関数は簡単な形に書け，

$$\varphi_0(x) = \left(\frac{m\omega}{\pi\hbar}\right)^{\frac{1}{4}} e^{-\frac{1}{2}\xi^2} \tag{9.85}$$

$$\varphi_1(x) = \sqrt{2}\,\xi\varphi_0(x) \tag{9.86}$$

$$\varphi_2(x) = \sqrt{2}\left(\xi^2 - \frac{1}{2}\right)\varphi_0(x) \tag{9.87}$$

となる。一般の準位に対する規格化された波動関数は，エルミート多項式 $H_n(\xi)$ を用いて

$$\varphi_n(x) = \frac{1}{2^n n!}H_n(\xi)\left(\frac{m\omega}{\pi\hbar}\right)^{\frac{1}{4}} e^{-\frac{1}{2}\xi^2} \quad (n=0, 1, 2, \cdots) \tag{9.88}$$

と表され[2]，

$$H_0(\xi) = 1, \quad H_1(\xi) = 2\xi, \quad H_2(\xi) = 4\xi^2 - 2, \quad \cdots \tag{9.89}$$

なので，ファインマン核から得られた結果 (9.85)，(9.86)，(9.87) は正しく (9.88) を再現していることが確かめられる。

9.6　3 次元系

これまで，1 次元の系について経路積分の方法を説明してきたが，位置 $\boldsymbol{r} = (x, y, z)$ の粒子が，ポテンシャル $V(\boldsymbol{r}, t)$ の下で運動する系のハミルトニアン

$$H(\boldsymbol{p}, \boldsymbol{r}, t) = \frac{1}{2m}\boldsymbol{p}^2 + V(\boldsymbol{r}, t) \tag{9.90}$$

($\boldsymbol{p} = (p_x, p_y, p_z)$ は粒子の運動量) から出発して，9.2 節と同様の議論を

---

[2] 『量子力学 I』第 9 章 9.3 節参照。

経ると，3次元系のファインマン核の経路積分表示が得られる。座標と運動量が1次元の x, p から3次元のベクトル $\boldsymbol{r}, \boldsymbol{p}$ に変わり，(9.9), (9.10) のフーリエ変換の表式が3次元の

$$\psi(\boldsymbol{r}, t) = \int \frac{\mathrm{d}^3 \boldsymbol{p}}{(2\pi\hbar)^3} e^{\frac{i}{\hbar} \boldsymbol{p}\cdot\boldsymbol{r}} \tilde{\psi}(\boldsymbol{p}, t) \tag{9.91}$$

$$\tilde{\psi}(\boldsymbol{p}, t) = \int \mathrm{d}^3 \boldsymbol{r}' e^{-\frac{i}{\hbar} \boldsymbol{p}\cdot\boldsymbol{r}'} \psi(\boldsymbol{r}', t) \tag{9.92}$$

になるだけで，9.2節と同じ議論をたどればよい。

その結果，時刻 t_I に位置 $\boldsymbol{r}_I$ の状態が時刻 t_F に位置 $\boldsymbol{r}_F$ で観測される確率振幅は，連続の表示で

$$K(\boldsymbol{r}_F, t_F | \boldsymbol{r}_I, t_I) = \int_{\boldsymbol{r}_I, t_I}^{\boldsymbol{r}_F, t_F} \mathscr{D}\boldsymbol{r}(t) e^{\frac{i}{\hbar} S[\boldsymbol{r}(t)]} \tag{9.93}$$

と表されることがわかる。作用関数 $S[\boldsymbol{r}(t)]$ は

$$S[\boldsymbol{r}(t)] = \int_{t_I}^{t_F} \mathrm{d}t \left[\frac{m}{2} \dot{\boldsymbol{r}}(t)^2 - V(\boldsymbol{r}(t), t) \right] \tag{9.94}$$

である。積分測度 $\mathscr{D}\boldsymbol{r}(t)$ は x, y, z 各方向のものの積

$$\mathscr{D}\boldsymbol{r}(t) = \mathscr{D}x(t) \mathscr{D}y(t) \mathscr{D}z(t) \tag{9.95}$$

で与えられる。

作用関数において，運動エネルギーの項は

$$\frac{m}{2} \dot{\boldsymbol{r}}(t)^2 = \frac{m}{2} \dot{x}(t)^2 + \frac{m}{2} \dot{y}(t)^2 + \frac{m}{2} \dot{z}(t)^2 \tag{9.96}$$

と，x, y, z 各方向のものの和に分かれる。もし，ポテンシャルも $V(\boldsymbol{r}) = V_x(x) + V_y(y) + V_z(z)$ のように，3方向それぞれの変数についての関数の和の形に分かれるならば，作用関数は $x(t), y(t), z(t)$ 各々に関する作用関数の和に分かれる。

$$S[\boldsymbol{r}(t)] = S_x[x(t)] + S_y[y(t)] + S_z[z(t)] \tag{9.97}$$

ここで，

$$S_x[x(t)] \equiv \int_{t_I}^{t_F} \mathrm{d}t \left[\frac{m}{2} \dot{x}(t)^2 - V_x(x(t), t) \right]$$

$$S_y[y(t)] \equiv \int_{t_I}^{t_F} \mathrm{d}t \left[\frac{m}{2} \dot{y}(t)^2 - V_y(y(t), t) \right]$$

$$S_z[z(t)] \equiv \int_{t_I}^{t_F} \mathrm{d}t \left[\frac{m}{2} \dot{z}(t)^2 - V_z(z(t), t) \right] \tag{9.98}$$

である．このとき，経路積分の被積分関数が

$$e^{\frac{i}{\hbar}S[r(t)]} = e^{\frac{i}{\hbar}S_x[x(t)]}\, e^{\frac{i}{\hbar}S_y[y(t)]}\, e^{\frac{i}{\hbar}S_z[z(t)]} \tag{9.99}$$

と，積に分かれるので，ファインマン核 (9.93) は，x, y, z 各方向に関する 1 次元系のファインマン核

$$\begin{aligned}
K_x(x_F, t_F | x_I, t_I) &= \int_{x_I, t_I}^{x_F, t_F} \mathscr{D}x(t)\, e^{\frac{i}{\hbar}S_x[x(t)]} \\
K_y(y_F, t_F | y_I, t_I) &= \int_{y_I, t_I}^{y_F, t_F} \mathscr{D}y(t)\, e^{\frac{i}{\hbar}S_y[y(t)]} \\
K_z(z_F, t_F | z_I, t_I) &= \int_{z_I, t_I}^{z_F, t_F} \mathscr{D}z(t)\, e^{\frac{i}{\hbar}S_z[z(t)]}
\end{aligned} \tag{9.100}$$

の積

$$K(\mathbf{r}_F, t_F | \mathbf{r}_I, t_I) = K_x(x_F, t_F | x_I, t_I) K_y(y_F, t_F | y_I, t_I) K_z(z_F, t_F | z_I, t_I) \tag{9.101}$$

で書ける．このように 1 次元系の積に帰着できる 1 つの例として，3 次元調和振動子

$$V(\mathbf{r}, t) = \frac{m\omega_x^2}{2}x^2 + \frac{m\omega_y^2}{2}y^2 + \frac{m\omega_z^2}{2}z^2 \tag{9.102}$$

がある（各方向の角振動数 $\omega_x, \omega_y, \omega_z$ は一般に等しくなくてもよい）．

---

10 分補講　経路積分と分配関数

経路積分の方法は，量子力学とその応用の定式化に用いられるだけでなく，統計力学においてもその威力を発揮する．その典型例として，分配関数を考えてみよう．

温度 T の熱平衡状態において，系がエネルギー E_n の状態にある確率 P_n は，ボルツマン定数を k_B とすると，

$$P_n = \frac{1}{Z} e^{-E_n/k_\mathrm{B}T} \tag{9.103}$$

で与えられる．いま，$1/Z$ は規格化因子であり，

$$Z = \sum_n e^{-E_n/k_\mathrm{B}T} \tag{9.104}$$

と表される Z を**分配関数**という。ここで，$\sum_n$ はすべての状態に関する和を表している。

分配関数を求めれば，系のいろいろな物理量を計算することができる。例えば，系のエネルギーの期待値 E は，

$$E = \frac{1}{Z}\sum_n E_n P_n \tag{9.105}$$

と書ける。実際ヘルムホルツの自由エネルギー F，系のエントロピー S，系の比熱（熱容量）C はそれぞれ，

$$F = -k_B T \ln Z, \ S = -\frac{\partial F}{\partial T}, \ C = -T\frac{\partial^2 F}{\partial T^2} \tag{9.106}$$

と表される[3]。

さて，エネルギー固有値 E_n を与える状態の波動関数を $\varphi_n(x)$ とし，密度行列

$$\rho(x', x) = \sum_n \varphi_n(x')\varphi_n(x)^* e^{-E_n/k_B T} \tag{9.107}$$

を用いると，分配関数は，

$$Z = \int dx\, \rho(x, x) \tag{9.108}$$

となる。密度行列の表式 (9.107) において，

$$1/k_B T \to i(t_F - t_I)/\hbar$$

という置き換えを行うと，ファインマン核の波動関数を用いた表式 (9.72) に一致することがわかる。

こうして，分配関数を用いた統計力学の計算において，経路積分が役立つことを理解することができるであろう。

章末問題

9.1 1次元の直線ポテンシャル $V(x, t) = fx$（f は定数）の下で運動する粒子のファインマン核の表式を求めよ。

---

[3] 基礎物理学シリーズ『統計力学』参照。

第 10 章

シュレーディンガー方程式を解く上での近似法として，第 4 章，第 5 章で紹介した摂動論や，第 6 章でとり上げた準古典近似（WKB 近似）があったが，経路積分でもこれらに相当するものを議論することができる。

経路積分法における近似法

10.1 摂動論

1 次元の系において，ポテンシャルが
$$V(x, t) = V_0(x, t) + v(x, t) \tag{10.1}$$
と，2 つの部分 $V_0(x, t)$ と $v(x, t)$ からなり，$v(x, t)$ が小さく，$V(x, t)$ と $V_0(x, t)$ の間のずれがわずかな場合を考えよう。

ポテンシャル $V_0(x, t)$ の下での作用関数を
$$S_0[x(t)] = \int_{t_I}^{t_F} dt \left[\frac{m}{2} \dot{x}(t)^2 - V_0(x(t), t) \right] \tag{10.2}$$
と書き，作用関数 $S[x(t)]$ を $S_0[x(t)]$ からのずれの形で
$$\begin{aligned} S[x(t)] &= \int_{t_I}^{t_F} dt \left[\frac{m}{2} \dot{x}(t)^2 - V(x(t), t) \right] \\ &= S_0[x(t)] - \int_{t_I}^{t_F} dt\, v(x(t), t) \end{aligned} \tag{10.3}$$
のように表そう。

作用関数 $S_0[x(t)]$ に対するファインマン核
$$K_0(x_F, t_F | x_I, t_I) = \int_{x_I, t_I}^{x_F, t_F} \mathscr{D}x(t)\, e^{\frac{i}{\hbar} S_0[x(t)]} \tag{10.4}$$
がわかっている場合（例えば，前章で計算した自由粒子，調和振動子や直

線ポテンシャルなどの場合), $S[x(t)]$ に対するファインマン核

$$
\begin{aligned}
K(x_F, t_F | x_I, t_I) &= \int_{x_I, t_I}^{x_F, t_F} \mathscr{D}x(t) e^{\frac{i}{\hbar} S[x(t)]} \\
&= \int_{x_I, t_I}^{x_F, t_F} \mathscr{D}x(t) e^{\frac{i}{\hbar} S_0[x(t)]} \exp\left[-\frac{i}{\hbar} \int_{t_I}^{t_F} \mathrm{d}s \, v(x(s), s) \right]
\end{aligned}
\tag{10.5}
$$

に対しては, v を摂動として扱う計算がよい近似を与えるだろう。ここから, 式を見やすくするため, v に現れる時間変数を t から s に変えた。

v が小さいので, (10.5) の被積分関数において指数

$$
\exp\left[-\frac{i}{\hbar} \int_{t_I}^{t_F} \mathrm{d}s \, v(x(s), s) \right]
$$

を展開しよう。

$$
\exp\left[-\frac{i}{\hbar} \int_{t_I}^{t_F} \mathrm{d}s \, v(x(s), s) \right] = 1 - \frac{i}{\hbar} \int_{t_I}^{t_F} \mathrm{d}s \, v(x(s), s) \\
+ \frac{1}{2!} \left(-\frac{i}{\hbar} \int_{t_I}^{t_F} \mathrm{d}s \, v(x(s), s) \right)^2 + \cdots
\tag{10.6}
$$

ここで, v の 2 次の項を

$$
\frac{1}{2!} \left(-\frac{i}{\hbar} \right)^2 \int_{t_I}^{t_F} \mathrm{d}s \int_{t_I}^{t_F} \mathrm{d}s' \, v(x(s), s) v(x(s'), s')
\tag{10.7}
$$

と書く。積分 $\int_{t_I}^{t_F} \mathrm{d}s \int_{t_I}^{t_F} \mathrm{d}s'$ を $s > s'$ の部分と $s < s'$ の部分とに分けたとき, それぞれの部分の積分は同じ寄与を与える。これは, 被積分関数 $v(x(s), s) v(x(s'), s')$ が, $s \leftrightarrow s'$ の入れかえで変わらないことからわかる。したがって, 積分領域を $s > s'$ の部分に限って 2 倍したものと等しく, v の 2 次の項は

$$
\left(-\frac{i}{\hbar} \right)^2 \int_{t_I}^{t_F} \mathrm{d}s \int_{t_I}^{s} \mathrm{d}s' \, v(x(s), s) v(x(s'), s')
\tag{10.8}
$$

とも書ける。

例題10.1　一般項の時間順序積

(10.6) の展開の一般項が

$$
\frac{1}{n!} \left(-\frac{i}{\hbar} \int_{t_I}^{t_F} \mathrm{d}s \, v(x(s), s) \right)^n
$$

$$= \left(-\frac{i}{\hbar}\right)^n \int_{t_I}^{t_F} ds_1 \int_{t_I}^{s_1} ds_2 \int_{t_I}^{s_2} ds_3 \cdots \int_{t_I}^{s_{n-1}} ds_n$$
$$\times v(x(s_1), s_1) v(x(s_2), s_2) v(x(s_3), s_3) \cdots v(x(s_n), s_n) \quad (10.9)$$

と書けることを示せ．

解 2次の場合と同様に一般項を

$$\frac{1}{n!} \left(-\frac{i}{\hbar}\right)^n \int_{t_I}^{t_F} ds_1 \int_{t_I}^{t_F} ds_2 \cdots \int_{t_I}^{t_F} ds_n$$
$$\times v(x(s_1), s_1) v(x(s_2), s_2) \cdots v(x(s_n), s_n) \quad (10.10)$$

と書くと，被積分関数 $v(x(s_1), s_1) v(x(s_2), s_2) \cdots v(x(s_n), s_n)$ は n 個の変数 $s_1, s_2, \cdots, s_n$ の置換（並べかえ）で変わらないので，積分領域を $s_1 > s_2 > \cdots > s_n$ に限って $n!$ 倍したものと等しい．よって，(10.9) が導かれる． ■

したがって，v について展開を行った (10.5) は

$$K(x_F, t_F | x_I, t_I) = \int_{x_I, t_I}^{x_F, t_F} \mathscr{D}x(t) e^{\frac{i}{\hbar} S_0[x(t)]} \Bigg[1 - \frac{i}{\hbar} \int_{t_I}^{t_F} ds\, v(x(s), s)$$
$$+ \left(-\frac{i}{\hbar}\right)^2 \int_{t_I}^{t_F} ds \int_{t_I}^{s} ds'\, v(x(s), s) v(x(s'), s') + \cdots \Bigg]$$
$$(10.11)$$

と書ける．(10.11) の展開の第 1 項（[ ] の中の第 1 項）は，v を単に無視した，第ゼロ次近似のファインマン核 $K_0(x_F, t_F | x_I, t_I)$ を与える．

第 1 次近似(v の 1 次)

展開の第 2 項については，積分順序を入れかえて

$$-\frac{i}{\hbar} \int_{t_I}^{t_F} ds \int_{x_I, t_I}^{x_F, t_F} \mathscr{D}x(t) e^{\frac{i}{\hbar} S_0[x(t)]} v(x(s), s) \quad (10.12)$$

と書こう．この s 積分の中身

$$\int_{x_I, t_I}^{x_F, t_F} \mathscr{D}x(t) e^{\frac{i}{\hbar} S_0[x(t)]} v(x(s), s) \quad (10.13)$$

について，$(x(s), s)$ を中間点 (x_M, t_M) にとり，例題 9.3 の解答と同様に離散化して表すと，(9.34) の右辺において $V \to V_0$ とし，$v(x_M, t_M)$ を挿入したもので書ける．

$$\int_{-\infty}^{\infty} dx_M\, v(x_M, t_M)$$

$$\times \lim_{\varepsilon \to 0,\, N' \to \infty} \left(\frac{m}{2\pi \hbar i \varepsilon}\right)^{\frac{N'}{2}} \int \left(\prod_{n=1}^{N'-1} \mathrm{d}x_n\right)$$
$$\times \exp\left[\frac{i}{\hbar}\varepsilon \sum_{n=0}^{N'-1}\left\{\frac{m}{2}\left(\frac{x_{n+1}-x_n}{\varepsilon}\right)^2 - V_0(x_n, t_n)\right\}\right]$$
$$\times \lim_{\varepsilon \to 0,\, N'' \to \infty} \left(\frac{m}{2\pi \hbar i \varepsilon}\right)^{\frac{N''}{2}} \int \left(\prod_{n=1}^{N''-1} \mathrm{d}x_n'\right)$$
$$\times \exp\left[\frac{i}{\hbar}\varepsilon \sum_{n=0}^{N''-1}\left\{\frac{m}{2}\left(\frac{x'_{n+1}-x'_n}{\varepsilon}\right)^2 - V_0(x_n', t_n')\right\}\right]$$
(10.14)

この 2 行目と 3 行目の表式は $K_0(x_M, t_M | x_I, t_I)$ を与え，4 行目と 5 行目の表式は $K_0(x_F, t_F | x_M, t_M)$ を与えるので，

$$(10.13) = \int_{-\infty}^{\infty} \mathrm{d}x_M\, K_0(x_F, t_F | x_M, t_M) v(x_M, t_M) K_0(x_M, t_M | x_I, t_I)$$
$$= \int_{-\infty}^{\infty} \mathrm{d}x(s)\, K_0(x_F, t_F | x(s), s) v(x(s), s) K_0(x(s), s | x_I, t_I)$$

と書け，(10.12) は

$$-\frac{i}{\hbar}\int_{t_I}^{t_F}\mathrm{d}s \int_{-\infty}^{\infty}\mathrm{d}x(s) K_0(x_F, t_F | x(s), s) v(x(s), s) K_0(x(s), s | x_I, t_I)$$
(10.15)

と表すことができる。これは，始点 I $= (x_I, t_I)$ から中間点 S $= (x(s), s)$

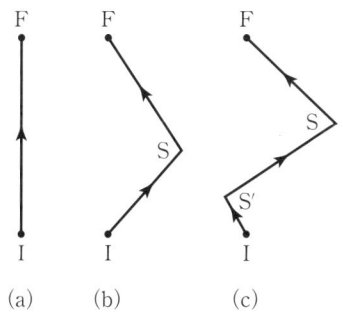

(a)　(b)　(c)
図10.1　経路積分法での摂動論

I, F はそれぞれ始点 (x_I, t_I)，終点 (x_F, t_F) を表し，S, S′ は摂動 $-\dfrac{i}{\hbar}v$ がかかる中間点 $(x(s), s)$，$(x(s'), s')$ を表す。矢印付き実線は無摂動のファインマン核 K_0 による時間発展を表す。図示しているのは第ゼロ次近似 (a)，第 1 次近似 (b)，第 2 次近似 (c) の様子である。これらの図は，第 5 章で議論した時間に依存する摂動の下での状態の時間発展を表す，図5.1 の (a)，(b)，(c) とそれぞれ対応している。

第 10 章　経路積分法における近似法

までは，無摂動のファインマン核 K_0 で時間発展し，中間点でのみ $-\frac{i}{\hbar}v(x(s),s)$ の摂動がかかり，中間点 S から終点 F $= (x_F, t_F)$ までは再びファインマン核 K_0 で発展する過程を意味している（図 10.1(b) 参照）．

第 2 次近似(v の 2 次)

展開の第 3 項も同様に

$$\left(-\frac{i}{\hbar}\right)^2 \int_{t_I}^{t_F} ds \int_{t_I}^{s} ds' \int_{x_I, t_I}^{x_F, t_F} \mathscr{D}x(t) e^{\frac{i}{\hbar}S_0[x(t)]} v(x(s),s) v(x(s'),s')$$

$$= \left(-\frac{i}{\hbar}\right)^2 \int_{t_I}^{t_F} ds \int_{t_I}^{s} ds' \int_{-\infty}^{\infty} dx(s) \int_{-\infty}^{\infty} dx(s') K_0(x_F, t_F | x(s), s)$$

$$\times v(x(s),s) K_0(x(s), s | x(s'), s') v(x(s'), s') K_0(x(s'), s' | x_I, t_I)$$

(10.16)

と表すことができる．摂動 $-\frac{i}{\hbar}v$ のかかる中間点は，S$' = (x(s'), s')$ と S $= (x(s), s)$ の 2 つで，次の過程を意味している．

「始点 I $= (x_I, t_I)$ から中間点 S$'$ までファインマン核 K_0 で時間発展し，S$'$ で摂動 $-\frac{i}{\hbar}v(x(s'), s')$ がかかる．S$'$ からもう 1 つの中間点 S まで再び K_0 で発展し，S で摂動 $-\frac{i}{\hbar}v(x(s), s)$ がかかり，最後に S から終点 F $= (x_F, t_F)$ まで K_0 で発展する」（図 10.1(c) 参照）．

第 n 次近似(v の n 次)

これまでの考察から，一般の第 n 次近似の場合は，摂動 $-\frac{i}{\hbar}v$ が n 個の中間点 $(x(s_1), s_1), (x(s_2), s_2), \cdots, (x(s_n), s_n)$ でかかり，始点から終点まで n 個の中間点をつなぎながら，ファインマン核 K_0 で発展する過程になることがわかるだろう．

ここで求めた近似解は，各次数において，第 5 章で扱った時間に依存する摂動の下での状態の時間発展の近似解 (5.11) ～ (5.14) にそれぞれ対応している．摂動のかかったハミルトニアン $\hat{H} = \hat{H}_0 + \hat{v}(t)$ による時刻 t_0 から t までの時間発展の演算子を $\hat{U}(t, t_0)$ と書くと，$|\psi(t)\rangle =$

$\hat{U}(t, t_0)|\psi(t_0)\rangle$ なので，例えば第 2 次近似までの結果 (5.13) は

$$\hat{U}(t, t_0) = \hat{U}_0(t - t_0) - \frac{i}{\hbar}\int_{t_0}^{t} dt' \hat{U}_0(t - t')\hat{v}(t')\hat{U}_0(t' - t_0)$$
$$+ \left(-\frac{i}{\hbar}\right)^2 \int_{t_0}^{t} dt' \int_{t_0}^{t'} dt'' \hat{U}_0(t - t')\hat{v}(t')\hat{U}_0(t' - t'')$$
$$\times \hat{v}(t'')\hat{U}_0(t'' - t_0) \quad (10.17)$$

と，$\hat{U}$ を無摂動ハミルトニアン $\hat{H}_0$ による時間発展演算子 $\hat{U}_0$ からの摂動として表す式に書ける．ファインマン核は演算子形式では，

$$K(x, t|x_0, t_0) = \langle x|\hat{U}(t, t_0)|x_0\rangle \quad (10.18)$$
$$K_0(x, t|x_0, t_0) = \langle x|\hat{U}_0(t - t_0)|x_0\rangle \quad (10.19)$$

と表される．また，ここで考えている経路積分形式と対応させるため，摂動ポテンシャル $\hat{v}(t)$ は座標表示で対角的

$$\langle x|\hat{v}(t) = v(x, t)\langle x| \quad (10.20)$$

である場合を考えよう．

(10.17) の両辺を $\langle x|$ と $|x_0\rangle$ ではさんだ式

$$\langle x|\hat{U}(t, t_0)|x_0\rangle = \langle x|\hat{U}_0(t - t_0)|x_0\rangle$$
$$- \frac{i}{\hbar}\int_{t_0}^{t} dt' \langle x|\hat{U}_0(t - t')\hat{v}(t')\hat{U}_0(t' - t_0)|x_0\rangle$$
$$+ \left(-\frac{i}{\hbar}\right)^2 \int_{t_0}^{t} dt' \int_{t_0}^{t'} dt'' \langle x|\hat{U}_0(t - t')\hat{v}(t')\hat{U}_0(t' - t'')$$
$$\times \hat{v}(t'')\hat{U}_0(t'' - t_0)|x_0\rangle \quad (10.21)$$

において，完全系 $\int_{-\infty}^{\infty} dx |x\rangle\langle x| = 1$ を挿入し，(10.18), (10.19), (10.20) を使うと

$$K(x, t|x_0, t_0) = K_0(x, t|x_0, t_0)$$
$$- \frac{i}{\hbar}\int_{t_0}^{t} dt' \int_{-\infty}^{\infty} dx(t') K_0(x, t|x(t'), t') v(x(t'), t') K_0(x(t'), t'|x_0, t_0)$$
$$+ \left(-\frac{i}{\hbar}\right)^2 \int_{t_0}^{t} dt' \int_{t_0}^{t'} dt'' \int_{-\infty}^{\infty} dx(t') \int_{-\infty}^{\infty} dx(t'') K_0(x, t|x(t'), t')$$
$$\times v(x(t'), t') K_0(x(t'), t'|x(t''), t'') v(x(t''), t'') K_0(x(t''), t''|x_0, t_0)$$
$$\quad (10.22)$$

を得る．これは，すでに導いた第 2 次近似までのファインマン核の摂動展開 (K_0 + (10.15) + (10.16)) を再現している．さらに高次の場合も，同

様にして，正しく対応することがわかるだろう．

例題10.2 積分方程式による表現

ファインマン核 $K(x_F, t_F|x_I, t_I)$ は積分方程式

$$K(x_F, t_F|x_I, t_I) = K_0(x_F, t_F|x_I, t_I)$$
$$- \frac{i}{\hbar} \int_{t_I}^{t_F} ds \int_{-\infty}^{\infty} dx(s) K_0(x_F, t_F|x(s), s) v(x(s), s) K(x(s), s|x_I, t_I)$$
(10.23)

を満たすことを確認せよ．

解 (10.23) を，v が小さいとして逐次近似法で解き，これまで見たファインマン核 $K(x_F, t_F|x_I, t_I)$ の摂動展開の式を正しく再現することを示せばよい．v を無視する第ゼロ次近似では

$$K(x_F, t_F|x_I, t_I) = K_0(x_F, t_F|x_I, t_I)$$

を得る．

この結果を (10.23) の右辺の K に代入すると，

$$K(x_F, t_F|x_I, t_I) = K_0(x_F, t_F|x_I, t_I)$$
$$- \frac{i}{\hbar} \int_{t_I}^{t_F} ds \int_{-\infty}^{\infty} dx(s) K_0(x_F, t_F|x(s), s) v(x(s), s) K_0(x(s), s|x_I, t_I)$$

となり，第 1 次近似までの解 ($K_0 +$ (10.15)) を得る．

また，第 1 次近似までの解を再び (10.23) の右辺の K に代入すると，

$$K(x_F, t_F|x_I, t_I) = K_0(x_F, t_F|x_I, t_I)$$
$$- \frac{i}{\hbar} \int_{t_I}^{t_F} ds \int_{-\infty}^{\infty} dx(s) K_0(x_F, t_F|x(s), s) v(x(s), s) K_0(x(s), s|x_I, t_I)$$
$$+ \left(-\frac{i}{\hbar}\right)^2 \int_{t_I}^{t_F} ds \int_{t_I}^{s} ds' \int_{-\infty}^{\infty} dx(s) \int_{-\infty}^{\infty} dx(s') K_0(x_F, t_F|x(s), s)$$
$$\times v(x(s), s) K_0(x(s), s|x(s'), s') v(x(s'), s') K_0(x(s'), s'|x_I, t_I)$$

となるが，これは第 2 次近似までの解 ($K_0 +$ (10.15) $+$ (10.16)) である．さらに高次の項についても，このように逐次近似を繰り返すことで，ファインマン核 $K(x_F, t_F|x_I, t_I)$ の摂動展開の式を正しく再現することがわかる． ∎

10.2　準古典近似（WKB 近似）

9.3 節で得たファインマン核の表式

$$K(x_F, t_F | x_I, t_I) = e^{\frac{i}{\hbar}S[\overline{x}(t)]} \int_{0, t_I}^{0, t_F} \mathscr{D}y(t) e^{\frac{i}{\hbar}\tilde{S}[y(t)]} \tag{10.24}$$

の $y(t)$ についての経路積分の計算を，$\hbar$ が小さい場合に進めよう。

第 6 章では波動関数を (6.16) のように展開して，準古典近似（WKB 近似）により求めたが，ここで行う計算はそれに相当することを経路積分で行うことになっている。

実際，ポテンシャル V が時間にあらわに依存しない $(V = V(x(t)))$ ときは，古典的経路 $\overline{x}(t)$ の運動においてエネルギー E が保存して，

$$\frac{m}{2}\dot{\overline{x}}(t)^2 + V(\overline{x}(t)) = E \tag{10.25}$$

である。この経路での作用関数の値は，(10.25) を用いると

$$S[\overline{x}(t)] = \int_{t_I}^{t_F} dt \left[\frac{m}{2}\dot{\overline{x}}(t)^2 - V(\overline{x}(t)) \right] = \int_{t_I}^{t_F} dt \, [m\dot{\overline{x}}(t)^2 - E]$$

$$= \pm \int_{x_I}^{x_F} p(\overline{x}) d\overline{x} - ET \quad (T = t_F - t_I) \tag{10.26}$$

と書ける。ここで，

$$p(\overline{x}) = \sqrt{2m(E - V(\overline{x}))} \tag{10.27}$$

であり，(10.26) 右辺第 1 項の符号 $\pm$ は，軌道上の各点で運動量 $m\dot{\overline{x}}(t)$ の符号と一致するように選ぶ。よって，(10.24) の古典的経路からの寄与は

$$e^{\frac{i}{\hbar}S[\overline{x}(t)]} = \exp\left[\pm \frac{i}{\hbar} \int_{x_I}^{x_F} p(\overline{x}) d\overline{x} \right] e^{-\frac{i}{\hbar}ET} \tag{10.28}$$

である。一方 (6.13) より，(6.16) の $e^{\frac{i}{\hbar}S_0(x)}$ の項は

$$e^{\frac{i}{\hbar}S_0(x)} = e^{\pm \frac{i}{\hbar}\int^x dx' p(x')} \tag{10.29}$$

であるが，6.2 節では定常状態のシュレーディンガー方程式を考えているので，時間による因子 $e^{-\frac{i}{\hbar}ET}$ はあらかじめ除かれていることを思い出そう。このことを考慮すると，(10.28) と (10.29) は正しく対応していることがわかる[1]。

ゆらぎ $y(t)$ についての経路積分を計算するため，$\tilde{S}[y(t)]$ の表式

$$\tilde{S}[y(t)] = \int_{t_I}^{t_F} \mathrm{d}t \left[\frac{m}{2} \dot{y}^2 - \frac{1}{2!} \frac{\partial^2 V}{\partial x^2}(\overline{x}, t) y^2 \right.$$
$$\left. - \frac{1}{3!} \frac{\partial^3 V}{\partial x^3}(\overline{x}, t) y^3 - \frac{1}{4!} \frac{\partial^4 V}{\partial x^4}(\overline{x}, t) y^4 - \cdots \right] \quad (10.31)$$

を調和振動子のときと同じく，$y(t)$ のフーリエ展開 (9.56) を用いて書き換えよう．

$$\int_{t_I}^{t_F} \mathrm{d}t \, \frac{\partial^2 V}{\partial x^2}(\overline{x}, t) \eta_n(t) \eta_{n'}(t) = M_{nn'}$$
$$\int_{t_I}^{t_F} \mathrm{d}t \, \frac{\partial^3 V}{\partial x^3}(\overline{x}, t) \eta_n(t) \eta_{n'}(t) \eta_{n''}(t) = V^{(3)}_{nn'n''}$$
$$\int_{t_I}^{t_F} \mathrm{d}t \, \frac{\partial^4 V}{\partial x^4}(\overline{x}, t) \eta_n(t) \eta_{n'}(t) \eta_{n''}(t) \eta_{n'''}(t) = V^{(4)}_{nn'n''n'''}$$
$$\vdots \qquad\qquad \vdots \quad (10.32)$$

とおくと，

$$\tilde{S}[y(t)] = \frac{\hbar m}{2} \sum_{n,n'=1}^{\infty} \left\{ \delta_{n,n'} \left(\frac{\pi n}{T} \right)^2 - \frac{1}{m} M_{nn'} \right\} a_n a_{n'}$$
$$- \frac{\hbar^{\frac{3}{2}}}{3!} \sum_{n,n',n''=1}^{\infty} V^{(3)}_{nn'n''} a_n a_{n'} a_{n''}$$
$$- \frac{\hbar^2}{4!} \sum_{n,n',n'',n'''=1}^{\infty} V^{(4)}_{nn'n''n'''} a_n a_{n'} a_{n''} a_{n'''} - \cdots \quad (10.33)$$

と書ける．$\frac{\partial^2 V}{\partial x^2}(\overline{x}, t)$ は，運動方程式の解 $\overline{x}(t)$ を通じて（また，$V(x, t)$ があらわに時間に依存する場合はそこからも）時間に依存するため，$M_{nn'}$ は $n = n'$ の対角成分だけでなく，$n \neq n'$ の非対角成分も一般にゼロではないことに注意しよう．

このとき，(10.24) の被積分関数の指数の肩 $\frac{i}{\hbar} \tilde{S}[y(t)]$ において，a_n の2次の項は $\hbar$ によらず，a_n の3次，4次の項はそれぞれ $\sqrt{\hbar}$，$\hbar$ に比例している．$\hbar$ は小さいので，a_n の3次，4次の項を指数の肩から落として展開しよう．すると，次の表式を得る．

---

1) $V(x) > E$ である古典的に到達不可能な領域では，6.2 節で行ったのと同様，(10.28) と (10.29) において

$$p(x) = i\rho(x), \quad \rho(x) \equiv \sqrt{2m(V(x) - E)} \quad (10.30)$$

とおくことで，対応している．

$$e^{\frac{i}{\hbar}\tilde{S}[y(t)]} = \exp\left[-\frac{m}{2i}\sum_{n,\,n'=1}^{\infty}\left\{\delta_{n,\,n'}\left(\frac{\pi n}{T}\right)^2 - \frac{1}{m}M_{nn'}\right\}a_n\,a_{n'}\right]$$
$$\times \left\{1 - \frac{i\sqrt{\hbar}}{3!}\sum_{n,\,n',\,n''=1}^{\infty}V^{(3)}_{nn'n''}a_n\,a_{n'}\,a_{n''}\right.$$
$$-\frac{i\hbar}{4!}\sum_{n,\,n',\,n'',\,n'''=1}^{\infty}V^{(4)}_{nn'n''n'''}a_n\,a_{n'}\,a_{n''}\,a_{n'''}$$
$$\left.-\frac{\hbar}{2}\left(\frac{1}{3!}\sum_{n,\,n',\,n''=1}^{\infty}V^{(3)}_{nn'n''}a_n\,a_{n'}\,a_{n''}\right)^2 + O(\hbar^{\frac{3}{2}})\right\} \quad (10.34)$$

ここで，$O(\hbar^{\frac{3}{2}})$ は $\hbar$ について $\hbar^{\frac{3}{2}}$，もしくはそれより高次のべきに比例する項を表す。

$y(t)$ と a_n のフーリエ展開による関係は調和振動子のときと同じなので，積分変数を $y(t)$ から a_n に変換する際のヤコビアンも調和振動子のとき (9.60) と同じで

$$\mathscr{D}y(t) = \lim_{N\to\infty}\mathscr{N}_N\prod_{n=1}^{N}\mathrm{d}a_n \quad (10.35)$$

である。$\mathscr{N}_N$ はポテンシャル $V(x,t)$ に含まれるパラメーター（相互作用の強さ）によらない定数になっている。

第 6 章で行った，準古典近似（WKB 近似）でシュレーディンガー方程式を解く際の波動関数の展開 (6.16)

$$\varphi(x) = \exp\left[\frac{i}{\hbar}S_0(x) + S_1(x)\right]\times\left(1 + \frac{\hbar}{i}S_2(x) + \cdots\right) \quad (10.36)$$

において，$e^{\frac{i}{\hbar}S_0(x)}$ が経路積分への古典的経路からの寄与 $e^{\frac{i}{\hbar}S[\bar{x}(t)]}$ に相当することはすでに述べた。$\hbar$ のオーダーに注目すると，$e^{S_1(x)}$ は古典的経路からのゆらぎ $y(t)$ の寄与 (10.34) のうちの指数の因子

$$\exp\left[-\frac{m}{2i}\sum_{n,\,n'=1}^{\infty}\left\{\delta_{n,\,n'}\left(\frac{\pi n}{T}\right)^2 - \frac{1}{m}M_{nn'}\right\}a_n\,a_{n'}\right] \quad (10.37)$$

に対応していることが見てとれるだろう。後で説明するように，(10.34) の中括弧 { } の中の $\sqrt{\hbar}$ の奇数べきの項は寄与しないことがわかるので，(10.36) の $\frac{\hbar}{i}S_2(x)$ 以下の項も，(10.34) の中括弧 { } の $O(\hbar)$ 以下の $\hbar$ の整数べきの項に対応する。

第 6 章での準古典近似（WKB 近似）では，$S_0(x), S_1(x)$ についての寄与

のみとり入れたが，それに対応して，経路積分では古典的経路からの寄与 $e^{\frac{i}{\hbar}S[\bar{x}(t)]}$ と (10.37) の積分の寄与をとり入れることが準古典的取り扱いになっている．

$y(t)$ の経路積分－準古典的な寄与

$y(t)$ の経路積分は，被積分関数 (10.34) を積分測度 (10.35) で a_n について積分することで計算できる．$\hbar$ が小さいとき，その中で一番重要なのは，(10.34) において $\hbar$ に依存しない項（中括弧 { } の中の展開項のうち第1項）である．その部分

$$\lim_{N\to\infty}\mathcal{N}_N\int\left(\prod_{n=1}^{N}\mathrm{d}a_n\right)\exp\left[-\frac{m}{2i}\sum_{n,n'=1}^{N}\left\{\delta_{n,n'}\left(\frac{\pi n}{T}\right)^2-\frac{1}{m}M_{nn'}\right\}a_n a_{n'}\right] \tag{10.38}$$

を計算しよう．exp の中身の a_n の2次形式は対角型でないので，調和振動子のときのように a_n 各々のガウス積分には分かれないが，次の例題にあるように2次形式を対角化することで積分を実行できる．

例題10.3 多変数の場合のガウス積分

A を $N\times N$ 実対称行列（すべての要素が実数の対称行列）とし，$A_{nn'}$ をその n 行 n' 列の成分とする．A が実直交行列（すべての要素が実数の直交行列）により対角化されることを用いて，多変数の場合のガウス積分

$$\int_{-\infty}^{\infty}\left(\prod_{n=1}^{N}\mathrm{d}a_n\right)\exp\left[-\frac{m}{2i}\sum_{n,n'=1}^{N}A_{nn'}a_n a_{n'}\right] \tag{10.39}$$

を計算せよ．

解　A の固有値を $\lambda_n (n=1,2,\cdots,N)$ と書くと，λ_n たちは実数で，

$$A = U^{\mathrm{T}}\begin{pmatrix}\lambda_1 & & \\ & \ddots & \\ & & \lambda_N\end{pmatrix}U \tag{10.40}$$

と対角化される．ここで，U は実直交行列，U^{T} は U の転置行列で

$$UU^{\mathrm{T}} = 1 \tag{10.41}$$

を満たす．(10.41) の両辺の行列式をとると，$(\det U)^2 = 1$ なので

$$\det U = \pm 1 \tag{10.42}$$

を得る．

10.2 準古典近似(WKB 近似)

a_n ($n = 1, 2, \cdots, N$) を上から並べた列ベクトル

$$\boldsymbol{a} \equiv \begin{pmatrix} a_1 \\ a_2 \\ \vdots \\ a_N \end{pmatrix} \tag{10.43}$$

に U をかけたものを $\boldsymbol{b}$ と書こう。

$$U\boldsymbol{a} = \boldsymbol{b} \tag{10.44}$$

(10.40), (10.44) を使うと,2 次形式 $\sum\limits_{n,\,n'=1}^{N} A_{nn'}\, a_n\, a_{n'}$ は

$$\sum_{n,\,n'=1}^{N} A_{nn'}\, a_n\, a_{n'} = \boldsymbol{a}^{\mathrm{T}} A \boldsymbol{a} = \boldsymbol{a}^{\mathrm{T}} U^{\mathrm{T}} \begin{pmatrix} \lambda_1 & & \\ & \ddots & \\ & & \lambda_N \end{pmatrix} U\boldsymbol{a}$$

$$= \boldsymbol{b}^{\mathrm{T}} \begin{pmatrix} \lambda_1 & & \\ & \ddots & \\ & & \lambda_N \end{pmatrix} \boldsymbol{b} = \sum_{n=1}^{N} \lambda_n b_n{}^2 \tag{10.45}$$

と対角的に表すことができる。$\boldsymbol{b}$ の成分を b_n ($n = 1, 2, \cdots, N$) と書いた。

(10.44) により,a_n ($n = 1, 2, \cdots, N$) から b_n ($n = 1, 2, \cdots, N$) への積分変数の変換を行おう。その際の積分測度のヤコビアンは U の行列式の絶対値であるが,(10.42) よりそれは 1 に等しい。

$$\prod_{n=1}^{N} \mathrm{d}b_n = |\det U| \prod_{n=1}^{N} \mathrm{d}a_n = \prod_{n=1}^{N} \mathrm{d}a_n \tag{10.46}$$

したがって,計算すべきガウス積分は b_n ($n = 1, 2, \cdots, N$) に変数変換することで,b_n 各々のガウス積分の積となり,

$$\int_{-\infty}^{\infty} \left(\prod_{n=1}^{N} \mathrm{d}a_n\right) \exp\left[-\frac{m}{2i} \sum_{n,\,n'=1}^{N} A_{nn'}\, a_n\, a_{n'}\right]$$

$$= \prod_{n=1}^{N} \int_{-\infty}^{\infty} \mathrm{d}b_n\, e^{-\frac{m}{2i}\lambda_n b_n{}^2} = \prod_{n=1}^{N} \sqrt{\frac{2\pi i}{m\lambda_n}}$$

$$= \left(\prod_{n=1}^{N} \sqrt{\frac{2\pi i}{m}}\right) \left(\det_{n,\,n'} A_{nn'}\right)^{-\frac{1}{2}} \tag{10.47}$$

と計算される。$\det\limits_{n,\,n'} A_{nn'}$ は,添え字 n, n' が 1 から N までとりうるとして,n 行 n' 列の行列要素が $A_{nn'}$ である行列の行列式を表している。もちろん,

187

今の場合，$\det A$ に等しい．最後の変形で，$\det A = \prod_{n=1}^{N} \lambda_n$ のように，行列式が固有値の積で表されることを使った． ∎

計算したい積分 (10.38) は例題 10.3 において，

$$A_{nn'} = \delta_{n,n'}\left(\frac{\pi n}{T}\right)^2 - \frac{1}{m}M_{nn'} \tag{10.48}$$

としたものに他ならないから，(10.47) の結果を使うと，$y(t)$ の経路積分の主要な寄与は

$$\int_{0,t_I}^{0,t_F} \mathscr{D}y(t) \exp\left\{\frac{i}{\hbar}\int_{t_I}^{t_F} dt\left[\frac{m}{2}\dot{y}^2 - \frac{1}{2}\frac{\partial^2 V}{\partial x^2}(\bar{x},t)y^2\right]\right\}$$

$$= \lim_{N\to\infty} \mathscr{N}_N \int_{-\infty}^{\infty} \left(\prod_{n=1}^{N} da_n\right)$$

$$\times \exp\left[-\frac{m}{2i}\sum_{n,n'=1}^{N}\left\{\delta_{n,n'}\left(\frac{\pi n}{T}\right)^2 - \frac{1}{m}M_{nn'}\right\}a_n a_{n'}\right]$$

$$= \lim_{N\to\infty} \mathscr{N}_N \left(\prod_{n=1}^{N}\sqrt{\frac{2\pi i}{m}}\right) \det_{n,n'}\left(\delta_{n,n'}\left(\frac{\pi n}{T}\right)^2 - \frac{1}{m}M_{nn'}\right)^{-\frac{1}{2}} \tag{10.49}$$

と書ける．

(10.48) の右辺の行列を対角行列

$$\Lambda = \frac{\pi}{T}\begin{pmatrix} 1 & & \\ & \ddots & \\ & & N \end{pmatrix} \tag{10.50}$$

を使って，

$$\delta_{n,n'}\left(\frac{\pi n}{T}\right)^2 - \frac{1}{m}M_{nn'} = \Lambda_{nn}\left(\delta_{n,n'} - \frac{1}{m}\frac{T}{\pi n}M_{nn'}\frac{T}{\pi n'}\right)\Lambda_{n'n'} \tag{10.51}$$

と表し，この両辺の行列式をとると，$\det \Lambda = \prod_{n=1}^{N}\frac{\pi n}{T}$ より，

$$\det_{n,n'}\left(\delta_{n,n'}\left(\frac{\pi n}{T}\right)^2 - \frac{1}{m}M_{nn'}\right)$$
$$= \left(\prod_{n=1}^{N}\frac{\pi n}{T}\right)^2 \det_{n,n'}\left(\delta_{n,n'} - \frac{1}{m}\frac{T}{\pi n}M_{nn'}\frac{T}{\pi n'}\right) \tag{10.52}$$

を得る．これを (10.49) に代入して，調和振動子のところで求めた関係式

$$\lim_{N\to\infty} \mathscr{N}_N \left(\prod_{n=1}^{N}\sqrt{\frac{2\pi i}{m}}\frac{T}{\pi n}\right) = \sqrt{\frac{m}{2\pi\hbar i}\frac{1}{T}} \tag{10.53}$$

((9.62), (9.66) を見よ) がここでも使えることから，最終結果

$$\int_{0,\,t_t}^{0,\,t_F} \mathscr{D}y(t)\exp\left\{\frac{i}{\hbar}\int_{t_I}^{t_F}\mathrm{d}t\left[\frac{m}{2}\dot{y}^2 - \frac{1}{2}\frac{\partial^2 V}{\partial x^2}(\bar{x},t)y^2\right]\right\}$$
$$=\sqrt{\frac{m}{2\pi\hbar i}\frac{1}{T}}\lim_{N\to\infty}\det_{n,\,n'}\left(\delta_{n,\,n'} - \frac{1}{m}\frac{T}{\pi n}M_{nn'}\frac{T}{\pi n'}\right)^{-\frac{1}{2}} \quad (10.54)$$

が得られる．

$y(t)$ の経路積分—さらに $\hbar$ について高次の寄与

$y(t)$ の経路積分の被積分関数 (10.34) で次に重要なのは，中括弧 { } の中の展開項のうち $\sqrt{\hbar}$ に比例する第 2 項のように見える．しかし，この項は a_n について 3 次である．この項の積分への寄与がゼロであることは次のことからわかる．

「$a_1, a_2, \cdots, a_N$ の関数 $f(a_1, a_2, \cdots, a_N)$ で，すべての a_n の符号を変えると関数の値の符号を変えるもの

$$f(-a_1, -a_2, \cdots, -a_N) = -f(a_1, a_2, \cdots, a_N) \quad (10.55)$$

を考えると，積分

$$I \equiv \int_{-\infty}^{\infty}\left(\prod_{n=1}^{N}\mathrm{d}a_n\right)f(a_1, a_2, \cdots, a_N) \quad (10.56)$$

は，(10.55) の性質を使うと，$I = -I$ がいえて，$I = 0$ であることがわかる」

a_n について 3 次の項は，(10.55) の性質を持つので，積分の結果ゼロになる．同様に，さらに高次の $\sqrt{\hbar}$ の奇数べきの項も (10.55) の性質を持ち，積分の結果ゼロになる．

したがって，次に重要な寄与を与えるのは，$\hbar$ の 1 次に比例する項で中括弧の中の第 3 項と第 4 項である．この寄与は，主要な寄与 (10.54) と比べると $O(\hbar)$ だけ小さい．これは，準古典近似（WKB 近似）の際の波動関数の展開 (6.16) において，$\frac{\hbar}{i}S_2(x)$ からの寄与に対応している．

計算のまとめ

ここまでで得られた計算をまとめて，ファインマン核の準古典的な計算結果を書くと，

$$K(x_F, t_F|x_I, t_I) = e^{\frac{i}{\hbar}S[\bar{x}(t)]}$$
$$\times \sqrt{\frac{m}{2\pi\hbar i}\frac{1}{T}} \lim_{N\to\infty} \det_{n,n'} \left(\delta_{n,n'} - \frac{1}{m}\frac{T}{\pi n} M_{nn'} \frac{T}{\pi n'} \right)^{-\frac{1}{2}}$$
$$\times [1 + O(\hbar)] \qquad (10.57)$$

となる。

すでに触れたように，これは第 6 章での準古典近似（WKB 近似）の際の波動関数の展開 (6.16) と対応している。

特に，9.4 節で計算した調和振動子の場合はポテンシャルが x の 2 次式（$V = \frac{m}{2}\omega^2 x^2$）なので，(10.32) の $V^{(3)}$, $V^{(4)}$, … はゼロで，$M_{nn'} = m\omega^2 \delta_{n,n'}$ である。このとき，(10.57) の 3 行目の $O(\hbar)$ の項は存在せず，(10.57) の 2 行目の行列式の因子は (9.63) を用いると，

$$\lim_{N\to\infty} \det_{n,n'} \left(\delta_{n,n'} - \frac{1}{m}\frac{T}{\pi n} M_{nn'} \frac{T}{\pi n'} \right)^{-\frac{1}{2}}$$
$$= \lim_{N\to\infty} \prod_{n=1}^{N} \left(1 - \left(\frac{\omega T}{\pi n}\right)^2\right)^{-\frac{1}{2}} = \prod_{n=1}^{\infty} \left(1 - \left(\frac{\omega T}{\pi n}\right)^2\right)^{-\frac{1}{2}} = \sqrt{\frac{\omega T}{\sin(\omega T)}}$$
$$(10.58)$$

となるので，準古典的な計算結果が正確な表式 (9.67) と一致することがわかる。

章末問題

10.1 6.5 節では，図 6.4 の形のポテンシャルにおいて，領域 I からの入射波がトンネル効果により領域 III へ透過する透過率を，準古典近似（WKB 近似）で計算した。ここでは，同じ問題を経路積分法で考えてみよう。しかし，領域 II は古典的に到達不可能なので，位置 $x_I = a$ から位置 $x_F = b$ に至る古典的経路は存在しない。

このような場合，ファインマン核 $K(x_F, t_F|x_I, t_I)$ において，あらかじめ時間に依存する因子 $e^{-\frac{i}{\hbar}E(t_F-t_I)}$ を抜き出したものを $\tilde{K}(x_F, t_F|x_I, t_I)$ とすると，

$$K(x_F, t_F|x_I, t_I) = e^{-\frac{i}{\hbar}E(t_F-t_I)} \tilde{K}(x_F, t_F|x_I, t_I) \qquad (10.59)$$

で，$\tilde{K}(x_F, t_F | x_I, t_I)$ の経路積分表示は

$$\tilde{K}(x_F, t_F | x_I, t_I) = \int_{x_I, t_I}^{x_F, t_F} \mathscr{D}x(t) \, e^{\frac{i}{\hbar}\tilde{S}[x(t)]} \quad (10.60)$$

$$\tilde{S}[x(t)] = \int_{t_I}^{t_F} dt \left[\frac{m}{2}\left(\frac{dx(t)}{dt}\right)^2 - V(x(t)) + E \right] \quad (10.61)$$

と，作用関数においてポテンシャルエネルギーが定数 E だけずれた形になる．トンネル効果を調べるには，作用関数 $\tilde{S}[x(t)]$ の代わりにユークリッド作用関数と呼ばれる

$$\tilde{S}_E[x(\tau)] \equiv \int_{\tau_I}^{\tau_F} d\tau \left[\frac{m}{2}\left(\frac{dx(\tau)}{d\tau}\right)^2 + V(x(\tau)) - E \right] \quad (10.62)$$

を使い，$e^{-\frac{1}{\hbar}\tilde{S}_E[x(\tau)]}$ を被積分関数とする経路積分

$$\tilde{K}_E(x_F, \tau_F | x_I, \tau_I) = \int_{x_I, \tau_I}^{x_F, \tau_F} \mathscr{D}x(\tau) \, e^{-\frac{1}{\hbar}\tilde{S}_E[x(\tau)]} \quad (10.63)$$

を評価することで，計算が可能になることが知られている．

(1) 経路積分 (10.63) の被積分関数 $e^{-\frac{1}{\hbar}\tilde{S}_E[x(\tau)]}$ は，経路積分 (10.60) の被積分関数 $e^{\frac{i}{\hbar}\tilde{S}[x(t)]}$ において，時間を

$$t = -i\tau \quad (10.64)$$

と形式的に置き換えることで得られることを示せ．

(2) ユークリッド作用関数 (10.62) の変分から得られる，τ を「時間」とする運動方程式によって記述される運動を考え，初期時刻 τ_I に $x = a$ を出発し，$x = b$ にたどり着く古典的経路 $\bar{x}(\tau)$ を調べよ（到着時刻は指定しない[2])．特に，もとの作用関数 (10.61) から得られる運動方程式との違いに注意せよ．

(3) (2) で求めた古典的経路 $\bar{x}(\tau)$ の経路積分 (10.63) への寄与のうち最も重要なものは

$$e^{-\frac{1}{\hbar}\tilde{S}_E[\bar{x}(\tau)]} = e^{-\frac{1}{\hbar}\int_a^b \sqrt{2m(V(x)-E)}\,dx} \quad (10.65)$$

と書け，この絶対値の 2 乗がトンネル効果による透過率を与えることを確認せよ．

---

[2] 領域Ⅲへの透過を調べるには，到着時刻を指定せず，$x = b$ にたどり着くすべての経路を考える必要がある．

章末問題解答

第1章

1.1 交換関係 (1.33) の運動量表示の行列要素は，
$$\langle p'|[\hat{x},\hat{p}]|p''\rangle = \langle p'|\hat{x}\hat{p}|p''\rangle - \langle p'|\hat{p}\hat{x}|p''\rangle = (p''-p')\langle p'|\hat{x}|p''\rangle$$
となる．一方，
$$\langle p'|[\hat{x},\hat{p}]|p''\rangle = i\hbar\langle p'|p''\rangle = i\hbar\delta(p'-p'')$$
となるから，
$$-(p'-p'')\langle p'|\hat{x}|p''\rangle = i\hbar\delta(p'-p'')$$
が成り立つ．

いま，デルタ関数の性質 (1.35) を用いると，
$$-(p'-p'')\langle p'|\hat{x}|p''\rangle = -i\hbar(p'-p'')\frac{\partial}{\partial p'}\delta(p'-p'')$$
となり，(1.40) を得る．

1.2 行列要素 $\langle x|\hat{p}|p\rangle$ を考えよう．(1.37) より，
$$\langle x|\hat{p}|p\rangle = p\langle x|p\rangle$$
となるが，一方，(1.36) を用いて，
$$\langle x|\hat{p}|p\rangle = \int\langle x|\hat{p}|x'\rangle\langle x'|p\rangle\mathrm{d}x' = \int\left(-i\hbar\frac{\partial}{\partial x}\delta(x-x')\right)\langle x'|p\rangle\mathrm{d}x'$$
$$= -i\hbar\frac{\partial}{\partial x}\int\delta(x-x')\langle x'|p\rangle\mathrm{d}x' = -i\hbar\frac{\partial}{\partial x}\langle x|p\rangle$$
となることから，$\langle x|p\rangle$ に対する微分方程式 (1.47) を得る．

$\langle x|p\rangle = \varphi_p(x)$ とおき，(1.47) を積分して，
$$\varphi_p(x) = C\exp\left(\frac{i}{\hbar}px\right) \quad (C\text{ は任意定数})$$

を得る。また，規格化条件 (1.38) より，
$$\delta(p - p') = \langle p|p'\rangle = \int \langle p|x\rangle\langle x|p'\rangle \mathrm{d}x' = \int \varphi_p{}^*(x)\varphi_p(x)\mathrm{d}x$$
となり，$C = \dfrac{1}{\sqrt{2\pi\hbar}}$ を得る。こうして $\langle x|p\rangle$ が (1.32) で与えられることがわかる。

1.3 (1) 1.6 節で学んだように，シュレーディンガー描像において，自由粒子の状態ベクトル $|x\rangle = |x(t)\rangle_\mathrm{S}$ の時間発展は，
$$|x(t')\rangle_\mathrm{S} = \exp\left[-\frac{i}{\hbar}\hat{H}_0(t'-t)\right]|x(t)\rangle_\mathrm{S}$$
と書けるから，ブラ・ベクトル $\langle x'|$ との行列要素は，(1.48) で表される。

(2) 自由粒子のハミルトニアン $\hat{H}_0 = \dfrac{\hat{p}^2}{2m}$ および (1.39) を用いて，
$$\begin{aligned}G(x',t'|x,t) &= \int_{-\infty}^{\infty} \langle x'|\exp\left[-\frac{i}{\hbar}\frac{\hat{p}^2}{2m}(t'-t)\right]|p\rangle\langle p|x\rangle \mathrm{d}p \\ &= \int_{-\infty}^{\infty} \exp\left[-\frac{i}{\hbar}\frac{p^2}{2m}(t'-t)\right]\langle x'|p\rangle\langle p|x\rangle \mathrm{d}p \\ &= \frac{1}{2\pi\hbar}\int_{-\infty}^{\infty} \exp\left[-\frac{i}{\hbar}\frac{p^2}{2m}(t'-t)\right]\exp\left[\frac{i}{\hbar}p(x'-x)\right]\mathrm{d}p\end{aligned}$$

となる。ここで，行列要素 $\langle x'|\exp\left[-\dfrac{i}{\hbar}\dfrac{\hat{p}^2}{2m}(t'-t)\right]|p\rangle$ は演算子ではなく，ただの数であることに注意しよう。このようなただの数を **c 数**（古典的な数という意味）といい，演算子を **q 数**（量子論的な数という意味）という。したがって，$\exp\left[-\dfrac{i}{\hbar}\dfrac{p^2}{2m}(t'-t)\right]$ はさらに右側の内積 $\langle p|x\rangle$ に作用せず，$\langle x'|p\rangle\langle p|x\rangle$ の前に出すことができた。ここで，被積分関数は，
$$\begin{aligned}&\exp\left[-\frac{i}{\hbar}\frac{p^2}{2m}(t'-t)\right]\exp\left[\frac{i}{\hbar}p(x'-x)\right] \\ &= \exp\left[-i\frac{t'-t}{2m\hbar}\left(p - \frac{m(x'-x)}{t'-t}\right)^2\right]\exp\left[\frac{i}{\hbar}\frac{m(x'-x)^2}{2(t'-t)}\right]\end{aligned}$$
と表されるので，ガウス積分 (1.49) を用いて，
$$G(x',t'|x,t) = \sqrt{\frac{m}{i2\pi\hbar(t'-t)}}\exp\left[\frac{i}{\hbar}\frac{m(x'-x)^2}{2(t'-t)}\right]$$
を得る。

(解説)

$a > 0$ としてガウス積分 (1.49) を導く。$a < 0$ の場合にも (1.49) が成立することは，同様に導かれるが，その詳細は読者に任せる。

オイラーの式
$$e^{-i\theta} = \cos\theta - i\sin\theta \quad (\theta：実数)$$
を用いて，$X = \sqrt{a}\,x$ とおくと，
$$\begin{aligned}\int_0^\infty e^{-iax^2}\mathrm{d}x &= \int_0^\infty (\cos ax^2 - i\sin ax^2)\mathrm{d}x \\ &= \frac{1}{\sqrt{a}}\int_0^\infty (\cos X^2 - i\sin X^2)\mathrm{d}X\end{aligned}$$
となる。そこで，フレネル積分（基礎物理学シリーズ『物理のための数学入門』第 3

章章末問題 3.1 参照）

$$\int_0^\infty \cos t^2 \, dt = \int_0^\infty \sin t^2 \, dt = \frac{1}{2}\sqrt{\frac{\pi}{2}}$$

を用いると，

$$\int_0^\infty e^{-iax^2} \, dx = \frac{1}{2}\sqrt{\frac{\pi}{a}} \cdot e^{-i\pi/4} = \frac{1}{2}\sqrt{\frac{\pi}{ae^{i\pi/2}}} = \frac{1}{2}\sqrt{\frac{\pi}{ia}}$$

となり，(1.49) が導かれる。

第 2 章

2.1 ユニタリー行列について思い出そう（本シリーズ第 10 巻『物理のための数学入門』11 ページを参照）。成分が複素数の正方行列 $U = (u_{ij})$ に関して

$$U^* U = 1$$

を満たすものをユニタリー行列という。ここで U^* は共役転置行列を表し，その定義は，まず U の各成分 (u_{ij}) を共役複素数で置き換え，共役行列 $\overline{U} = \overline{(u_{ij})}$ をつくる。ついで，この $\overline{U}$ の行と列を転置した行列を構成する。これを共役転置行列といい，$U^* = \overline{(u_{ji})}$ と表す。また，$U^* = U$ ならば U はエルミート行列という。いまの場合

$$\hat{U}_r{}^*(\boldsymbol{a}) = (e^{-\frac{i}{\hbar}\boldsymbol{a}\cdot\hat{\boldsymbol{p}}})^*$$
$$= e^{\frac{i}{\hbar}\boldsymbol{a}\cdot\hat{\boldsymbol{p}}}$$

である。これは $\boldsymbol{a}$ が実数成分のベクトル，$\hat{\boldsymbol{p}}$ がエルミート，つまり $\hat{\boldsymbol{p}}^* = \hat{\boldsymbol{p}}$ だからである。したがって，$\hat{U}_r{}^*(\boldsymbol{a})\hat{U}_r(\boldsymbol{a}) = 1$ が成立する。

注意 $\hat{U}_r(\boldsymbol{a})$ のように e の肩に乗っているような演算子の場合，正確にはいったん級数展開を行ってから，$\hat{U}_r{}^*(\boldsymbol{a})\hat{U}_r(\boldsymbol{a})$ を計算すべきである。いまの場合は $\boldsymbol{a}$ や $\hat{\boldsymbol{p}}$ が簡単な性質のよくわかった演算子のため，このプロセスを省略したのである。

2.2 正方行列 A の逆行列 A^{-1} を求める方法を思い出そう（本シリーズ第 10 巻『物理のための数学入門』12〜15 ページを参照）。

3×3 行列

$$A = \begin{pmatrix} a_{11} & a_{12} & a_{13} \\ a_{21} & a_{22} & a_{23} \\ a_{31} & a_{32} & a_{33} \end{pmatrix}$$

の余因子 A_{ij} は

$$A_{ij} = (-1)^{i+j} \begin{vmatrix} & \downarrow^j & \\ \cdots & \cdots & \\ & \vdots & \end{vmatrix} \leftarrow i$$

によって与えられる $(i, j = 1, 2, 3)$。ここで右辺の行列式において，行列 A から i 行と j 行を除いて計算する。

次に，A の行列式 $|A|$ の公式を 3×3 行列の場合に導いておく。$|A|$ の定義式は

$$|A| = (-1)^{1+1}a_{11}\begin{vmatrix} a_{22} & a_{23} \\ a_{32} & a_{33} \end{vmatrix} + (-1)^{1+2}a_{12}\begin{vmatrix} a_{21} & a_{23} \\ a_{31} & a_{33} \end{vmatrix}$$
$$+ (-1)^{1+3}a_{13}\begin{vmatrix} a_{21} & a_{22} \\ a_{31} & a_{32} \end{vmatrix}$$
$$= a_{11}a_{22}a_{33} + a_{12}a_{23}a_{31} + a_{13}a_{21}a_{32}$$
$$- a_{11}a_{23}a_{32} - a_{12}a_{21}a_{33} - a_{13}a_{22}a_{31}$$

である。

A_{ij} と $|A|$ を用いると,逆行列 A^{-1} は次の公式で与えられる。

$$A^{-1} = \frac{1}{|A|}\begin{pmatrix} A_{11} & A_{21} & A_{31} \\ A_{12} & A_{22} & A_{32} \\ A_{13} & A_{23} & A_{33} \end{pmatrix}$$

この公式をいまの場合

$$R = \begin{pmatrix} 1 & -\varepsilon_z & \varepsilon_y \\ \varepsilon_z & 1 & -\varepsilon_x \\ -\varepsilon_y & \varepsilon_x & 1 \end{pmatrix}$$

に用いる。まず行列式は

$$|R| = 1\cdot 1\cdot 1 + (-\varepsilon_z)\cdot(-\varepsilon_x)\cdot(-\varepsilon_y) + \varepsilon_y\cdot\varepsilon_z\cdot\varepsilon_x$$
$$- 1\cdot(-\varepsilon_x)\cdot\varepsilon_x - (-\varepsilon_z)\cdot\varepsilon_z\cdot 1 - \varepsilon_y\cdot 1\cdot(-\varepsilon_y)$$

ここで,ε の 1 次までを残す近似を用いると

$$|R| = 1$$

次に,余因子 R_{ij} を計算する。

$R_{11} = \begin{vmatrix} 1 & -\varepsilon_x \\ \varepsilon_x & 1 \end{vmatrix} = 1$, $R_{21} = -\begin{vmatrix} -\varepsilon_z & \varepsilon_y \\ \varepsilon_x & 1 \end{vmatrix} = \varepsilon_z$, $R_{31} = \begin{vmatrix} -\varepsilon_z & \varepsilon_y \\ 1 & -\varepsilon_x \end{vmatrix} = -\varepsilon_y$

$R_{12} = -\begin{vmatrix} \varepsilon_z & -\varepsilon_x \\ -\varepsilon_y & 1 \end{vmatrix} = -\varepsilon_z$, $R_{22} = \begin{vmatrix} 1 & \varepsilon_y \\ -\varepsilon_y & 1 \end{vmatrix} = 1$, $R_{32} = -\begin{vmatrix} 1 & \varepsilon_y \\ -\varepsilon_z & -\varepsilon_x \end{vmatrix} = \varepsilon_x$

$R_{13} = \begin{vmatrix} \varepsilon_z & 1 \\ -\varepsilon_y & \varepsilon_x \end{vmatrix} = \varepsilon_y$, $R_{23} = -\begin{vmatrix} 1 & -\varepsilon_z \\ -\varepsilon_y & \varepsilon_x \end{vmatrix} = -\varepsilon_x$, $R_{33} = \begin{vmatrix} 1 & -\varepsilon_z \\ \varepsilon_z & 1 \end{vmatrix} = 1$ (2.1)

したがって,逆行列 R^{-1} は

$$R^{-1} = \begin{pmatrix} 1 & \varepsilon_z & -\varepsilon_y \\ -\varepsilon_z & 1 & \varepsilon_x \\ \varepsilon_y & -\varepsilon_x & 1 \end{pmatrix}$$

となる(ε の 1 次までの近似を用いた)。

注意 ここで得られた R^{-1} を用いると

$$R^{-1}\boldsymbol{x} = \begin{pmatrix} 1 & \varepsilon_z & -\varepsilon_y \\ -\varepsilon_z & 1 & \varepsilon_x \\ \varepsilon_y & -\varepsilon_x & 1 \end{pmatrix}\begin{pmatrix} x \\ y \\ z \end{pmatrix}$$
$$= \begin{pmatrix} x \\ y \\ z \end{pmatrix} - \begin{pmatrix} \varepsilon_y z - \varepsilon_z y \\ \varepsilon_z x - \varepsilon_x z \\ \varepsilon_x y - \varepsilon_y x \end{pmatrix}$$
$$= \boldsymbol{x} - \boldsymbol{\varepsilon}\times\boldsymbol{x}$$

となり,(2.37) が得られる。

第3章

3.1 $\hat{J}_\pm$ は (3.14) と (3.15) によって与えられるから
$$[\hat{\boldsymbol{J}}^2, \hat{J}_+] = [\hat{\boldsymbol{J}}^2, \hat{J}_x] + i[\hat{\boldsymbol{J}}^2, \hat{J}_y]$$
$\hat{\boldsymbol{J}}^2$ と $\hat{J}_i\ (i=x,y,z)$ は交換するから，この式の右辺はゼロである。$\hat{J}_-$ の場合も同様に示すことができる。

3.2 $j = \dfrac{1}{2}$ の場合，m のとり得る値は $m = \dfrac{1}{2},\ -\dfrac{1}{2}$ である。$\hat{J}_z$ の行列表現は (3.51) から
$$\left\langle j = \tfrac{1}{2}, m = \tfrac{1}{2} \left| \hat{J}_z \right| j = \tfrac{1}{2}, m' = \tfrac{1}{2} \right\rangle = \tfrac{1}{2}\hbar$$
以下において，j, m および j, m' を書かないで省略しよう。
$$\left\langle \tfrac{1}{2}, \tfrac{1}{2} \left| \hat{J}_z \right| \tfrac{1}{2}, -\tfrac{1}{2} \right\rangle = 0$$
$$\left\langle \tfrac{1}{2}, -\tfrac{1}{2} \left| \hat{J}_z \right| \tfrac{1}{2}, \tfrac{1}{2} \right\rangle = 0$$
$$\left\langle \tfrac{1}{2}, -\tfrac{1}{2} \left| \hat{J}_z \right| \tfrac{1}{2}, -\tfrac{1}{2} \right\rangle = -\tfrac{1}{2}\hbar$$

次に，$\hat{\boldsymbol{J}}^2$ の行列表現は (3.53) から
$$\left\langle \tfrac{1}{2}, \tfrac{1}{2} \left| \hat{\boldsymbol{J}}^2 \right| \tfrac{1}{2}, \tfrac{1}{2} \right\rangle = \tfrac{1}{2} \cdot \left(\tfrac{1}{2} + 1\right)\hbar^2 = \tfrac{3}{4}\hbar^2$$
$$\left\langle \tfrac{1}{2}, \tfrac{1}{2} \left| \hat{\boldsymbol{J}}^2 \right| \tfrac{1}{2}, -\tfrac{1}{2} \right\rangle = 0$$
$$\left\langle \tfrac{1}{2}, -\tfrac{1}{2} \left| \hat{\boldsymbol{J}}^2 \right| \tfrac{1}{2}, \tfrac{1}{2} \right\rangle = 0$$
$$\left\langle \tfrac{1}{2}, -\tfrac{1}{2} \left| \hat{\boldsymbol{J}}^2 \right| \tfrac{1}{2}, -\tfrac{1}{2} \right\rangle = \tfrac{1}{2} \cdot \left(\tfrac{1}{2} + 1\right)\hbar^2 = \tfrac{3}{4}\hbar^2$$

ついで，$\hat{J}_+$ の行列表現は (3.52) から
$$\left\langle \tfrac{1}{2}, \tfrac{1}{2} \left| \hat{J}_+ \right| \tfrac{1}{2}, \tfrac{1}{2} \right\rangle = 0$$
$$\left\langle \tfrac{1}{2}, \tfrac{1}{2} \left| \hat{J}_+ \right| \tfrac{1}{2}, -\tfrac{1}{2} \right\rangle = \hbar\sqrt{\tfrac{3}{4} - \tfrac{1}{2}\left(\tfrac{1}{2} - 1\right)} = \hbar$$
$$\left\langle \tfrac{1}{2}, -\tfrac{1}{2} \left| \hat{J}_+ \right| \tfrac{1}{2}, \tfrac{1}{2} \right\rangle = 0$$
$$\left\langle \tfrac{1}{2}, -\tfrac{1}{2} \left| \hat{J}_+ \right| \tfrac{1}{2}, -\tfrac{1}{2} \right\rangle = 0$$

同様に，$\hat{J}_-$ の行列表現を (3.52) から求めると，0 でない行列成分は，
$$\left\langle \tfrac{1}{2}, -\tfrac{1}{2} \left| \hat{J}_- \right| \tfrac{1}{2}, \tfrac{1}{2} \right\rangle = \hbar$$
したがって，(3.14) と (3.15) とから，$\hat{J}_x + i\hat{J}_y$ の行列は
$$\hbar \begin{pmatrix} 0 & 1 \\ 0 & 0 \end{pmatrix}$$
一方，$\hat{J}_x - i\hat{J}_y$ の行列は

したがって
$$\hbar \begin{pmatrix} 0 & 0 \\ 1 & 0 \end{pmatrix}$$

$$2\hat{J}_x = \hbar \begin{pmatrix} 0 & 1 \\ 1 & 0 \end{pmatrix} \quad \therefore \hat{J}_x = \frac{\hbar}{2} \begin{pmatrix} 0 & 1 \\ 1 & 0 \end{pmatrix}$$

$$2i\hat{J}_y = \hbar \begin{pmatrix} 0 & 1 \\ -1 & 0 \end{pmatrix} \quad \therefore \hat{J}_y = \frac{\hbar}{2} \begin{pmatrix} 0 & -i \\ i & 0 \end{pmatrix}$$

まとめると

$$\hat{J}_x = \frac{\hbar}{2} \begin{pmatrix} 0 & 1 \\ 1 & 0 \end{pmatrix}, \quad \hat{J}_y = \frac{\hbar}{2} \begin{pmatrix} 0 & -i \\ i & 0 \end{pmatrix}, \quad \hat{J}_z = \frac{\hbar}{2} \begin{pmatrix} 1 & 0 \\ 0 & -1 \end{pmatrix}$$

$$\hat{\boldsymbol{J}}^2 = \frac{3}{4} \hbar^2 \begin{pmatrix} 1 & 0 \\ 0 & 1 \end{pmatrix}$$

と (3.55) が導かれる。

3.3 (1) 粒子 1, 2, 3 の 3 個の状態ケットベクトルの積が，系の状態ケットベクトルである。具体的には $|\alpha\rangle |\beta\rangle |\gamma\rangle$ を出発点として，これらの状態の可能な入れ替えの数を求めればよい。いまの場合，α, β, γ はすべて異なるから，$3! = 6$ 個の入れ替えが可能である。結局，交換縮退の数は 6 重である，というのが答えとなる。

(2) 問 (1) で求めた 6 個の交換縮退の状態ケットベクトルをすべて書けばよい。これらは

$$|\alpha\rangle |\beta\rangle |\gamma\rangle, \quad |\beta\rangle |\alpha\rangle |\gamma\rangle, \quad |\beta\rangle |\gamma\rangle |\alpha\rangle,$$
$$|\gamma\rangle |\beta\rangle |\alpha\rangle, \quad |\gamma\rangle |\alpha\rangle |\beta\rangle, \quad |\alpha\rangle |\gamma\rangle |\beta\rangle$$

によって与えられる。

(3) 問 (2) で得た 6 個の交換縮退した状態ケットベクトルの 1 次結合として，任意の状態の入れ替えに対して対称な状態 $|\alpha, \beta, \gamma\rangle_S$ を構成すると

$$|\alpha, \beta, \gamma\rangle_S = \frac{1}{\sqrt{6}} \left(|\alpha\rangle |\beta\rangle |\gamma\rangle + |\beta\rangle |\alpha\rangle |\gamma\rangle + |\beta\rangle |\gamma\rangle |\alpha\rangle \right.$$
$$\left. + |\gamma\rangle |\beta\rangle |\alpha\rangle + |\gamma\rangle |\alpha\rangle |\beta\rangle + |\alpha\rangle |\gamma\rangle |\beta\rangle \right)$$

となる。これは明らかに任意の状態の入れ替えに対して対称である。なお係数 $\dfrac{1}{\sqrt{6}}$ は規格化定数である。次に，完全反対称な状態 $|\alpha, \beta, \gamma\rangle_A$ は $|\alpha\rangle |\beta\rangle |\gamma\rangle$ を出発点として，任意の 2 つの状態を偶数回入れ替えたとき係数をプラス，奇数回入れ替えたとき係数をマイナスとして 1 次結合をとればよい。具体的には

$$|\alpha, \beta, \gamma\rangle_A = \frac{1}{\sqrt{6}} \{ |\alpha\rangle |\beta\rangle |\gamma\rangle - |\beta\rangle |\alpha\rangle |\gamma\rangle + |\beta\rangle |\gamma\rangle |\alpha\rangle$$
$$- |\gamma\rangle |\beta\rangle |\alpha\rangle + |\gamma\rangle |\alpha\rangle |\beta\rangle - |\alpha\rangle |\gamma\rangle |\beta\rangle \}$$

と構成できる。

3.4 (1) フェルミオンは，同一の状態にただ 1 個の粒子が存在できる (パウリの排他原理) ことを思い出そう。さらに，フェルミオンの系の状態は完全反対称であるから，状態ケットベクトルはただ 1 個

$$\frac{1}{\sqrt{2}} \left(|\alpha\rangle |\beta\rangle - |\beta\rangle |\alpha\rangle \right)$$

と構成できる。ただし，この状態が存在するのは $\alpha \neq \beta$ の場合だけである。

197

(2) ボソンの粒子系では状態は完全対称である。したがって状態ケットベクトルは
$$|\alpha\rangle|\alpha\rangle, \quad |\beta\rangle|\beta\rangle, \quad \frac{1}{\sqrt{2}}(|\alpha\rangle|\beta\rangle + |\beta\rangle|\alpha\rangle)$$
と3個の可能な状態がある。

第4章

4.1 (1) 無摂動ハミルトニアン $\hat{H}_0$ の表す1次元調和振動子のエネルギー固有値は $\varepsilon_n = \left(n + \frac{1}{2}\right)\hbar\omega$ $(n = 0, 1, \cdots)$ であり、対応する状態ベクトルを $|n\rangle$ と書こう。$|n\rangle$ は正規直交完全系をなす。
$$\langle n|m\rangle = \delta_{n,m}, \quad \sum_{n=0}^{\infty}|n\rangle\langle n| = 1$$

消滅演算子、生成演算子
$$\hat{a} \equiv \sqrt{\frac{m\omega}{2\hbar}}\left(\hat{x} + i\frac{\hat{p}}{m\omega}\right), \quad \hat{a}^\dagger \equiv \sqrt{\frac{m\omega}{2\hbar}}\left(\hat{x} - i\frac{\hat{p}}{m\omega}\right)$$
は、交換関係
$$[\hat{a}, \hat{a}^\dagger] = 1, \quad [\hat{a}, \hat{a}] = [\hat{a}^\dagger, \hat{a}^\dagger] = 0$$
を満たし、状態ベクトルへの作用は
$$\hat{a}|n\rangle = \sqrt{n}\,|n-1\rangle, \quad \hat{a}^\dagger|n\rangle = \sqrt{n+1}\,|n+1\rangle$$
である(『量子力学I』第9章9.2節参照)。上の $\hat{a}, \hat{a}^\dagger$ の定義から
$$\hat{x} = \sqrt{\frac{\hbar}{2m\omega}}\,(\hat{a} + \hat{a}^\dagger)$$
なので、$\hat{x}, \hat{x}^2, \hat{x}^3$ の状態ベクトルへの作用は
$$\hat{x}|n\rangle = \sqrt{\frac{\hbar}{2m\omega}}\,(\sqrt{n}\,|n-1\rangle + \sqrt{n+1}\,|n+1\rangle)$$
$$\hat{x}^2|n\rangle = \frac{\hbar}{2m\omega}\{\sqrt{n(n-1)}\,|n-2\rangle + (2n+1)|n\rangle$$
$$+ \sqrt{(n+1)(n+2)}\,|n+2\rangle\}$$
$$\hat{x}^3|n\rangle = \left(\frac{\hbar}{2m\omega}\right)^{\frac{3}{2}}\{\sqrt{n(n-1)(n-2)}\,|n-3\rangle + 3n^{\frac{3}{2}}|n-1\rangle$$
$$+ 3(n+1)^{\frac{3}{2}}|n+1\rangle + \sqrt{(n+1)(n+2)(n+3)}\,|n+3\rangle\}$$
と計算される。$\hat{x}^3|n\rangle$ の式の右辺には $|n\rangle$ が現れないので、$\langle n|\hat{x}^3|n\rangle = 0$ であり、(4.12) より、エネルギー固有値 ε_n に対する1次補正はゼロである。

2次補正は (4.21) より、
$$E_n^{(2)} = -\sum_{k=0}^{\infty}{}' \frac{|\langle k|\alpha\hat{x}^3|n\rangle|^2}{(k-n)\hbar\omega}$$
$$= -\frac{\alpha^2}{\hbar\omega}\left(\frac{1}{3}|\langle n+3|\hat{x}^3|n\rangle|^2 + |\langle n+1|\hat{x}^3|n\rangle|^2\right.$$
$$\left. - |\langle n-1|\hat{x}^3|n\rangle|^2 - \frac{1}{3}|\langle n-3|\hat{x}^3|n\rangle|^2\right)$$

で与えられる．右辺に現れる行列要素を上の $\hat{x}^3|n\rangle$ の式から読み取り，代入して計算すると
$$E_n^{(2)} = -\alpha^2 \frac{\hbar^2}{m^3\omega^4} \frac{15}{4}\left(n^2 + n + \frac{11}{30}\right)$$
を得る．1次補正 $E_n^{(1)}$ がゼロなので，これがはじめに現れるゼロでない補正である．

(2) $\langle n|\hat{x}^4|n\rangle$ は，状態ベクトル $\hat{x}^2|n\rangle$ 同士の内積として計算できるので，上の $\hat{x}^2|n\rangle$ の式を使うと，
$$\begin{aligned}\langle n|\hat{x}^4|n\rangle &= (\langle n|\hat{x}^2)(\hat{x}^2|n\rangle)\\ &= \left(\frac{\hbar}{2m\omega}\right)^2\{n(n-1) + (2n+1)^2 + (n+1)(n+2)\}\\ &= \left(\frac{\hbar}{m\omega}\right)^2 \frac{3}{4}(2n^2 + 2n + 1)\end{aligned}$$
となる．したがって，エネルギー固有値の1次補正はゼロではなく，
$$E_n^{(1)} = \beta\left(\frac{\hbar}{m\omega}\right)^2 \frac{3}{4}(2n^2 + 2n + 1)$$
と計算される．

4.2 (1) $\hat{H}_0$ の固有値は $\pm b$ である．$\varepsilon_0 = -b$ に対応する基底状態は縮退がなく $(d_0 = 1)$，固有ベクトルは
$$|0\rangle = \frac{1}{\sqrt{2}}\begin{pmatrix} 1 \\ -1 \\ 0 \\ 0 \end{pmatrix}$$
である．また，$\varepsilon_1 = b$ に対応する励起状態は3重に縮退していて $(d_1 = 3)$，固有ベクトルは
$$|1,1\rangle = \frac{1}{\sqrt{2}}\begin{pmatrix} 1 \\ 1 \\ 0 \\ 0 \end{pmatrix}, \quad |1,2\rangle = \begin{pmatrix} 0 \\ 0 \\ 1 \\ 0 \end{pmatrix}, \quad |1,3\rangle = \begin{pmatrix} 0 \\ 0 \\ 0 \\ 1 \end{pmatrix}$$
ととれる．これらは $\varepsilon_1 = b$ に対応する3次元の固有空間の正規直交基底をなす．この基底のとり方は一意ではなく，
$$|\varphi_{1,\alpha}^{(0)}\rangle = \sum_{\beta=1}^{3} c_{1,\alpha}{}^{\beta}|1,\beta\rangle \quad (\alpha = 1,2,3)$$
で，係数 $c_{1,\alpha}{}^{\beta}$ のなす 3×3 行列がユニタリー行列ならば，$|\varphi_{1,\alpha}^{(0)}\rangle$ たちも正規直交基底である．

(2) 1次摂動を調べると，$E_0^{(1)} = \langle 0|\hat{v}|0\rangle = 0$ なので，基底状態のエネルギーへの補正はゼロである．また，$\hat{v}$ の励起状態に対する行列要素 $\langle 1,\beta|\hat{v}|1,\gamma\rangle$ でゼロでないのは，$\langle 1,3|\hat{v}|1,3\rangle = a$ のみなので，永年方程式 (4.54) は
$$\begin{vmatrix} y & 0 & 0 \\ 0 & y & 0 \\ 0 & 0 & y-a \end{vmatrix} = 0, \quad \text{すなわち} \quad y^2(y-a) = 0$$
であり，励起状態のエネルギーへの補正
$$E_{1,1}^{(1)} = E_{1,2}^{(1)} = 0, \quad E_{1,3}^{(1)} = a$$

を得る。したがって，3 重縮退が一部解けて 2 重縮退が残る。このとき，縮退の解けた $E_{1,3}^{(1)} = a$ に対応する固有ベクトルは $|\varphi_{1,3}^{(0)}\rangle = |1, 3\rangle$ と決まる。また，$|\varphi_{1,1}^{(0)}\rangle$，$|\varphi_{1,2}^{(0)}\rangle$ は $|\varphi_{1,3}^{(0)}\rangle$ と直交すべきなので，$c_{1,\alpha}{}^\beta$ の α, β を行，列とするユニタリー行列 C_1 は

$$C_1 = \begin{pmatrix} c_{1,1}{}^1 & c_{1,1}{}^2 & 0 \\ c_{1,2}{}^1 & c_{1,2}{}^2 & 0 \\ 0 & 0 & 1 \end{pmatrix}$$

と，一部決まる。固有値 $E_{1,1}^{(1)} = E_{1,2}^{(1)} = 0$ に対応する 2 重縮退した固有ベクトル $|\varphi_{1,1}^{(0)}\rangle$, $|\varphi_{1,2}^{(0)}\rangle$ のとり方についての $c_{1,\alpha}{}^\beta$ ($\alpha, \beta = 1, 2$) は決まらない。

(3) 2 次摂動では $\alpha, \beta = 1, 2$ の場合の (4.79) を使うことができる。

$$E_{1,\alpha}^{(2)} c_{1,\alpha}{}^\beta = \sum_{\gamma=1}^{2} c_{1,\alpha}{}^\gamma \langle 1, \beta| \frac{-1}{\varepsilon_0 - \varepsilon_1} \hat{v} \hat{P}_0 \hat{v} |1, \gamma\rangle$$

($c_{1,\alpha}{}^3 = 0$ のため，γ の和において $\gamma = 3$ はゼロとなるので落とした）右辺の行列要素を $M_{\beta\gamma}$ とおくと，

$$\hat{P}_0 = |0\rangle\langle 0| = \frac{1}{2}\begin{pmatrix} 1 \\ -1 \\ 0 \\ 0 \end{pmatrix}(1, -1, 0, 0) = \frac{1}{2}\begin{pmatrix} 1 & -1 & & \\ -1 & 1 & & \\ & & 0 & 0 \\ & & 0 & 0 \end{pmatrix}$$

より，

$$M_{\beta\gamma} = \frac{c^2}{4b} \langle 1, \beta| \begin{pmatrix} 1 & 1 & & \\ 1 & 1 & & \\ & & 0 & 0 \\ & & 0 & 0 \end{pmatrix} |1, \gamma\rangle$$

であり，計算するとゼロでないのは，$M_{11} = \frac{c^2}{2b}$ のみであることがわかる。$M_{\beta\gamma}$ を行列表示すると

$$M = \frac{c^2}{2b}\begin{pmatrix} 1 & 0 \\ 0 & 0 \end{pmatrix}$$

であり，固有値と対応する固有ベクトルは

$$E_{1,1}^{(2)} = \frac{c^2}{2b}, \quad \begin{pmatrix} 1 \\ 0 \end{pmatrix} \quad \text{すなわち} \quad |\varphi_{1,1}^{(0)}\rangle = |1, 1\rangle$$

$$E_{1,2}^{(2)} = 0, \quad \begin{pmatrix} 0 \\ 1 \end{pmatrix} \quad \text{すなわち} \quad |\varphi_{1,2}^{(0)}\rangle = |1, 2\rangle$$

と決まる。したがって，摂動の 2 次では縮退は完全に解けて，$c_{1,\alpha}{}^\beta$ のとり方も定まる。

他のエネルギー準位に対する補正 $E_{1,3}^{(2)}$, $E_0^{(2)}$ は，(4.76) を使うことができて，

$$E_{1,3}^{(2)} = -\frac{|\langle 0|\hat{v}|\varphi_{1,3}^{(0)}\rangle|^2}{\varepsilon_0 - \varepsilon_1} = -\frac{|\langle 0|\hat{v}|1, 3\rangle|^2}{\varepsilon_0 - \varepsilon_1}$$

$$E_0^{(2)} = -\sum_{\gamma=1}^{3}\frac{|\langle \varphi_{1,\gamma}^{(0)}|\hat{v}|0\rangle|^2}{\varepsilon_1 - \varepsilon_0} = \frac{-1}{\varepsilon_1 - \varepsilon_0} \langle 0|\hat{v}\hat{P}_1\hat{v}|0\rangle$$

と書ける。ここで，$\hat{P}_1 = \sum_{\gamma=1}^{3} |\varphi_{1,\gamma}^{(0)}\rangle\langle \varphi_{1,\gamma}^{(0)}|$ を使った。

計算により，$\langle 0|\hat{v}|1,3\rangle = 0$ および

$$\hat{P}_1 = 1 - \hat{P}_0 = \begin{pmatrix} \frac{1}{2} & \frac{1}{2} & & \\ \frac{1}{2} & \frac{1}{2} & & \\ & & 1 & 0 \\ & & 0 & 1 \end{pmatrix}, \quad \hat{v}|0\rangle = \frac{ic}{\sqrt{2}}\begin{pmatrix} 1 \\ 1 \\ 0 \\ 0 \end{pmatrix}$$

なので，

$$E_{1,3}^{(2)} = 0, \quad E_0^{(2)} = -\frac{c^2}{2b}$$

と求まる。

よって，まとめると，摂動の2次までの精度でエネルギー固有値について

$$E_0 = \varepsilon_0 + \lambda E_0^{(1)} + \lambda^2 E_0^{(2)} + O(\lambda^3) = -b - \lambda^2 \frac{c^2}{2b} + O(\lambda^3)$$

$$E_{1,1} = \varepsilon_1 + \lambda E_{1,1}^{(1)} + \lambda^2 E_{1,1}^{(2)} + O(\lambda^3) = b + \lambda^2 \frac{c^2}{2b} + O(\lambda^3)$$

$$E_{1,2} = \varepsilon_1 + \lambda E_{1,2}^{(1)} + \lambda^2 E_{1,2}^{(2)} + O(\lambda^3) = b + O(\lambda^3)$$

$$E_{1,3} = \varepsilon_1 + \lambda E_{1,3}^{(1)} + \lambda^2 E_{1,3}^{(2)} + O(\lambda^3) = b + \lambda a + O(\lambda^3)$$

が得られる。

(4)

$$\hat{H} = \hat{H}_0 + \lambda\hat{v} = \begin{pmatrix} 0 & b-i\lambda c & & \\ b+i\lambda c & 0 & & \\ & & b & 0 \\ & & 0 & b+\lambda a \end{pmatrix}$$

の固有値を計算すると，

$$-\sqrt{b^2 + \lambda^2 c^2} = -b - \lambda^2 \frac{c^2}{2b} + O(\lambda^4)$$

$$\sqrt{b^2 + \lambda^2 c^2} = b + \lambda^2 \frac{c^2}{2b} + O(\lambda^4)$$

$$b$$

$$b + \lambda a$$

であることがわかるので，摂動計算で求めた (3) の結果と λ の2次までの精度で一致していることが確かめられる。

第 5 章

5.1 (1) ステップ関数の微分がデルタ関数になるから，$\frac{d}{dt}\theta(t) = \delta(t)$ を使うと，

$$\frac{d}{dt}\hat{v}(t) = \hat{v}_0 \delta(t - t_*)$$

なので，(5.32) の絶対値記号の中身の積分は

$$\int_{-\infty}^{\infty} dt\, e^{\frac{i}{\hbar}(\varepsilon_k - \varepsilon_n)t} \delta(t - t_*) \langle k|\hat{v}_0|n\rangle = e^{\frac{i}{\hbar}(\varepsilon_k - \varepsilon_n)t_*} \langle k|\hat{v}_0|n\rangle$$

となる。よって，遷移確率は摂動の1次までで
$$W_{n\to k} = \frac{|\langle k|\hat{v}_0|n\rangle|^2}{(\varepsilon_k - \varepsilon_n)^2} + O(\hat{v}_0^3) \quad (k \neq n)$$
と求まる。

(2) $\hat{v}_0$ が小さくない場合，ポテンシャルが加わる時刻 $t = t_*$ の前後で系が従うシュレーディンガー方程式は
$$t < t_* \text{ では } \hat{H}_0|n\rangle = \varepsilon_n|n\rangle$$
$$t > t_* \text{ では } (\hat{H}_0 + \hat{v}_0)|\xi_k\rangle = E_k|\xi_k\rangle$$
と書ける。求める遷移確率は $W_{n\to k} = |\langle \xi_k|n\rangle|^2$ で与えられる。

$t < t_*$ でのシュレーディンガー方程式の左から $\langle \xi_k|$ を掛けたもの
$$\langle \xi_k|\hat{H}_0|n\rangle = \varepsilon_n\langle \xi_k|n\rangle$$
と，$t > t_*$ でのシュレーディンガー方程式の左から $\langle n|$ を掛けて，複素共役をとったもの
$$\langle \xi_k|(\hat{H}_0 + \hat{v}_0)|n\rangle = E_k\langle \xi_k|n\rangle$$
との間で引き算をすることで，
$$\langle \xi_k|n\rangle = \frac{\langle \xi_k|\hat{v}_0|n\rangle}{E_k - \varepsilon_n}$$
が得られる。よって，遷移確率は
$$W_{n\to k} = |\langle \xi_k|n\rangle|^2 = \frac{|\langle \xi_k|\hat{v}_0|n\rangle|^2}{(E_k - \varepsilon_n)^2}$$
と求まる。一般に，あらゆる k, n に対し, $E_k \neq \varepsilon_n$ であるので，この式は成り立つ。

上の遷移確率の式において，$\hat{v}_0$ が小さい場合は
$$E_k = \varepsilon_k + O(\hat{v}_0), \quad \langle \xi_k| = \langle k| + O(\hat{v}_0)$$
と近似できるので，$k \neq n$ の場合は
$$W_{n\to k} = \frac{|\langle k|\hat{v}_0|n\rangle|^2}{(\varepsilon_k - \varepsilon_n)^2} + O(\hat{v}_0^3)$$
と書け，(1)で求めた結果に帰着する。

第6章

6.1 (1) (6.94)において，$x - a = re^{i\phi}$ とおくと
$$(\text{指数の肩}) = -\frac{2}{3\hbar}\sqrt{2mV'(a)}\, r^{3/2}e^{i\frac{3}{2}\phi}, \quad \left(\frac{1}{x-a}\right)^{\frac{1}{4}} = \frac{1}{r^{1/4}}e^{-i\frac{1}{4}\phi}$$

C_+ に沿って，$\phi = 0$ から $+\pi$ に回すと，
$$(\text{指数の肩}) \to -\frac{2}{3\hbar}\sqrt{2mV'(a)}\, r^{3/2}e^{i\frac{3}{2}\pi} = i\frac{2}{3\hbar}\sqrt{2mV'(a)}\,(a-x)^{3/2}$$
$$\left(\frac{1}{x-a}\right)^{\frac{1}{4}} \to \frac{1}{r^{1/4}}e^{-i\frac{1}{4}\pi} = \left(\frac{1}{a-x}\right)^{\frac{1}{4}}e^{-i\frac{\pi}{4}}$$

($\phi = +\pi$ では $r = |x - a| = a - x$ に注意)となるので，
$$\varphi(x) \to D_1 \left(\frac{1}{2mV'(a)}\right)^{\frac{1}{4}}\left(\frac{1}{a-x}\right)^{\frac{1}{4}}e^{i\frac{2}{3\hbar}\sqrt{2mV'(a)}(a-x)^{3/2} - i\frac{\pi}{4}}$$

202

となる。同様に，C_- に沿って，$\phi = 0$ から $-\pi$ に回すと，C_+ に沿って回したものの複素共役

$$\varphi(x) \to D_1 \left(\frac{1}{2mV'(a)}\right)^{\frac{1}{4}} \left(\frac{1}{a-x}\right)^{\frac{1}{4}} e^{-i\frac{2}{3\hbar}\sqrt{2mV'(a)}(a-x)^{3/2}+i\frac{\pi}{4}}$$

が得られる。この2つの和をとると，

$$2D_1 \left(\frac{1}{2mV'(a)}\right)^{\frac{1}{4}} \left(\frac{1}{a-x}\right)^{\frac{1}{4}} \cos\left(\frac{2}{3\hbar}\sqrt{2mV'(a)}\,(a-x)^{3/2} - \frac{\pi}{4}\right)$$

となり，これは (6.53) を直線ポテンシャルの場合に書いたものに他ならない。これより，この手続きが接続の規則 (6.52) ⇒ (6.53) を再現していることがわかる。

(2) 領域Ⅲの波動関数 (6.69) において，直線ポテンシャルで近似したものは

$$\varphi_\mathrm{III}(x) = C \left(\frac{1}{2m|V'(b)|}\right)^{\frac{1}{4}} \left(\frac{1}{x-b}\right)^{\frac{1}{4}}$$
$$\times \exp\left[i\frac{2}{3\hbar}\sqrt{2m|V'(b)|}\,(x-b)^{3/2} + i\frac{\pi}{4}\right]$$

である。$x - b = re^{i\phi}$ として，$\phi = 0$ から $+\pi$ に回すと，

$$(x-b)^{3/2} = r^{3/2} e^{i\frac{3}{2}\phi} \to r^{3/2} e^{i\frac{3}{2}\pi} = -i(b-x)^{3/2}$$
$$\left(\frac{1}{x-b}\right)^{\frac{1}{4}} = \frac{1}{r^{1/4}} e^{-i\frac{1}{4}\phi} \to \frac{1}{r^{1/4}} e^{-i\frac{\pi}{4}} = \frac{1}{(b-x)^{1/4}} e^{-i\frac{\pi}{4}}$$

なので，

$$\varphi_\mathrm{III}(x) \to C \left(\frac{1}{2m|V'(b)|}\right)^{\frac{1}{4}} \left(\frac{1}{b-x}\right)^{\frac{1}{4}} e^{+\frac{2}{3\hbar}\sqrt{2m|V'(b)|}(b-x)^{3/2}}$$

となる。また，同様に φ_III を $\phi = 0$ から $-\pi$ に回すと，

$$\varphi_\mathrm{III}(x) \to C \left(\frac{1}{2m|V'(b)|}\right)^{\frac{1}{4}} \left(\frac{1}{b-x}\right)^{\frac{1}{4}} ie^{-\frac{2}{3\hbar}\sqrt{2m|V'(b)|}(b-x)^{3/2}}$$

これらの和は

$$C \left(\frac{1}{2m|V'(b)|}\right)^{\frac{1}{4}} \left(\frac{1}{b-x}\right)^{\frac{1}{4}} \times \left[e^{+\frac{2}{3\hbar}\sqrt{2m|V'(b)|}(b-x)^{3/2}} + ie^{-\frac{2}{3\hbar}\sqrt{2m|V'(b)|}(b-x)^{3/2}}\right]$$

となるが，$x - b < 0$ の領域では第2項は指数関数的に減衰するため，第1項に比べて無視できる。したがって，この手続きの結果得られる波動関数としては，第1項のみであり，(6.70) において $B = C$ とおいたものを，直線ポテンシャルの場合に書いたものになっている。したがって，この手続きによる接続が (6.70) において，ロンスキアンの方法で $B = C$ と決めたものを再現することがわかる。

注意

(1) において，$V'(a) < 0$ の場合は $a - x = re^{i\phi}$ とおいて，$x - a < 0$ の波動関数から $x - a > 0$ の波動関数への接続を同様の方法で議論でき，接続規則 (6.57) ⇒ (6.58) が再現されることがわかる。

(2) の計算で，右向き進行波にこの手続きで接続を行うと，指数関数的に増大する項と指数関数的に減衰する項の両方が得られることを見た。左向き進行波についても，接続の結果，指数関数的に増大する項と減衰する項の両方が現れる。したがって，右向き進行波と左向き進行波の（課すべき境界条件のない）一般的な線形結合から出発すると，指数関数的に増大する項は必ず存在し，それが支配的になる。このことからも，接続規則 (6.52) ⇒ (6.53) の逆の方向への適用は正しくないことがわかるだろう。

203

第 7 章

7.1(1) (7.101) において $\nabla\cdot\boldsymbol{j}$ を計算すると，$\triangle = \nabla\cdot\nabla$ より
$$\nabla\cdot\boldsymbol{j}(\boldsymbol{r}) = \frac{\hbar}{2i\mu}\left[\varphi(\boldsymbol{r})^*\triangle\varphi(\boldsymbol{r}) - (\triangle\varphi(\boldsymbol{r})^*)\varphi(\boldsymbol{r})\right]$$
を得る。(7.100) およびその複素共役から
$$\triangle\varphi(\boldsymbol{r}) = \frac{2\mu}{\hbar^2}(V(\boldsymbol{r}) - E)\varphi(\boldsymbol{r})$$
$$\triangle\varphi(\boldsymbol{r})^* = \frac{2\mu}{\hbar^2}\varphi(\boldsymbol{r})^*(V(\boldsymbol{r}) - E)$$
なので，これらを上の $\nabla\cdot\boldsymbol{j}(\boldsymbol{r})$ の式に代入して
$$\nabla\cdot\boldsymbol{j}(\boldsymbol{r}) = \frac{\hbar}{2i\mu}\frac{2\mu}{\hbar^2}\left[\varphi(\boldsymbol{r})^*(V(\boldsymbol{r}) - E)\varphi(\boldsymbol{r}) - \varphi(\boldsymbol{r})^*(V(\boldsymbol{r}) - E)\varphi(\boldsymbol{r})\right]$$
$$= 0$$
となり，(7.102) が示される。

(2) $\nabla\cdot\boldsymbol{j}$ の空間積分 $\int\mathrm{d}^3\boldsymbol{r}\nabla\cdot\boldsymbol{j}$ は，原点を中心とする無限に大きい半径の球面上の表面積分で表されるので，確率の保存から
$$0 = \int\mathrm{d}^3\boldsymbol{r}\nabla\cdot\boldsymbol{j} = \lim_{r\to\infty}\int\mathrm{d}\Omega\, r^2\boldsymbol{e}_r\cdot\boldsymbol{j}$$
$$= \frac{\hbar}{\mu}\lim_{r\to\infty}\int\mathrm{d}\Omega\, r^2\,\mathrm{Im}\left[\varphi^*(\boldsymbol{e}_r\cdot\nabla\varphi)\right]$$
である。(7.23) より $\boldsymbol{e}_r\cdot\nabla = \dfrac{\partial}{\partial r}$ で，十分遠方 $r\sim\infty$ では (7.56) の漸近形を用いて，
$$\boldsymbol{e}_r\cdot\nabla\varphi(\boldsymbol{r}) = \frac{\partial}{\partial r}\left[e^{ikr\cos\theta} + \frac{f(\theta)}{r}e^{ikr}\right]$$
$$= ik\cos\theta\, e^{ikr\cos\theta} + ik\frac{f(\theta)}{r}e^{ikr} - \frac{f(\theta)}{r^2}e^{ikr}$$
と書け，
$$\mathrm{Im}\left[\varphi^*(\boldsymbol{e}_r\cdot\nabla\varphi)\right] = k\cos\theta + k\frac{|f(\theta)|^2}{r^2}$$
$$+ \mathrm{Re}\left[\frac{k}{r}(1+\cos\theta)f(\theta)e^{ikr(1-\cos\theta)}\right] - \mathrm{Im}\left[\frac{f(\theta)}{r^2}e^{ikr(1-\cos\theta)}\right]$$
を得る。右辺の第 1 項，第 2 項はそれぞれ入射波，散乱波からの寄与を表し，残りの第 3 項，第 4 項は入射波と散乱波の干渉の効果である。(7.81) より，第 2 項の Ω 積分が全断面積を与えるので，上の確率の保存の式 $0 = \int\mathrm{d}^3\boldsymbol{r}\nabla\cdot\boldsymbol{j}$ は
$$0 = \frac{\hbar k}{\mu}\sigma_{\mathrm{tot}} + \frac{2\pi\hbar}{\mu}\lim_{r\to\infty}\int_0^\pi\mathrm{d}\theta\sin\theta\{kr^2\cos\theta$$
$$+ \mathrm{Re}\left[(1+\cos\theta)f(\theta)kr\,e^{ikr(1-\cos\theta)}\right] - \mathrm{Im}\left[f(\theta)e^{ikr(1-\cos\theta)}\right]\}$$
と表される。積分変数を $u = \cos\theta$ にして $f(\theta) = \tilde{f}(u)$ と書くと，第 1 項の積分はゼロになるので
$$\sigma_{\mathrm{tot}} = -\frac{2\pi}{k}\lim_{r\to\infty}\int_{-1}^1\mathrm{d}u\,\{\mathrm{Re}\left[(1+u)\tilde{f}(u)kr\,e^{ikr(1-u)}\right]$$

$$-\operatorname{Im}\left[\check{f}(u)e^{ikr(1-u)}\right]\}$$

と書ける。この式の右辺第1項の積分において、$e^{ikr(1-u)} = \left(\dfrac{i}{kr}e^{ikr(1-u)}\right)'$ を繰り返し使い（ダッシュ（$'$）は u による微分を表す），部分積分を行うと

$$\int_{-1}^{1} du\,(1+u)\check{f}(u)kr\,e^{ikr(1-u)}$$
$$= \left[(1+u)\check{f}(u)i\,e^{ikr(1-u)}\right]_{-1}^{1} - \int_{-1}^{1} du\,((1+u)\check{f}(u))'\,i\,e^{ikr(1-u)}$$
$$= 2i\check{f}(1) + \left[((1+u)\check{f}(u))'\frac{1}{kr}e^{ikr(1-u)}\right]_{-1}^{1}$$
$$- \int_{-1}^{1} du\,((1+u)\check{f}(u))''\frac{1}{kr}e^{ikr(1-u)}$$

この寄与のうち $r\to\infty$ 極限で残るのは，第1項 $2i\check{f}(1) = 2if(\theta=0)$ のみである。また，上の σ_{tot} の式の右辺第2項の積分も同様にして，

$$\int_{-1}^{1} du\,\check{f}(u)e^{ikr(1-u)}$$
$$= \left[\check{f}(u)\frac{i}{kr}e^{ikr(1-u)}\right]_{-1}^{1} - \int_{-1}^{1} du\,\check{f}'(u)\frac{i}{kr}e^{ikr(1-u)}$$

と書けるので，$r\to\infty$ 極限でゼロになる。

したがって，σ_{tot} の式は

$$\sigma_{\text{tot}} = -\frac{2\pi}{k}\operatorname{Re}\left[2if(\theta=0)\right] \quad \text{すなわち} \quad \sigma_{\text{tot}} = \frac{4\pi}{k}\operatorname{Im}f(\theta=0)$$

となり，(7.104) が導かれる。

(3) (7.89) で $P_l(1) = 1$ と (7.90) を用いると，

$$f(\theta=0) = \sum_{l=0}^{\infty}(2l+1)f_l P_l(1) = \sum_{l=0}^{\infty}(2l+1)\frac{e^{i\delta_l}}{k}\sin\delta_l$$

なので，

$$\operatorname{Im}f(\theta=0) = \frac{1}{k}\sum_{l=0}^{\infty}(2l+1)\sin^2\delta_l$$

を得る。一方，(7.92) から (7.93)，(7.90) を使って，

$$\sigma_{\text{tot}} = 4\pi\sum_{l=0}^{\infty}(2l+1)|f_l|^2 = \frac{4\pi}{k^2}\sum_{l=0}^{\infty}(2l+1)\sin^2\delta_l$$

である。これら2つの式を比べて，光学定理 (7.104) が満たされていることがわかる。

第8章

8.1(1) (8.128) に対応する式は

$$dw_{\boldsymbol{k}_i\to\boldsymbol{k}} = \frac{2\pi}{\hbar}|\langle\boldsymbol{k}|V(\hat{\boldsymbol{r}})|\boldsymbol{k}_i\rangle|^2\delta(\varepsilon_{\boldsymbol{k}}-\varepsilon_{\boldsymbol{k}_i})d^3\boldsymbol{k}$$

において，

章末問題　解答

$$\varepsilon_{\bm{k}_i} = \frac{\hbar^2 k_i{}^2}{2\mu}, \quad \varepsilon_{\bm{k}} = \frac{\hbar^2 k^2}{2\mu}, \quad \mathrm{d}^3\bm{k} = k^2\,\mathrm{d}k\,\mathrm{d}\Omega$$

としたものである。

ここで，$g(k) \equiv \varepsilon_{\bm{k}} - \varepsilon_{\bm{k}_i} = \dfrac{\hbar^2}{2\mu}(k^2 - k_i{}^2)$ とおくと，k, k_i はともに波数ベクトルの大きさであり正なので，$g(k)$ は $k = k_i$ でのみゼロになり，$g'(k_i) = \dfrac{\hbar^2 k_i}{\mu}$ である。よって，デルタ関数について $\delta(g(k)) = \dfrac{1}{|g'(k_i)|}\delta(k - k_i)$ が成り立ち，

$$\delta(\varepsilon_{\bm{k}} - \varepsilon_{\bm{k}_i}) = \frac{\mu}{\hbar^2 k_i}\delta(k - k_i)$$

と書ける。また，完全性関係 $\int \mathrm{d}^3\bm{r}|\bm{r}\rangle\langle\bm{r}| = 1$ および

$$\langle\bm{r}|\bm{k}_i\rangle = \frac{1}{(2\pi)^{3/2}}e^{i\bm{k}_i\cdot\bm{r}}, \quad \langle\bm{k}|\bm{r}\rangle = \frac{1}{(2\pi)^{3/2}}e^{-i\bm{k}\cdot\bm{r}}$$

を使うと，

$$\langle\bm{k}|V(\hat{\bm{r}})|\bm{k}_i\rangle = \int \mathrm{d}^3\bm{r}\langle\bm{k}|\bm{r}\rangle\langle\bm{r}|V(\hat{\bm{r}})|\bm{k}_i\rangle = \int \mathrm{d}^3\bm{r}\langle\bm{k}|\bm{r}\rangle V(\bm{r})\langle\bm{r}|\bm{k}_i\rangle$$
$$= \frac{1}{(2\pi)^3}\int \mathrm{d}^3\bm{r}\,V(\bm{r})e^{-i(\bm{k}-\bm{k}_i)\cdot\bm{r}} = \frac{1}{(2\pi)^3}\int \mathrm{d}^3\bm{r}\,V(\bm{r})e^{-i\bm{q}\cdot\bm{r}}$$

となる。最後に，(8.35) で定義される運動量移行に対応する波数ベクトル $\bm{q}$ を導入した。以上の結果を $\mathrm{d}w_{\bm{k}_i \to \bm{k}}$ の式に代入して整理すると

$$\mathrm{d}w_{\bm{k}_i \to \bm{k}} = \frac{\mu k_i}{(2\pi)^5 \hbar^3}\left|\int \mathrm{d}^3\bm{r}\,V(\bm{r})e^{-i\bm{q}\cdot\bm{r}}\right|^2 \delta(k - k_i)\,\mathrm{d}k\,\mathrm{d}\Omega$$

を得る。デルタ関数 $\delta(k - k_i)$ は弾性散乱で当然期待されるように，運動量の絶対値が保存すること ($k = k_i$) を示している。k についてこの式を積分した結果，

$$\mathrm{d}w_{\bm{k}_i \to \bm{k}}\big|_{k_i = k} = \frac{\mu k_i}{(2\pi)^5 \hbar^3}\left|\int \mathrm{d}^3\bm{r}\,V(\bm{r})e^{-i\bm{q}\cdot\bm{r}}\right|^2 \mathrm{d}\Omega$$

が導かれる。

(2) 入射粒子の確率密度の流れは

$$\bm{j}_{\mathrm{in}} = \frac{\hbar}{\mu}\mathrm{Im}\left[\langle\bm{r}|\bm{k}_i\rangle^*\nabla\langle\bm{r}|\bm{k}_i\rangle\right] = \frac{1}{(2\pi)^3}\frac{\hbar}{\mu}\bm{k}_i$$

なので，その大きさ $j_{\mathrm{in}} = \dfrac{1}{(2\pi)^3}\dfrac{\hbar k_i}{\mu}$ で (1) で得られた式を割ると

$$\frac{\mathrm{d}w_{\bm{k}_i \to \bm{k}}}{j_{\mathrm{in}}}\bigg|_{k_i = k} = \frac{\mu^2}{4\pi^2 \hbar^4}\left|\int \mathrm{d}^3\bm{r}\,V(\bm{r})e^{-i\bm{q}\cdot\bm{r}}\right|^2 \mathrm{d}\Omega$$

となり，ボルン近似による散乱断面積 (8.38) と一致している。

8.2 ポテンシャル (8.139) の場合のボルン近似での散乱振幅は (8.37) より，

$$f^{(\mathrm{B})}(\Omega) = -\frac{\mu}{2\pi\hbar^2}\int \mathrm{d}^3\bm{r}\,e^{-i\bm{q}\cdot\bm{r}}V(\bm{r})$$
$$= -\frac{\mu e e'}{2\pi\hbar^2}\int \mathrm{d}^3\bm{r}\,e^{-i\bm{q}\cdot\bm{r}}\int \mathrm{d}^3\bm{r}'\,\frac{\rho(\bm{r}')}{|\bm{r} - \bm{r}'|}$$

である。

ここで，2 つの関数 $f(\bm{r}), g(\bm{r})$ のたたみこみを

$$(f*g)(\boldsymbol{r}) \equiv \int d^3\boldsymbol{r}' f(\boldsymbol{r}') g(\boldsymbol{r}-\boldsymbol{r}')$$

で定義すると，たたみこみのフーリエ変換は f, g 各々のフーリエ変換の積であることを思い出そう．

$$\int d^3\boldsymbol{r}\, e^{-i\boldsymbol{q}\cdot\boldsymbol{r}} (f*g)(\boldsymbol{r})$$
$$= \int d^3\boldsymbol{r}\, d^3\boldsymbol{r}' (f(\boldsymbol{r}')\, e^{-i\boldsymbol{q}\cdot\boldsymbol{r}'})(g(\boldsymbol{r}-\boldsymbol{r}')\, e^{-i\boldsymbol{q}\cdot(\boldsymbol{r}-\boldsymbol{r}')})$$
$$= \left(\int d^3\boldsymbol{r}' f(\boldsymbol{r}')\, e^{-i\boldsymbol{q}\cdot\boldsymbol{r}'}\right)\left(\int d^3\boldsymbol{r}\, g(\boldsymbol{r})\, e^{-i\boldsymbol{q}\cdot\boldsymbol{r}}\right)$$

2 行目から 3 行目に行くとき，$\boldsymbol{r}$ の積分において $\boldsymbol{r} \to \boldsymbol{r} + \boldsymbol{r}'$ とシフトして

$$\int d^3\boldsymbol{r}\, g(\boldsymbol{r}-\boldsymbol{r}')\, e^{-i\boldsymbol{q}\cdot(\boldsymbol{r}-\boldsymbol{r}')} = \int d^3\boldsymbol{r}\, g(\boldsymbol{r})\, e^{-i\boldsymbol{q}\cdot\boldsymbol{r}}$$

を使った．

上の $f^{(\mathrm{B})}(\Omega)$ の式の形は，$f(\boldsymbol{r}) = \rho(\boldsymbol{r})$ と $g(\boldsymbol{r}) = \dfrac{1}{|\boldsymbol{r}|} = \dfrac{1}{r}$ のたたみこみのフーリエ変換なので，それぞれのフーリエ変換の積になり，

$$f^{(\mathrm{B})}(\Omega) = -\frac{\mu e e'}{2\pi\hbar^2}\left(\int d^3\boldsymbol{r}\, \frac{1}{r}\, e^{-i\boldsymbol{q}\cdot\boldsymbol{r}}\right)\left(\int d^3\boldsymbol{r}'\, \rho(\boldsymbol{r}')\, e^{-i\boldsymbol{q}\cdot\boldsymbol{r}'}\right)$$
$$= f^{(\mathrm{B})}_{\mathrm{point}}(\Omega) F(\boldsymbol{q})$$

と書ける．$F(\boldsymbol{q})$ は $\rho(\boldsymbol{r})$ のフーリエ変換 (8.140)，$f^{(\mathrm{B})}_{\mathrm{point}}(\Omega)$ は点電荷の場合のポテンシャル $\dfrac{ee'}{r}$ による散乱振幅

$$f^{(\mathrm{B})}_{\mathrm{point}}(\Omega) = -\frac{\mu}{2\pi\hbar^2}\int d^3\boldsymbol{r}\, \frac{ee'}{r}\, e^{-i\boldsymbol{q}\cdot\boldsymbol{r}}$$

である．

散乱断面積 $\dfrac{d\sigma^{(\mathrm{B})}}{d\Omega}$ は，この $f^{(\mathrm{B})}(\Omega)$ の絶対値の 2 乗で与えられるので，

$$\frac{d\sigma^{(\mathrm{B})}}{d\Omega} = |f^{(\mathrm{B})}(\Omega)|^2 = |f^{(\mathrm{B})}_{\mathrm{point}}(\Omega)|^2 |F(\boldsymbol{q})|^2$$
$$= \left(\frac{d\sigma^{(\mathrm{B})}}{d\Omega}\right)_{\mathrm{point}} |F(\boldsymbol{q})|^2$$

となり，(8.141) が示される．

第 9 章

9.1 作用関数は

$$S[x(t)] = \int_{t_i}^{t_F} dt\left[\frac{m}{2}\dot{x}(t)^2 - fx(t)\right]$$

である．ファインマン核を (9.45) の方法で求めるとき，$V(x,t)$ が x の 1 次なので $\bar{S}[y(t)]$ は自由粒子の作用関数と同じ形

になることに注意しよう。したがって、ゆらぎ $y(t)$ についての経路積分 $\int_{0,t_I}^{0,t_F}\mathscr{D}y(t)e^{\frac{i}{\hbar}S[y(t)]}$ は、自由粒子のファインマン核 (9.51) で $x_F = x_I = 0$ とおいたもので与えられ、

$$\bar{S}[y(t)] = \int_{t_I}^{t_F} dt \frac{m}{2}\dot{y}(t)^2$$

$$\int_{0,t_I}^{0,t_F}\mathscr{D}y(t)e^{\frac{i}{\hbar}S[y(t)]} = \sqrt{\frac{m}{2\pi\hbar iT}}$$

$(T = t_F - t_I)$ となる。

運動方程式 $m\ddot{x}(t) = -f$ の解で始点 (x_I, t_I) と終点 (x_F, t_F) を通るものは

$$\bar{x}(t) = \frac{f}{2m}(t - t_I)(t_F - t) + x_F\frac{t - t_I}{T} + x_I\frac{t_F - t}{T}$$

と求まり、$\dot{\bar{x}}(t) = -\frac{f}{2m}(2t - t_I - t_F) + \frac{x_F - x_I}{T}$ となる。これらから、古典的経路における作用関数の値は

$$S[\bar{x}(t)] = \frac{m}{2}\frac{(x_F - x_I)^2}{T} - \frac{x_I + x_F}{2}fT - \frac{f^2T^3}{24m}$$

と計算される。

よって、ファインマン核は (9.45) に $\int_{0,t_I}^{0,t_F}\mathscr{D}y(t)e^{\frac{i}{\hbar}S[y(t)]}$ の結果、および $S[\bar{x}(t)]$ の値を代入して、

$$K(x_F, t_F | x_I, t_I) = \sqrt{\frac{m}{2\pi\hbar iT}}$$
$$\times \exp\left[\frac{i}{\hbar}\left\{\frac{m}{2}\frac{(x_F - x_I)^2}{T} - \frac{x_I + x_F}{2}fT - \frac{f^2T^3}{24m}\right\}\right]$$

第 10 章

10.1 (1) $t = -i\tau$ の置き換えをすると $dt = -id\tau$、$\frac{d}{dt} = i\frac{d}{d\tau}$ より、作用関数 (10.61) は

$$\tilde{S}[x(t)] = -i\int_{\tau_I}^{\tau_F} d\tau\left[-\frac{m}{2}\left(\frac{dx(\tau)}{d\tau}\right)^2 - V(x(\tau)) + E\right] = i\tilde{S}_E[x(\tau)]$$

$(t_I = -i\tau_I, t_F = -i\tau_F)$ となるので、

$$e^{\frac{i}{\hbar}\tilde{S}[x(t)]} = e^{-\frac{1}{\hbar}\tilde{S}_E[x(\tau)]}$$

が示される。

(2) ユークリッド作用関数 (10.62) はもとの作用関数 (10.61) と比べて、$t \to \tau$ の置き換えの他にポテンシャルエネルギーの項の符号が反対であることに注意しよう。したがって、もとの作用関数から導かれる運動方程式

$$m\frac{d^2 x(t)}{dt^2} = -V'(x(t))$$

において、$t \to \tau$、$V \to -V$ としたものがユークリッド作用関数からの運動方程式

$$m\frac{\mathrm{d}^2 x(\tau)}{\mathrm{d}\tau^2} = V'(x(\tau))$$

である。また，もとの作用関数からの運動方程式を満たす運動 $\overline{x}(t)$ におけるエネルギーは

$$\frac{m}{2}\left(\frac{\mathrm{d}\overline{x}(t)}{\mathrm{d}t}\right)^2 + V(\overline{x}(t)) = E$$

で保存され，転回点において $V(a) = V(b) = E$ である。ユークリッド作用関数からの運動方程式を満たす運動 $\overline{x}(\tau)$ も $V(a) = V(b) = E$ であり，反対符号のエネルギー

$$\frac{m}{2}\left(\frac{\mathrm{d}\overline{x}(\tau)}{\mathrm{d}\tau}\right)^2 - V(\overline{x}(\tau)) = -E$$

で保存される。

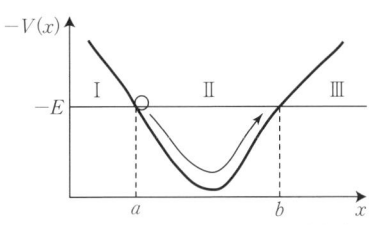

図10a　ユークリッド作用関数から導かれる運動方程式の解で，位置 $x_I = a$ から位置 $x_F = b$ に至る古典的経路 $\overline{x}(\tau)$ は存在する。

　図10a からわかるように，ユークリッド作用関数から得られる運動方程式の解で，位置 $x_I = a$ を出発し，位置 $x_F = b$ に至る古典的経路 $\overline{x}(\tau)$ としては，まず「$x = a$ を初速度ゼロで出発し，右向きに転がり続け，谷を通過した後，減速しながら速度ゼロで $x = b$ に至る」がある。また「$x = a$ から $x = b$ に到着し，再び $x = a$ にもどり，その後 $x = a$ から $x = b$ に至る（すなわち，区間 $[a, b]$ を1往復後，$x = a$ から $x = b$ に至る）」経路もあり，さらに往復の数はいくつでもよいので，一般には「区間 $[a, b]$ を n 往復後，$x = a$ から $x = b$ に至る」経路 ($n = 0, 1, 2, \cdots$) が存在する。このような経路を P_n と呼ぼう。$n = 0$ の場合の運動に要する時間を T_0 とすると，一般の n の場合の運動時間は $(2n+1)T_0$ である。

(3) ユークリッド作用関数 $\tilde{S}_E$ の経路 P_0 における値は，ユークリッド作用関数からの運動方程式を使って，

$$\tilde{S}_E[\overline{x}(\tau)]\Big|_{P_0} = \int_{\tau_I}^{\tau_F} \mathrm{d}\tau\, m\left(\frac{\mathrm{d}\overline{x}(\tau)}{\mathrm{d}\tau}\right)^2 = \int_a^b \rho(\overline{x})\, \mathrm{d}\overline{x}$$

となる。ここで，運動量にあたる量 $m\dfrac{\mathrm{d}x(\tau)}{\mathrm{d}\tau}$ を座標の関数として表したものを

$$\rho(x) = \sqrt{2m(V(x) - E)}$$

と書いた。また，経路 P_n に対しては

$$\tilde{S}_E[\overline{x}(\tau)]\Big|_{P_n} = (2n+1)\int_a^b \rho(\overline{x})\, \mathrm{d}\overline{x}$$

で，P_0 に対するものの $2n+1$ 倍である。古典的経路 $P_n (n = 0, 1, 2, \cdots)$ のうち，P_0 が最小のユークリッド作用関数の値を与えることがわかる。

よって，古典的経路 $P_n (n = 0, 1, 2, \cdots)$ の各々は経路積分 (10.63) に対して $\exp\left[-\dfrac{1}{\hbar}\tilde{S}_E[\overline{x}]\Big|_{P_n}\right]$ の寄与を与えるが，$\hbar$ が小さいとき最も重要なのは，P_0 からの寄与である。

$$\exp\left[-\frac{1}{\hbar}\tilde{S}_E[\overline{x}(\tau)]\Big|_{P_0}\right] = e^{-\frac{1}{\hbar}\int_a^b p(\overline{x})\,\mathrm{d}\overline{x}} = e^{-\frac{1}{\hbar}\int_a^b \sqrt{2m(V(x)-E)}\,\mathrm{d}x}$$

これは (10.65) であり，この絶対値の 2 乗

$$\left|\exp\left[-\frac{1}{\hbar}\tilde{S}_E[\overline{x}(\tau)]\Big|_{P_0}\right]\right|^2 = \exp\left[-\frac{2}{\hbar}\int_a^b \sqrt{2m(V(x)-E)}\,\mathrm{d}x\right]$$

が，透過率についての準古典近似 (WKB 近似) の結果 (6.89) と等しいことがわかる。

索引

数字・アルファベット

1次の補正　57
2次の補正　58, 68
2準位系　64
3次の補正　59
p表示　12
WKB近似　95, 183
x表示　10

あ

鞍点法　99
異常ゼーマン効果　70
位相因子　57
位相空間における経路積分表示　160
位相のずれ　124
井戸型ポテンシャル　141
運動量演算子　3
運動量表示　12
永年方程式　64
エルミート演算子　4
エルミート共役な行列　7
エルミート行列　7

か

回帰点　96
角運動量　34
角運動量演算子　25, 28, 39
角運動量の合成　45
確率密度関数　2
確率密度の流れ　131
換算質量　114
完全系　55
完全性関係　55
規格化　2

期待値　3
基底　7
軌道角運動量演算子　25, 28
球対称ポテンシャル　138, 141
球ベッセル関数　122
共鳴散乱　150
空間的変位の演算子　19
クーロンポテンシャル　143
グリーン関数　17, 133
クレブシュ−ゴールダン係数　49
群論　31
形状因子　155
経路積分　156
経路積分表示　160, 161
ケット・ベクトル　7
光学定理　131
交換関係　11
交換縮退　50
古典力学　163
固有関数　3

さ

座標空間における経路積分表示　161
座標表示　10
作用関数　156, 163
散乱振幅　126
散乱断面積　127
散乱長　147
時間に依存する摂動　73
時間発展　73
時間変位の演算子　20
射影演算子　3, 61
周期的な摂動　82
重心座標　113
縮退　60
縮退度　60
シュレーディンガー描像　13
準古典近似　94, 183

昇降演算子　36
状態ベクトル　6
スカラー粒子　25, 30
ステップ関数　92
スピン　42
スピン角運動量　29
スピン角運動量演算子　27
正規直交完全系　3
正準交換関係　114
生成演算子　25
接続の規則　102
摂動　56, 176
摂動の1次　57, 63, 67
摂動の2次　58, 66
遷移　82, 86
遷移確率密度　86
線形演算子　4
全散乱断面積　127
相対座標　113

た

対称化演算子　51
対称性　23
単位演算子　8
弾性散乱　125
断熱定理　82
断熱的　82, 89
断熱的な摂動　91
置換演算子　50
逐次近似法　74
中心対称場　116
低速粒子　145
デルタ関数　9, 87, 90
同種粒子　49
トンネル効果　105

な・は

内積　8
ナブラ　19
二重階乗　122
ハイゼンベルクの運動方程式　14
ハイゼンベルク描像　13
パウリ行列　43
反交換関係　44
反対称化演算子　51
ヒルベルト空間　7
ファインマン　156
ファインマン核　160, 165
フェルミオン　52
フェルミ粒子　52
部分散乱振幅　128
部分断面積　129
部分波展開　129
ブラ・ベクトル　8
分配関数　175
平面波　124
ベクトル粒子　26, 30
ボーアーゾンマーフェルトの量子化条件
　　　　　　　　　　　　104
ボース粒子　52
ボソン　52
ポテンシャル障壁　105
ボルン近似　137

ま・や・ら

無限小回転　24
ユークリッド作用関数　191
湯川型ポテンシャル　141
ラプラシアン　117
ランダウの記号　158
連続スペクトル　85
ロンスキアン　106

著者紹介

二宮正夫（にのみやまさお）
1944年生まれ。京都大学理学部物理学科卒業。理学博士。京都大学基礎物理学研究所教授を経て、京都大学名誉教授。元日本物理学会会長。

杉野文彦（すぎのふみひこ）
1966年生まれ。東京大学大学院理学系研究科物理学専攻博士課程修了。理学博士。現在、韓国基礎科学研究院研究員。

杉山忠男（すぎやまただお）
1949年生まれ。東京工業大学理学部応用物理学科卒業。理学博士。現在、河合塾物理科講師。

NDC421 222p 22cm

講談社基礎物理学シリーズ　7

量子力学 II

2010年4月30日　第1刷発行
2017年7月20日　第3刷発行

著者	二宮正夫、杉野文彦、杉山忠男
発行者	鈴木　哲
発行所	株式会社 講談社
	〒112-8001 東京都文京区音羽2-12-21
	販売 (03)5395-4415
	業務 (03)5395-3615
編集	株式会社 講談社サイエンティフィク
	代表　矢吹俊吉
	〒162-0825 東京都新宿区神楽坂2-14 ノービィビル
	編集 (03)3235-3701
ブックデザイン	鈴木成一デザイン室
印刷所	豊国印刷株式会社
製本所	黒柳製本株式会社

落丁本・乱丁本は購入書店名を明記の上、講談社業務宛にお送りください。送料小社負担にてお取替えいたします。なお、この本の内容についてのお問い合わせは講談社サイエンティフィク宛にお願いいたします。定価はカバーに表示してあります。
© Masao Ninomiya, Fumihiko Sugino, Tadao Sugiyama, 2010
本書のコピー、スキャン、デジタル化等の無断複製は著作権法上での例外を除き禁じられています。本書を代行業者等の第三者に依頼してスキャンやデジタル化することはたとえ個人や家庭内の利用でも著作権法違反です。

JCOPY ＜(社)出版者著作権管理機構　委託出版物＞

複写される場合は、その都度事前に（社）出版者著作権管理機構（電話 03-3513-6969、FAX 03-3513-6979、e-mail: info@jcopy.or.jp）の許諾を得てください。

Printed in Japan
ISBN 978-4-06-157207-2

講談社の自然科学書

講談社 基礎物理学シリーズ

21世紀の新教科書シリーズ創刊！
講談社創業100周年記念出版

全12巻

◎ 「高校復習レベルからの出発」と「物理の本質的な理解」を両立
◎ 独習も可能な「やさしい例題展開」方式
◎ 第一線級のフレッシュな執筆陣！ 経験と信頼の編集陣！
◎ 講義に便利な「1章＝1講義（90分）」スタイル！

ノーベル物理学賞 益川敏英先生 推薦！

A5・各巻:199〜290頁
本体2,500〜2,800円（税別）

[シリーズ編集委員]
二宮 正夫　京都大学基礎物理学研究所名誉教授　元日本物理学会会長
北原 和夫　東京理科大学教授　元日本物理学会会長
並木 雅俊　高千穂大学学長
杉山 忠男　河合塾物理科講師

0. 大学生のための物理入門
並木 雅俊・著
215頁・定価2,500円（税別）

1. 力　学
副島 雄児／杉山 忠男・著
232頁・定価2,500円（税別）

2. 振動・波動
長谷川 修司・著
253頁・定価2,600円（税別）

3. 熱 力 学
菊川 芳夫・著
206頁・定価2,500円（税別）

4. 電磁気学
横山 順一・著
290頁・定価2,800円（税別）

5. 解析力学
伊藤 克司・著
199頁・定価2,500円（税別）

6. 量子力学 I
原田 勲／杉山 忠男・著
223頁・定価2,500円（税別）

7. 量子力学 II
二宮 正夫／杉野 文彦／杉山 忠男・著
222頁・定価2,800円（税別）

8. 統計力学
北原 和夫／杉山 忠男・著
243頁・定価2,800円（税別）

9. 相対性理論
杉山 直・著
215頁・定価2,700円（税別）

10. 物理のための数学入門
二宮 正夫／並木 雅俊／杉山 忠男・著
266頁・定価2,800円（税別）

11. 現代物理学の世界
トップ研究者からのメッセージ
二宮 正夫・編　202頁・定価2,500円（税別）

※表示価格は本体価格（税別）です。消費税が別に加算されます。

「2017年1月現在」

講談社サイエンティフィク　http://www.kspub.co.jp/